国家出版基金项目
NATIONAL PUBLICATION FOUNDATION

SYNTHETIC BIOLOGY ENGINEERING TECHNOLOGY SERIES
合成生物学工程技术丛书
李 春 丛书主编

基因组设计合成与功能化技术

戴俊彪 姜双英 赵广厚 吴 毅◎编著

GENOME DESIGN, SYNTHESIS AND FUNCTIONALIZATION TECHNOLOGY

化学工业出版社
·北京·

内容简介

《基因组设计合成与功能化技术》立足作者团队研究成果，系统阐释基因组设计、合成及功能化应用核心技术。全书共 6 章，架构清晰：第 1 章介绍基因组设计技术，涵盖设计原理、方法及可用软件；第 2 章聚焦基因线路的正交化、标准化、模块化和自动化设计；第 3 章阐述寡核苷酸合成与纯化、基因合成、基因组组装及合成中的纠错与修复技术；第 4 章详解大片段向生物系统转移的化学法、生物法、物理法；第 5 章探讨合成基因组在疫苗、代谢工程底盘快速进化、基因组精简、人工生命防逃逸系统中的应用；第 6 章描述病毒、原核生物和真核生物基因组合成及应用。

书中对各类技术均梳理了当前研究进展，同时给出代表性技术的具体步骤、常见问题及解决方案，并总结了相关应用，助力读者全面把握该领域发展脉络。

本书适合微生物学、合成生物学、遗传学、生化与分子生物学等领域的研究生及相关科研工作者阅读参考。

图书在版编目（CIP）数据

基因组设计合成与功能化技术 / 戴俊彪等编著. 北京 : 化学工业出版社, 2025. 9. -- (合成生物学工程技术丛书). -- ISBN 978-7-122-48416-1

Ⅰ. Q343.2; Q945.11

中国国家版本馆 CIP 数据核字第 2025TN4390 号

责任编辑：傅四周
文字编辑：张熙然
责任校对：李雨晴
装帧设计：王晓宇

出版发行：化学工业出版社
（北京市东城区青年湖南街 13 号　邮政编码 100011）
印　　装：北京瑞禾彩色印刷有限公司
787mm × 1092mm　1/16　印张 14¼　字数 332 千字
2026 年 1 月北京第 1 版第 1 次印刷

购书咨询：010-64518888
售后服务：010-64518899
网　　址：http://www.cip.com.cn
凡购买本书，如有缺损质量问题，本社销售中心负责调换。

定　　价：128.00元

《合成生物学工程技术丛书》
编 委 会

《基因组设计合成与功能化技术》
分 册 编 委

序言

Forword

合成生物学、人工智能及其赋能的生物制造发展得如火如荼。合成生物学是一个融合理论与方法论的学科领域，涵盖合成生物学基础理论原理和技术研发策略，其核心理念是：以工程化思想开展生命系统自下而上或自上而下的理性设计，通过标准化生物元件、基因线路、底盘生物重编程，构建可定量、可预测和可工程化的合成生物系统，赋予其全新功能或对已有功能进行变革性优化。合成生物系统可以是细胞、组织或生物个体，也可以是生物大分子、无细胞体系和人工类细胞等。合成生物系统的应用涉及物质加工制造、生物医学诊疗、农业、食品、能源、环境保护、信息科学、国防科技等领域。近年来，合成生物学发展迅速，颠覆性技术创新层出不穷，受到各国政府、学术界、产业界的高度关注。

目前，已有清华大学李春教授主编的《合成生物学》《细胞工程设计原理》，以及中国科学院深圳先进技术研究院、深圳理工大学合成生物学院张先恩教授领衔组织编写的《合成生物学丛书》，系统论述和阐明了合成生物学的基本理论和应用，对高校及相关研究院所的合成生物学人才培养和全社会科学普及起到了重要作用。然而，以“建物致知、建物致用”为理念的合成生物学，系统开展合成生物系统工程设计与构建所需的工具和方法却零散分布在科研文献和部分教科书中，不便于查询和应用。为此，我们组织了来自清华大学、天津大学、中国科学院深圳先进技术研究院、中国农业科学院基因组研究所、浙江大学、江南大学、北京化工大学等国内合成生物学研究优势团队的一线青年学者，编著了这套《合成生物学工程技术丛书》，将开发合成生物系统涉及的生物元件设计、基因线路与基因组设计、底盘生物设计、快速构建与高通量检测以及合成系统调控优化等技术归纳总结，结合自身实践与创新经验，为合成生物学研究一线科技工作者提供快捷、方便的工程技术查询手册。

《合成生物学工程技术丛书》聚焦合成生物学自下而上或自上而下的工程设计理念与工程学特性，重点围绕如何实现合成生物系统“设计—构建—测试—学习”的迭代循环，从可操作、可实现的层面，对“基因组设计合成与功能化技术”“基因线路设计与构建技术”“细胞工厂设计与应用技术”“无细胞合成生物学技术”“合成生物系统调控与优化技术”“细胞特性表征与高通量筛选技术”等的发展历程、核心原理、技术操作规程、操作常见问题与解决方案进行整理总结。同时，对同一内容衍生的不同技术进行对比，通过成功案例强化技术操作规程的实践价值。编者作为合成生物学领域的一线实践者和创新者，在合成生物系统设计与构建层面拥有亲身体验，尤其将技术操作层面的常见问题分析与解决方案纳入书中，这是本丛书的最大亮点之一，也是未来读者最能受益之处之一。

《合成生物学工程技术丛书》由若干分册组成，李春教授、戴俊彪研究员、刘立明教授、张翀教授、卢元副教授、司同研究员等分别担任分册主编。内容除涵盖基因、基因线路、基因组、细胞系统和无细胞系统的设计与全自动构建技术，以及合成生物系统的高通量快速检测等实验技术和相关模拟计算技术外，还包括技术发明者的创新思路与逸闻趣事，增强了工程技术丛书的趣味性。党的二十大报告指出：“加快实现高水平科技自立自强。以国家战略需求为导向，集聚力量进行原创性引领性科技攻关，坚决打赢关键核心技术攻坚战。”《合成生物学工程技术丛书》正是由多项国家重点研发计划项目、国家自然科学基金重点项目及国家级、省部级奖励等成果孕育，经编者深度分析、提炼与总结而成，具有突出的原创性特点。

诚然，合成生物学及其工程技术发展迅速，特别是新概念、新技术不断涌现。尽管编者已精心总结，但由于时间紧迫、学识有限，不妥之处在所难免，恳请读者在使用过程中多提宝贵意见。最后，特别感谢国家出版基金项目的资金支持！特别感谢化学工业出版社的大力支持！

李 春

2025 年 6 月

Preface

前言

基因组设计合成与功能化技术是将天然基因组序列经过重新设计合成后，移植回生物体中替代天然序列来实现生命活动人为调控的新技术。近年来，基因组设计合成领域取得了令人瞩目的进步，人工合成的基因组大小也经历了数量级的飞跃，完成了病毒、细菌和酵母等生物全基因组的合成。本书编写的目的是及时将基因组设计合成领域的关键技术介绍给读者。

本书共 6 章。第 1 章介绍了基因组设计技术，包含设计原理、方法和可用软件。第 2 章介绍了基因线路设计技术，包括正交化设计、标准化和模块化设计等。第 3 章介绍了基因组合成技术，包括寡核苷酸合成与纯化、基因合成、基因组的组装以及合成中的纠错与修复技术。第 4 章介绍了大片段 DNA 转移技术，包括化学法、生物法、物理法三大类。第 5 章介绍了合成基因组的功能化应用技术，包括疫苗技术、代谢工程底盘快速进化技术、基因组精简技术、人工生命防逃逸系统。第 6 章从病毒、原核和真核生物基因组三个方面对基因组设计合成的应用发展进行梳理与总结，有助于读者了解目前合成基因组学领域的发展进程。第 2 章到第 5 章，每类技术都给出了目前研究的进展介绍以及代表性技术的具体步骤、常见问题与解决方案。本书适合微生物学、合成生物学、遗传学、生化与分子生物学等学科领域的研究生及相关科研工作者阅读参考。

本书由中国农业科学院农业基因组研究所、中国科学院深圳先进技术研究院、西北工业大学、天津大学的中青年科技工作者在一线科研工作之余共同撰写完成。技术迭代在不断发生，书中若有疏漏之处，恳请读者指正。

编著者
2025 年 5 月

Contents

目录

第 1 章
基因组设计技术

1.1
基因组模块化与成簇化

1.1.1 基因组模块化设计

近二十年来，随着 DNA 合成技术的发展，人类先后实现了病毒和原核生物的基因组合成，并于 2006 年开始了第一个真核生物基因组合成计划——酿酒酵母基因组合成计划，简称 Sc2.0 计划（Zhang et al., 2020）。在合成基因组的设计中，基因组模块化包括两层内涵：其一是基因组功能元件的模块化，例如基因启动子、终止子、编码序列以及其他染色体功能元件的标准化设计；其二是根据序列长度将基因组逐级拆分成不同的序列模块，以便于基因组的高效层级组装。下文将主要介绍其他染色体功能元件以及基因组组装过程中序列模块的拆分设计。

目前践行的基因组合成案例中，酵母染色体合成计划中对端粒序列的标准化设计是染色体功能元件模块化设计的一个典型案例。为了简化酵母的端粒序列，合成染色体统一在最末端只添加端粒种子序列（TeSS, 只包含核心 X 元件序列和 C1-3A/TG1-3 的末端重复序列），来生长出新的具有功能的端粒，且这一策略目前在大多数含有单条合成染色体的菌株中验证是可行的（Luo et al., 2020）。

基因组的合成是以单链寡核苷酸为起始材料自下而上构建的。虽然目前 DNA 合成成本已经大大降低，但是由于化学合成中纯度和损伤问题，超过 200nt 的寡核苷酸的高保真合成依旧具有挑战性。为了产生更长的 DNA 序列，通过各种组装方法将单链寡核苷酸拼接在一起形成更长的双链 DNA，这一过程被称为基因合成，目前商用基因合成业务可实现 10kb 以内的 DNA 序列的合成。而合成的双链 DNA 片段需要进一步组装以形成完整的合成基因组。在某些情况下，受限于目标物种内的组装效率，需要将设计好的基因组 DNA 在异源宿主中组装，再通过基因组移植技术转移到目标宿主中。此外，由于人工设计的序列存在无法完全替代内源序列功能的可能性，从头至尾的线性组装策略需要解决对应序列的功能缺陷后才能继续推进后续片段的组装，进而导致合成周期远超预期。为了快速定位出存在功能缺陷的序列，缩短合成周期，通常可以将完整的合成基因组逐级拆分成不同的模块，开展并行的功能测试与组装。基因组模块化设计的这一优势在数百千碱基对（kb）以上的基因组（例如支原体、大肠杆菌以及酵母染色体）的合成过程中尤为显著。因此，目前基因组合成中的模块拆分设计是针对有限的合成技术和合成序列潜在的功能缺陷问题，为了保证可承受的合成周期和成本而采取的设计原则。

以下将以几个代表性合成基因组的拆分设计为例，介绍其序列拆分策略。在 1.08Mb 的丝状支原体（*Mycoplasma mycoides*）基因组的合成过程中（Gibson et al., 2010），由寡核苷酸合成的 1080bp 的 DNA 片段通过酵母的同源重组逐步组装为 10kb、100kb 和 1.08Mb 的序列，随后完整的合成基因组被成功移植到受体细胞中。在大肠杆菌基因组的拆分组装过程中（Fredens et al., 2019），10kb 的序列通过酵母同源重组组装成近 100kb 的 DNA 片段，再利用复制子切除增强重组技术把内源基因组序列替换成 100kb 的合成 DNA 片段，通过几轮的迭代循环获得含有不同 0.5Mb 模块的菌株，最后利用迭代的接合转移策略实现约 4Mb 的完整基因组的组装。在酿酒酵母染色体的合成设计中，因其线性染色体的特征，为加速 Sc2.0 计划的完成，单条染色体的合成组装分别由世界各地的研究团队完成（Richardson et al., 2017）。在组装过程中，每条染色体被分为几十个存在重叠区域的 30 ～ 60kb 的大片段，每个片段上带有一个营养缺陷型标记基因 *LEU2* 或者 *URA3*，通过相邻大片段上筛选标记的交互循环替代，最后获得完整的合成染色体序列。不过，对于 30 ～ 60kb 大片段的组装替代，不同研究团队的处理策略存在差异。在合成 12 号染色体时，研究者选择先将 1.6kb 的片段体外拼接成 10kb 的片段，再将 3 个 10kb 的片段共转化酵母，来筛选获得完整替代的 30kb 大片段（Zhang et al., 2017）；在合成 3 号染色体时，研究者则利用约 10 个 2 ～ 4kb 的小片段直接共转化酵母（Annaluru et al., 2014）；近期在合成 4 号染色体时（Zhang et al., 2023），研究者则选择先将 2 ～ 4kb 的小片段逐步组装成 8 ～ 10kb 的片段，然后组装成完整的 30 ～ 60kb 的大片段，最后用这些大片段 DNA 实现对内源序列的替换。

虽然现在已经可以实现兆碱基对（Mb）级别的基因组的合成，但是合成周期很长，加上部分序列需要通过测试后进行修正，导致项目的完整周期多以年为单位。作为一个工程性项目，基因组的合成过程涉及大量的重复性工作，而基因组的模块化拆分设计使得通过开展本科生实验课程来解决部分工作量具有高度可行性。同时，研究者们正在开发长 DNA 的自动化组装的流程工艺，而基因组的模块化拆分设计可促进不同层级 DNA 组装流程的标准化。相关 DNA 合成组装技术的自动化将大幅提高组装通量和缩短合成周期。

1.1.2 基因组成簇化设计

众所周知，细菌基因通常不会随机分布在基因组中，而是被组织成称为操纵子的转录连锁基因簇。与原核生物不同，真核基因传统上被认为是随机分布在染色体中。然而，越来越多的比较基因组研究表明，基因成簇化分布在真核物种中也十分常见，对应成簇基因可由几个基因跨越到数百个基因（Hurst et al., 2004）。这些基因通常具有相关功能，例如来源于同一个初级或次级代谢通路，编码相关的酶、转录因子或者转运蛋白等，这类基因常被称为代谢基因簇（metabolic gene cluster，MGC）（Rokas et al., 2018）。这些基因簇形成、维持、进化的机制尚不清楚，现有证据表明有多种机制可能参与基因簇的形成。其中一种是基因共调控模型，认为基因簇通过选择进化，以实现对通路基因的更严格的表达控制。该领域目前尚存在很多重要问题，例如为什么有的途径在一些物种中形成基因簇，而另一些物种中却没有？为什么一些基因组含有许多 MGC，而另一些基因组中则很少？基因成簇化分布的研究对于我们理解染色体功能和进化有着至关重要的意义。

为了解析基因成簇化分布对基因功能的影响，在合成基因组的设计中存在两大类方案：其一是更改天然成簇化基因的分布；其二是将分散分布的基因根据功能人为地成簇排布在一起。下文将具体介绍这两类设计的具体案例。作为核糖体RNA的编码序列，核糖体DNA（rDNA）对于细胞生存是必需的，真核生物基因组中通常存在单个或者多个串联重复的rDNA簇。在酿酒酵母12号染色体合成时，研究者将内源唯一的rDNA簇完全敲除后，发现可以使用携带单个rDNA单元的高拷贝质粒或者异位重建的合成型rDNA簇支持细胞存活，说明rDNA单元的分布方式和其在基因组中的具体位置对于其功能没有决定性影响（Zhang et al., 2017）。John Craig Venter研究组在合成目前最小的原核生物基因组JCVI-syn3.0（531kb，473个基因）时，将基因组的1/8区域作为测试对象，将其中的基因按照功能分为7大模块，每个模块中将同一类功能的基因成簇排列在一起（Hutchison et al., 2016）。结果表明，如此复杂的基因重排并没有影响菌株的生长速度，说明在选定的范围内，基因的排布方式对于菌株的存活没有显著性影响。然而这一规律是否适用于整个支原体基因组尚未可知。在Sc2.0计划中，研究者也做了类似的设计，将原本分散在酵母基因组中的275个tRNA基因成簇排列，合成了一条包括所有tRNA基因的染色体，为后续tRNA基因的相关功能研究提供了全新的技术平台。因部分合成染色体（对应tRNA序列被移除）尚未获得，目前该tRNA染色体是在未移除内源基因的基础上合成所得。初步研究发现，额外的合成染色体给细胞带来了明显的选择压力，导致菌株出现高频的基因组二倍化现象（Schindler et al., 2023）。随着未来Sc2.0计划的完成，对该tRNA基因染色体的进一步解析将大大拓展我们对基因排布方式对于细胞翻译机器的调控作用的认知。不过这种成簇化的排布设计会改变基因的上下游环境，近期有研究表明基因的转录本亚型的表达水平和边界受到相邻的转录环境的干扰（Brooks et al., 2022），从而需要开展更系统的研究来评估这种成簇化设计导致的环境改变对于合成基因组功能的影响。

1.2 基因组简化

在漫长的进化历史中，自然界各个物种一直处于选择压力之下。为了抵抗环境的变化，物种进化通过增加代谢和信号通路的冗余来增加细胞系统的稳健性。基于天然基因组的冗余性，我们可以利用实验手段对基因组序列进行删减测试，以了解维持细胞系统最小结构及其动力学的基本基因组信息。因此，基因组精简并最终最小化是系统性理解生命的主要方法之一。同时，随着合成生物学等技术的发展，生物系统已经广泛应用于化工、制药等领域，用于制造各种大分子和生物活性化合物等，也被称为细胞工厂。然而细胞工厂也存在系统性问题，例如产量受到内源代谢能力的限制、复杂细胞过程的低可预测性等。针对这些问题，研究者们提出通过构建仅包含细胞复制和产品生产所必需的基因的最小化基因组来实现可预测、高效和简化的生产愿景。

目前，许多微生物的基因组，如支原体、大肠杆菌、枯草芽孢杆菌、谷氨酸棒状杆菌、链霉菌属、假单胞菌属、酿酒酵母和乳酸乳球菌等，已通过自上而下的删减或者自下而上的合成策略两种方式成功实现了不同程度的精简，且部分精简后的基因组展现出了更优的特性，如更高的遗传稳定性、化学生产力和转化效率等。例如，精简了约 14% 基因组序列的大肠杆菌 MDS42 菌株表现出了显著提高的电转化效率和遗传稳定性（Posfai et al., 2006）。利用基因组注释信息、基因表达数据和序列的保守性等信息，研究者通过自上而下的删减策略，在枯草芽孢杆菌 PS38 菌株中实现了高达 36% 的基因组的精简（Reuss et al., 2017），在大肠杆菌菌株中实现了 39% 的基因组的成功删减（Iwadate et al., 2011）。不过，目前最深度的基因组精简案例是可支持存活的支原体基因组 JCVI-syn3.0 的自下而上的成功合成，该合成基因组中只包含 473 个基因，实现了支原体中 50% 的基因的精简（Hutchison et al., 2016）。研究者基于当时的基因功能知识和有限的转座子诱变数据，设计了最初的只包含必需基因的理论最小基因组 HMG，然而这一初始设计未能产生活的细胞。通过改良的转座子诱变方法，研究者发现了存在许多准必需基因，即单独对细胞存活不必需，却是细胞稳健生长所必需的基因。在基因组最小化过程中，研究者需要在减小基因组大小和保持细胞生长速率之间进行权衡。经过三个设计、合成和测试周期，通过保留必需基因和准必需基因，研究者获得了可支持细胞存活的基因组 JCVI-syn3.0。该基因组比自然界已知的任何自主复制的细胞的基因组都小，其中几乎保留了所有参与大分子合成和加工的基因。值得注意的是，JCVI-syn3.0 中有将近 1/3 的基因（149 个基因）的生物学功能尚属未知，说明我们对于生命至关重要的功能的认知尚存在大量的空白。而且，JCVI-syn3.0 细胞的倍增时间是原始菌株的 3 倍，且存在明显的形态异常。为了解析影响菌株形态的关键基因，研究者通过分析不同层级的前体菌株的表型和基因组成，构建了形态与原始菌株相似的 JCVI-syn3.0A。该菌株相对于 JCVI-syn3.0 多保留了 19 个基因。通过在 JCVI-syn3.0 中对 19 个基因的组合回补和单独敲除测试，研究者进一步鉴定出 7 个基因的共同回补对于恢复正常的菌株形态十分重要，任意单个基因的缺失均导致菌株形态的异常（Pelletier et al., 2021）。这 7 个基因包括了两个已知的细胞分裂基因、一个底物未知的水解酶基因和四个功能未知的膜蛋白基因。这一研究不仅突出了生物特性的形成需要多基因共同参与的复杂性，也为利用精简后的合成基因组解析核心生理过程的复杂分子机制提供了成功范例。

相较于原核生物，具有更大更复杂基因组的真核生物在精简方面尚未取得如此显著的进展。在推进中的 Sc2.0 计划对酵母基因组中转座子序列、内含子序列以及亚端粒序列引入了精简策略（Richardson et al., 2017; Dai et al., 2020）。其中，Ty 反转录转座子序列在基因组中存在总共约 50 个拷贝，它的长末端重复序列（LTR）之间的重组导致基因组上形成了数百个单独的 LTR，是潜在影响基因组稳定性的因素之一。以获得更为稳定的基因组为目标，Sc2.0 在设计中移除了所有的 Ty 转座子相关序列。同时，除去少数已知对菌株生长存在影响的内含子外，绝大多数的内含子序列被精确移除。Sc2.0 计划完成时，预计可实现约 8% 的酵母基因组的精简。为了进一步探索酵母基因组序列的必需性，在单条酵母染色体合成完成后，研究者们利用人工引入的基因组重排系统（详见 1.3 基因组扩展），在染色体臂的范围内实现了迭代精简，发现 40% 的序列的精简对菌株在富营养条件下的生长速度没有显著影响，说明酵母基因组同样存在高度的冗余性（Luo et al., 2021）。基于此，研究者们提出了 Sc3.0 计划，期望通过对酵母基因组范围内的精简和深度设计，来探索维持真核生命的最小基因组的功能和序列组成，并成功实现了染色体臂和高度重复的 rDNA 区的深度精简（Dai et al., 2020; Jiang et al., 2023; Jiang et al., 2024）。

1.3
基因组扩展

为了赋予合成生命体新的特性，研究者在基因组设计时会选择引入人工设计的功能元件，从而扩展合成生命体的应用。Sc2.0 计划的设计中每一个非必需基因的终止密码子下游 3bp 被插入了一个对称的 loxPsym 的序列（整个基因组约 4000 个 loxPsym 位点），构建了一个人工基因组重排系统（SCRaMbLE），可利用 Cre 介导两个 loxPsym 位点间的重组实现序列的删除、加倍、倒位等结构变异（Richardson et al., 2017），进而得到具有多元基因型的酵母菌株库。利用这一系统及其相关技术，研究者们在含有部分合成染色体的菌株中已经高效地实现了外源代谢通路的快速整合、优化以及酵母底盘基因组的进化，获得了高产或者对高温、强酸、高乙醇浓度等压力环境高度耐受的新型菌株，并通过测序分析相应菌株的基因组变化，解析了复杂生物特性的生物调控机制（Blount et al., 2018; Hochrein et al., 2018; Jia et al., 2018; Liu et al., 2018; Luo et al., 2018; Shen et al., 2018; Wu et al., 2018）。在近期对于谷氨酸棒状杆菌的基因组合成测试研究中，研究者同样在合成序列中引入了 loxPsym 位点的设计，并初步验证了 Cre/loxP 系统在这一重要微生物细胞工厂中应用的可行性（Ye et al., 2022），为其后续的菌种改造奠定重要技术基础。

为了拓展生物性能，研究者们还尝试开发非天然核苷酸来扩展遗传字母表，通过对天然碱基 ATCG 的分子结构进行修饰，创造出了新的可互补配对的非天然碱基对，例如 dP-dZ、dDs-dPx、dMMO2-dSICS、dNaM-d5SICS、dNAM-dTPT3 和 dCNMO-dTPT3（Romesberg, 2022）。在探索非天然碱基多样性的同时，研究者们也测试了非天然碱基对的生物活性。2014 年，Romesberg 团队在大肠杆菌菌株内通过提供转运蛋白和非天然核苷三磷酸，成功实现了含有 dNaM-dTPT3 非天然碱基对质粒的体内复制，构建了第一个半合成生命体（Malyshev et al., 2014）。在此基础上，研究者们在 GFP 报告基因的第 151 位氨基酸密码子中掺入了一个非天然密码子 AXC（X=NaM），进一步借助人工合成的 tRNA 基因（反密码子 GYT，Y=TPT3），实现了人工碱基的高效内源表达，且不影响细菌的正常生长。虽然目前可用的非天然碱基对和解码的合成型 tRNA 等比较有限，且非天然碱基原料主要通过外源添加再转运入细胞内，但非天然核酸种类的增加和非天然核酸体内合成技术的开发将使其在未来合成生命的功能拓展和遗传正交控制方面具有广阔的应用前景。

1.4 基因组重排

基因组重排发生在自然界的各种生物中，是物种进化、作物改良、人类疾病出现的重要驱动因素。发展至今，合成基因组学已经可以从头设计和合成基因组，这也使得从基因组水平系统地引入位点特异性重组系统成为可能。引入的位点特异性重组系统能够诱导基因组水平进行结构重排，并促进定向基因组进化的研究。

实施酿酒酵母基因组合成计划（Sc2.0 计划）是为了获得具有高度适应性和多用途的合成型酵母基因组，主要涉及酿酒酵母基因组的重新设计和完全合成。作为 Sc2.0 项目的一部分，人工基因组重排系统（SCRaMbLE）可以快速驱动基因组结构重排（Richardson et al., 2017）。本书以 SCRaMbLE 基因组重排设计为例展开具体介绍。

1.4.1 设计原理概述

Sc2.0 采用众多对称的 loxP 序列（loxPsym）与 Cre 酶的相互作用构成人工基因组重排系统（synthetic chromosome rearrangement and modification by loxP-mediated evolution，SCRaMbLE）。位点特异性重组酶系统（如 Cre/loxP）可诱导两个特定 DNA 位点之间发生重组，通过诱导 Cre 酶表达，可以实现 loxP 序列间 DNA 片段的删除、反转、复制、移位等基因组结构变异。由于缺乏典型 loxP 位点具有的方向性，对称 loxP 序列的两个 loxP 位点之间的 DNA 发生反转和删除的概率相等。Sc2.0 项目合成的 16 条染色体中，所有非必需基因的终止密码子下游 3bp 处共插入了 3932 个 loxPsym 位点。当 β- 雌二醇与小鼠雌激素结构域结合后，Cre 重组酶进入细胞核并触发酵母人工基因组重排。Cre 重组酶表达后，可产生缺失、反转、重复、易位等多种重排，从而产生多种基因型，基因型多样性可以导致表型多样性，所需的性状可以通过一个或迭代的人工基因组重排产生。

1.4.2 人工基因组重排策略

（1）酵母人工基因组重排系统的控制

研究表明，β- 雌二醇与小鼠雌激素结构域结合会触发 Cre 重组酶进入细胞核并执行其活性（Dymond et al., 2011）。然而，在不添加 β- 雌二醇的情况下，仍然观察到存在残留的 Cre 重组酶活性，这会导致酵母人工基因组重排系统缺乏控制和基因组不稳定，也不利于后续筛选表型（Dymond et al., 2011; Shen et al., 2016）。为了解决这一瓶颈，Jia 等人为酵母人工基因组重排系统构建了一个基因“与门”开关，使 Cre 同时受到转录水平和细胞核定位水平的双重控制，只有在半乳糖和β-雌二醇同时存在时才会打开（Jia et al., 2018）。除了上述提到的化学控制的Cre重组酶诱导系统，Hochrein等人还开发了一种光控制的Cre重组酶诱导系统（Hochrein et al., 2018）。在该系统中，Cre酶的N端和C端被分裂并分别与来自拟南芥的发色团结合光感受器（PhyB）及其相互作用因子（PIF3）两种异源蛋白融合，经红光照射后，两种植物蛋白相互作用使得Cre重组酶恢复功能。该系统不仅有效应对了Cre酶泄漏带来的问题，而且可以在短时间内诱导高水平的Cre酶活性。在该系统中，诱导时间、光剂量和感受器浓度都成为调节Cre重组酶活性的手段。这两种方法都可以精确控制基因组重排。

（2）环形染色体重排系统

除了打乱线性染色体，Shen等人（2018）对ring_syn Ⅸ R菌株进行了重组，通过对64种酵母人工基因组重排后的酵母菌株基因组进行测序，发现存在大量独特的基因组重排事件，不仅包括缺失和倒位，还包括高频率的重复。Wang等对ring_syn Ⅴ应用基因组重排技术进行基因组重排，发现染色体的拓扑结构对染色体重排起着重要作用。经过5轮酵母人工基因组重排，合成型环形染色体的总长度增加了552410bp，是原长的一倍以上（Wang et al., 2018）。此外，合成型环形染色体在基因组重排过程中还能够发生染色体数目变异，在SCRaMbLE菌株中产生了染色体Ⅰ、Ⅲ、Ⅳ、Ⅻ、ⅩⅢ和ring_syn Ⅴ的非整倍体。基于合成型环形染色体的基因组重排技术，可以驱动染色体连续地产生复杂的基因型并获得相应表型，从而有效地扩大了结构变异的规模和数量。与线性染色体的SCRaMbLE相比，环形染色体上的酵母人工基因组重排可能导致复制事件增加或发生更复杂的染色体重排事件。

（3）多轮迭代基因组重排

Jia等人（2018）将酿酒酵母二倍体和单倍体交替的生活史与基因组重排技术相结合开发了一种多轮迭代的基因组重排技术，通过多次酵母人工基因组重排循环积累优势重排。这种迭代的基因组重排反应策略使得菌株的产量逐步提高。此外，高产二倍体菌株可以通过减数分裂产生孢子，筛选出的孢子可与含有新合成型染色体的酵母菌株交配，产生新的二倍体菌株，该菌株随后也可以通过减数分裂产生孢子。单倍体和二倍体酵母人工基因组重排策略的精细化和迭代循环可以不断提高细胞工厂的生产率，扩大基因组重排的范围，更大规模地筛选新靶点。

（4）杂合二倍体和种间酵母人工基因组重排系统

必需基因的缺失和酿酒酵母实验室菌株的背景限制了它的工业应用，而对单倍体合成型酵母的打乱又导致了很高的致死率。因此，Shen等人将酵母人工基因组重排系统扩展到了杂合二倍体和跨种二倍体中，使用基因组重排系统快速驱动工业酵母进化（Shen et al., 2018）。基因型灵活的合成酵母与表型多样化的野生型酵母交配结合后，基因组重排系统可以驱动杂合二倍体和跨种二倍体的基因组重排。他们将含有单条合成型染色体（syn Ⅹ）和含有两条合成型染色体（syn Ⅴ和syn Ⅹ）的单倍体酵母与来自酵母菌株库的野生型酿酒酵母和野生型奇异酵母单倍体交配，获得了杂合二倍体和跨物种二倍体。实验结果表明，在二倍体中进行基因组重排操作，可以降低SCRaMbLE方法的致死率。杂合子二倍体（和种间）酵母人工基因组重排系统的开发，扩展了酵母人工基因组重排系统在本土酵母菌株上的应用，将加速其表型的改进。

（5）体外和体内重排系统

酵母人工基因组重排系统能够与无细胞系统兼容，将重组酶直接添加到试管中，并与含有代谢途径相关基因的质粒孵育，已被证明是优化该原型途径的有效方法。为了在酵母中通过途径原型和底盘优化实现快速代谢工程，Wu 等人开发了一种体外酵母人工基因组重排系统，该系统将 Cre 重组酶与编码多个 loxPsym 位点的纯化 DNA 混合在试管中，利用 Cre 重组酶与包含多个 loxPsym 位点的纯化 DNA 的相互作用，可以在试管内实现 DNA 的高效重排（Wu et al., 2018）。该方法可以生成包含基因缺失、重复、反转或插入（转位）的结构变异文库。有研究人员以设计用于酵母表达的 β- 胡萝卜素通路为例，通过对利用基因组重排技术生成的文库进行 PacBio 测序，共确定了 94 个独特的代谢通路结构。有研究人员开发了一种基于重组酶的整合基因组重排技术，用于优化外源途径和底盘工程（Blount et al., 2018）。还有研究人员使用 VCre/VloxP、Cre/loxP 或 Dre/rox 将一系列调控元件整合到特定通路中，并在体外生成通路库。然后，该文库通过该系统整合到合成型酵母染色体中，这导致底盘细胞发生大规模的基因组重排。由于三种重组酶相互正交，可以单独或组合优化通路和底盘，从而实现快速代谢工程和功能模块的精确重排。

（6）基因组重排筛选

人工基因组重排筛选策略分为直接筛选和间接筛选。直接筛选策略是指影响菌株的菌落大小或颜色表型，可以通过菌落大小或颜色直接筛选得到受影响的菌株。对环境胁迫的耐受性和耐药性（包括温度、酸碱性和咖啡因等）均通过菌落大小进行筛选，颜色表型则允许通过菌落颜色分离高产菌株。对于不容易筛选的表型，自动化高通量筛选策略提供了解决方案。Gowers 等人开发了一种超快速 84s 液相色谱 - 质谱（LC-MS）的半自动化技术，该方法可以快速分离出性能最佳的菌株（Gowers et al., 2020）。为了更便捷地筛选基因组发生重排的菌株，Luo 等人开发了一种报告酵母人工基因组重排间接筛选技术（ReSCuES），该技术可以从基因组重排后混乱的菌群中筛选出发生基因组重排的细胞（Luo et al., 2018）。这种设计基于两个营养缺陷标记的交替开关，两侧是两个相对的 loxP 位点。在 Cre 重组酶存在的条件下，这两个标记会翻转过来，随后一个标记的表达打开，另一个标记则关闭。经 ReSCuES 筛选出来的菌株供后续筛选优良性状、构建底盘细胞以及其他用途。

1.5 密码子重编

1.5.1 密码子重编基本原理

自然界中大多数生物体共用 64 个三联体密码子，其中 61 个密码子可以编码 20 种天然氨基酸，3 个密码子作为终止信号。在 20 种氨基酸中有 18 种由一个以上的同义密码子进行编码，这被称为遗传密码子的简并性。基因组重新编码技术就是通过基因组工程手段进行同义密码子替换，将“冗余”密码子去掉，并赋予这些被去除密码子（“空白”密码子）新的编码能力的技术。

理论上，如果替换掉所有基因中的一个冗余密码子，并去除解码它的 tRNA，生物体仍然可以制造它所有的蛋白质。通过基因组重编码不仅可以赋予生物体抗病毒的能力，也可以重新赋予“空白”密码子新的功能，可以实现非天然氨基酸（ncAA）的引入以实现非天然聚合物合成。

1.5.2 密码子简化

由于每个目标密码子存在于基因组中的数千个位置（P），并且一个目标密码子可以有多达五个同义密码子（N），因此存在大量的理论基因组（N^P），不可能通过实验探索所有可能的简化方案。研究者已经探索了一部分同义密码子压缩方案，可大致分为（de la Torre et al., 2021）：可变同义密码子压缩，基因组中不同位置的目标密码子被不同的同义密码子替换；定义同义密码子压缩，基因组中不同位置的目标密码子被相同的同义密码子系统地替换。

（1）可变同义密码子压缩

在大肠杆菌中，George Church 课题组（Ostrov et al., 2016）设计算法为编码丝氨酸（Ser）、亮氨酸（Leu）和丙氨酸（Ala）的密码子创建可变压缩方案，并用 TAA 取代 TAG。在设计方案中，保存了所有编码基因的序列，并对 DNA 序列进行了调整，以满足合成要求（如去除限制位点、减少重复序列）。选择可变替代密码子的原则是尽量减少生物基序的破坏，如核糖体结合位点（RBS）和 mRNA 二级结构。如果没有找到可接受的同义密码子，则放宽约束，直到找到一个替代密码子，编码后的基因组分为 87 个长度约为 50kb 的片段。

Venetz 等人（2019）报告了 *Calobacter ethensis*-2.0（柄杆菌 ,*C. eth*-2.0）的化学合成和测试，通过化学合成重写的方法，重建了 *Calobacter ethensis* 的必需基因组。使用其先前报道的设计算法产生了一个合成优化的设计基因组，这项工作将两个亮氨酸密码子（TTA 和 TTG）重新编码为可变的替换，并将基因组中超过 56% 的密码子重新编码为它们的可变同义密码子。用于设计该序列的算法从天然序列中去除了重复序列和调整了极端的 A/T 或 G/C 含量，使合成的 DNA 序列更适合寡核苷酸合成和组装。人工合成的基因组不能取代 *C. ethensis* 基因组，但是被检测基因的合成版本中有 80% 可以补足其截短的野生型对应基因。

对可变压缩方案的研究证实并非所有同义密码子取代都是可行的，目前还不清楚如何设计全基因组可接受的可变方案。由于该方法对不同位置的目标密码子使用不同的同义密码子进行替换，因此很难明晰特定位置是否难以重新编码，或者特定同义密码子是否通常是目标密码子的不良替代。

（2）定义同义密码子压缩

一些研究人员已经试验了定义的同义密码子压缩方案。Wang 等人（2016）选择了大肠杆菌基因组约 20kb 的区域作为重新编码的目标，虽然此区域仅占基因组的 0.5%，但却含有丰富的目标密码子，并包含 12 个基本基因（包括膜蛋白和在不同水平上表达的蛋白）。根据密码子适应指数（cAi）、tRNA 适应指数（tAi）或翻译效率（tE）来定义目标密码子的候选同义密码子的替换，设计了 8 种不同定义的同义密码子压缩方案（Ser、Leu 和 Ala 密码子），并在 20kb 区域进行了测试。该区域可以进行三个定义的同义密码子压缩方案（包括两个 Ser 方案和一个 Ala 方案），而另外五个方案不被允许进行。

Fredens 等人（2019）设计了重新编码的 4Mb 大肠杆菌基因组，他们将 Ser 密码子（TCG 和 TCA）系统地替换为确定的同义密码子（分别为 AGC 和 AGT），并将 TAG 终止密码子替换为 TAA，先前的研究已经表明，这种定义的编码方案允许在基因组的 20kb 区域实现（Wang et al., 2016）。许多目标密码子出现在 ORF（开放阅读框）的重叠区域。这些重叠分为两种：3′,3′（在方向相反的 ORF 之间）或 5′,3′（在同一方向的 ORF 之间）。当重编码的 3′,3′ 重叠区域不改变编码蛋白质的序列时，直接保留重叠区的结构，重叠序列也直接重编码。否则，重复重叠区域，并对每个 ORF 单独进行重编码。对于 5′,3′ 重叠，可通过复制 ORF 之间的重叠和重叠上游的 20bp 序列来分开 ORF，这样可以对每个 ORF 进行独立的重编码。之后对构建的部分进行测序，验证同义密码子是否完全被替换，对于未被替换的目标密码子针对性地优化了这几处的设计方案，最终在基因组范围内将全部的 UCG、UCA、UAG 进行替换。

定义同义密码子压缩方案是一个较好的重新编码整个基因组的策略。这类方案有几个优点：这样的方案数量不多，可以通过实验探索来完成；每个方案将目标密码子在所有位置上改变为一个单一的同义密码子，这样在不同位置上观察到的差异可以明确地分配到相关序列。

1.5.3 密码子重分配

使用改造过的氨酰 tRNA 合成酶（aaRS）/tRNA 对已经成功将多种非经典氨基酸引入蛋白质多肽链中，这种改造通常是将 tRNA 的反密码子突变为可识别终止密码子的碱基序列（Italia et al., 2019），从而实现对基因密码子的重编码。相比于仅改造终止密码子，对有义密码子的重分配在理论上可以更高效地提高病毒抗性，丰富聚合物单体种类。

Jason Chin 及其团队优化了 Syn61（Robertson et al., 2021），通过将两个有义密码子（丝氨酸密码子 TCG 和 TCA）和一个终止密码子（TAG）重新分配，实现了细菌抗病毒和编码翻译非天然氨基酸聚合物两项功能。设计思路如下。

① 敲除密码子对应的 tRNA 基因 *serT* 和 *serU* 及识别 UAG 的释放因子 RF1 基因 *prfA*，构建出 Syn61Δ3 菌株。因此当病毒感染细菌时，细菌内无法有效产生全长的病毒蛋白。

② 用空缺出的 3 个密码子对 ncAA 进行重编码。首先利用正交的 MmPylRS/MmtRNAPyl 配对在 Syn61Δ3 菌株中实现对第 11 位含有 TCG、TCA 或 TAG 的泛素基因的重编码。经测试，3 种重编码密码子均可以在同一泛素分子中引入多达 4 个 ncAA，而且发现使用 TCG 编码可在一个泛素分子中最多插入 9 个 ncAA。之后，将 TCG、TCA 和 TAG 分别使用不同

的 aaRS/tRNA 配对进行 ncAA 的重编码，以测试在同一蛋白质中利用不同密码子插入多种 ncAA 的可能性。最终也实现了分别利用 TCG、TCA 和 TAG 在一个泛素分子中插入 3 种不同的 ncAA。最后还探索了利用重编码密码子进行 ncAA 多聚体和大环分子的编码，实现了 ncAA 四聚体、六聚体、大环分子的合成。

1.6 基因组设计软件

1.6.1 计算机程序辅助合成基因组的发展过程

随着合成基因组技术的不断提升，如何设计越来越复杂的基因组也逐渐成为一个问题。为了解决这个问题，利用软件辅助基因组设计成为了一种常见的方法，为未来设计更加复杂的基因组提供了基础。

在过去的几十年里，科学家们已经成功地合成了多个基因组，包括 2002 年合成的脊髓灰质炎病毒基因组、2003 年合成的 ϕX174 基因组、2008 年合成的生殖支原体基因组以及 2010 年合成的 JCVI-syn1.0 基因组。这些基因组中最大的 JCVI-syn1.0 基因组大小为 1.08Mb，最小的脊髓灰质炎病毒基因组仅为 7.5kb，并未涉及对基因组进行全局的设计改造，因此计算机程序辅助设计并未大范围应用。

然而，随着基因组设计规模的增大，计算机程序辅助设计逐渐成为了必需的方法。例如，JCVI-syn3.0 将基因组逐步简化至只包含 473 个基因（Hutchison et al., 2016），Sc2.0 人工设计合成 10Mb 级别酿酒酵母全基因组，而 Syn61 中则将大肠杆菌基因组的 64 个密码子精简至 61 个密码子。这些基因组设计涉及对基因组进行大量的系统性删减、增加与修改，因此都需要计算机程序辅助规模化设计。

1.6.2 计算机程序在合成基因组中的应用

1.6.2.1 酿酒酵母基因组设计软件BioStudio

合成酿酒酵母基因组的 Sc2.0 计划与原始酿酒酵母基因组相比有许多新设计，例如将所有终止密码子替换为 TAA、在每个基因两侧加入 loxPsym 位点并组装后进行 SCRaMbLE 设计、删除每个染色体中的无意义重复序列与内含子，并将所有染色体中的 tRNA 基因转移集中至一条染色体中、加入 PCRtag 设计作为水印区分野生型和合成型、加入或删除酶切位点。通过上述设计，Sc2.0 酿酒酵母基因组的大小减少了近 8%，其中 1.1Mb 碱基被删除、插入或更改，如此海量的设计需要计算机程序的辅助。而且为满足分层组装的设计，染色体片段需要被拆分为五种不同长度的 DNA 片段。因此，合成生物学领域学者与计算生物学领域学者共同设计了 BioStudio 软件，以满足上述设计要求。

以酵母基因组五号染色体 syn Ⅴ为例，经过 BioStudio 的多种版本设计，才最终成功构建。V1.0 版本中加入了 PCRtag 的设计，V2.0 版本中加入了对终止密码子的设计，V3.0 版本中加入了 loxPsym 位点，V3.1 ～ V3.38 版本中逐渐迭代完善软件可视化图形设计，V3.39 版本中加入了模拟细胞分裂时染色体结构变化的设计。V3.40 ～ V3.43 版本中更改了基因组中的注释部分，V9.1 ～ V9.21 版本即时更新了组装过程中 syn Ⅴ中带有突变位点的染色体序列，V9.22 版本即为与最初设计相同的 syn Ⅴ序列。

BioStudio 具有版本控制和基因组编辑器等功能。这些功能旨在使多个实验室可以协同工作，以实现 Sc2.0 计划的目标。版本控制是一种用于管理软件开发的工具，可以追踪对代码库的更改，并允许在需要时“回滚”到以前的版本。对于合成人工基因组的项目，版本控制可以跟踪基因组设计的历史记录，并记录每个版本的负责人。这可以帮助团队成员更好地了解基因组合成工作的演化和发展过程，同时也可以防止意外或不必要的更改。

BioStudio 的基因组编辑器允许用户在 DNA 序列上进行注释，并且要求在每处修改时使用时间戳、编辑器名称和解释来记录注释。这可以帮助其他团队成员了解基因组的修改历史，并确定每个修改的目的和影响。

BioStudio 还利用 GBrowse 的支持提供了一个图形用户界面。GBrowse 是一个用于基因组注释查看的工具，可以帮助用户查看基因组序列的注释信息。BioStudio 进一步将插件扩展出编辑器，允许用户通过 GBrowse 访问 BioStudio 的算法和底层 DNA 序列。这可以帮助用户更好地了解基因组序列和注释信息之间的关系，并加快基因组合成项目的开发速度（Richardson et al., 2017）。

1.6.2.2 大肠杆菌基因组密码子重编Python工具

2019 年，剑桥大学 Jason Chin 课题组成功将大肠杆菌的 18214 个密码子进行重新编码，其中包括将大肠杆菌中的 TCG 和 TCA 密码子替换为同义密码子 AGC 和 AGT，以及将密码子 TAG 替换为 TAA。最终，他们构建了一株只有 61 个密码子的大肠杆菌。该大肠杆菌可以使用 59 个密码子来编码 20 个氨基酸，并可以删除以前必须依赖的 tRNA。该工作使用 Python 程序作为工具来进行大肠杆菌基因组中的密码子删减和整合。这个程序的代码已经开源在 GitHub 上，只需要输入原始基因组的 GenBank 格式文件，程序就可以自动输出经过指定密码子替换后的基因组 GenBank 文件。

该自动工具具有以下功能。可以识别所有目标密码子和重叠基因，并报告任何嵌入的基因。只分割重新编码将引入突变的重叠基因，并识别上游和下游重叠基因的方向。如果上游基因是正向的，下游基因是反向的，它会在所有分裂基因中添加默认为 20bp 大小可定制的合成插入。此外，它还会分割后重新注释 GenBank 文件中所有特征的位置，注释合成插入，对基因组进行编码，并标记所有编码的密码子。最后，它会导出最终的 GenBank 文件作为输出文件，并报告完成工作所需的时间（Fredens et al., 2019）。

1.6.2.3 合成基因组中的序列智能拆分软件

尽管近年来DNA合成技术不断提升且DNA合成成本不断下降，但基因组规模的DNA组装仍然是一个复杂的劳动密集型过程。由于化学合成DNA的技术限制，合成长DNA序列时的成功率会随着DNA长度的增加急剧下降。因此，依靠酶切位点序列和同源序列的组装方法成为合成基因组的基本方式。

无论采用何种组装方式，都需要按照一定规律对基因组DNA进行拆分，使用化学合成的小片段DNA逐步拼装成大片段DNA。在进行拆分时，需要考虑GC含量和DNA可能存在的二级结构。因此，需要使用计算机程序对整个基因组DNA序列进行系统分析，以合理修改基因组并拆分出组装所需的各个片段。

为满足这些需求，科研人员开发了基因组分区器软件的Web工具，可以对大规模DNA结构进行多级分区，以应用于合成生物学中。然而，在对基因组进行修改以满足拆分要求时，很有可能影响生物基因组中的某些功能元件。因此，科研人员开发了一种名为MOODA的数学框架和相应算法，以解决可能存在的生物结构设计和表征之间的冲突问题。

DNA合成目前已经实现商业化，可以从生物技术公司订购完整的DNA序列进行后续组装。DNA Scanner作为一款计算机程序，可以提供供应商DNA合成可行性、价格和周转时间等相关信息。同时，它还具有辅助DNA设计工具和自动化实验室流程的功能，为合成基因组提供便利。

参考文献

Annaluru N, Muller H, Mitchell L A, et al, 2014. Total synthesis of a functional designer eukaryotic chromosome[J]. Science, 344(6179): 55-58.

Blount B A, Gowers G F, Ho J C H, et al, 2018. Rapid host strain improvement by in vivo rearrangement of a synthetic yeast chromosome[J]. Nat Commun, 9(1): 1932.

Brooks A N, Hughes A L, Clauder-Munster S, et al, 2022. Transcriptional neighborhoods regulate transcript isoform lengths and expression level[J] . Science, 375(6584): 1000-1005.

Dai J, Boeke J D, Luo Z, et al, 2020. Sc3.0: revamping and minimizing the yeast genome[J]. Genome Biology, 21(1): 205.

de la Torre D, Chin J W, 2021. Reprogramming the genetic code[J]. Nature Reviews Genetics, 22(3): 169-184.

Dymond J S, Richardson S M, Coombes C E, et al, 2011. Synthetic chromosome arms function in yeast and generate phenotypic diversity by design[J]. Nature, 477(7365): 471-476.

Fredens J, Wang K, de la Torre D, et al, 2019. Total synthesis of *Escherichia coli* with a recoded genome[J]. Nature, 569(7757): 514-518.

Gibson D G, Glass, J I, Lartigue C, et al, 2010. Creation of a bacterial cell controlled by a chemically synthesized genome[J]. Science, 329(5987): 52-56.

Gowers G F, Chee S M, Bell D, et al, 2020. Improved betulinic acid biosynthesis using synthetic yeast chromosome recombination and semi-automated rapid LC-MS screening[J]. Nat Commun, 11(1): 868.

Hochrein L, Mitchell L A, Schulz K, et al, 2018. L-SCRaMbLE as a tool for light-controlled Cre-mediated recombination in yeast[J]. Nat Commun, 9(1): 1931.

Hurst L D, Pal C, Lercher M J, 2004. The evolutionary dynamics of eukaryotic gene order[J]. Nat Rev Genet, 5(4): 299-310.

Hutchison C A, Chuang R Y, Noskov V N, et al, 2016. Design and synthesis of a minimal bacterial genome[J]. Science, 351(6280): aad6253.

Italia J S, Addy P S, Erickson S B, et al, 2019. Mutually orthogonal nonsense-suppression systems and conjugation chemistries for precise protein labeling at up to three distinct sites[J]. Journal of the American Chemical Society, 141(15): 6204-6212.

Iwadate Y, Honda H, Sato H, et al, 2011. Oxidative stress sensitivity of engineered *Escherichia coli* cells with a reduced genome[J]. FEMS Microbiol Lett, 322(1): 25-33.

Jia B, Wu Y, Li B Z, et al, 2018. Precise control of SCRaMbLE in synthetic haploid and diploid yeast[J]. Nat Commun, 9(1): 1933.

Jiang S, Cai Z, Wang Y, et al, 2024. High plasticity of ribosomal DNA organization in budding yeast[J]. Cell Rep, 43(2): 113742.

Jiang S, Luo Z, Wu J, et al, 2023. Building a eukaryotic chromosome arm by de novo design and synthesis[J]. Nat Commun, 14(1): 7886.

Liu W, Luo Z, Wang Y, et al, 2018. Rapid pathway prototyping and engineering using in vitro and in vivo synthetic genome SCRaMbLE-in methods[J]. Nat Commun, 9(1): 1936.
Luo Z, Hoffmann S A, Jiang S, et al, 2020. Probing eukaryotic genome functions with synthetic chromosomes[J]. Exp Cell Res, 390(1): 111936.
Luo Z, Wang L, Wang Y, et al, 2018. Identifying and characterizing SCRaMbLEd synthetic yeast using ReSCuES[J]. Nat Commun, 9(1): 1930.
Luo Z, Yu K, Xie S, et al, 2021. Compacting a synthetic yeast chromosome arm[J]. Genome Biol, 22(1): 5.
Malyshev D A, Dhami K, Lavergne T, et al, 2014. A semi-synthetic organism with an expanded genetic alphabet[J]. Nature, 509(7500): 385-388.
Ostrov N, Landon M, Guell M, et al, 2016. Design, synthesis, and testing toward a 57-codon genome[J]. Science, 353(6301): 819-822.
Pelletier J F, Sun L, Wise K S, et al, 2021. Genetic requirements for cell division in a genomically minimal cell[J]. Cell, 184(9): 2430-2440.
Posfai G, Plunkett G, Feher T, et al, 2006. Emergent properties of reduced-genome *Escherichia coli*[J]. Science, 312(5776): 1044-1046.
Reuss D R, Altenbuchner J, Mader U, et al, 2017. Large-scale reduction of the *Bacillus subtilis* genome: consequences for the transcriptional network, resource allocation, and metabolism[J]. Genome Res, 27(2): 289-299.
Richardson S M, Mitchell L A, Stracquadanio G, et al, 2017. Design of a synthetic yeast genome[J]. Science, 355(6329): 1040-1044.
Robertson W E, Funke L F H, de la Torre D, et al, 2021. Sense codon reassignment enables viral resistance and encoded polymer synthesis[J]. Science, 372(6546): 1057-1062.
Rokas A, Wisecaver J H, Lind A L, 2018. The birth, evolution and death of metabolic gene clusters in fungi[J]. Nat Rev Microbiol, 16(12): 731-744.
Romesberg F E, 2022. Creation, optimization, and use of semi-synthetic organisms that store and retrieve increased genetic information[J]. Journal of Molecular Biology, 434(8): 167331.
Schindler D, Walker R S K, Jiang S, et al, 2023. Design, construction, and functional characterization of a tRNA neochromosome in yeast[J]. Cell, 186(24): 5237-5253.
Shen M J, Wu Y, Yang K, et al, 2018. Heterozygous diploid and interspecies SCRaMbLEing[J]. Nat Commun, 9(1): 1934.
Shen Y, Stracquadanio G, Wang Y, et al, 2016. SCRaMbLE generates designed combinatorial stochastic diversity in synthetic chromosomes[J]. Genome Res, 26(1): 36-49.
Venetz J E, Del Medico L, Wolfle A, et al, 2019. Chemical synthesis rewriting of a bacterial genome to achieve design flexibility and biological functionality[J]. Proc Natl Acad Sci USA, 116(16): 8070-8079.
Wang J, Xie Z X, Ma Y, et al, 2018. Ring synthetic chromosome Ⅴ SCRaMbLE[J]. Nat Commun, 9(1): 3783.
Wang K, Fredens J, Brunner S F, et al, 2016. Defining synonymous codon compression schemes by genome recoding[J]. Nature, 539(7627): 59-64.
Wu Y, Zhu R Y, Mitchell L A, et al, 2018. In vitro DNA SCRaMbLE[J]. Nat Commun, 9(1): 1935.
Ye Y, Zhong M, Zhang Z, et al, 2022. Genomic iterative replacements of large synthetic DNA fragments in *Corynebacterium glutamicum*[J]. ACS Synth Biol, 11(4): 1588-1599.
Zhang W, Lazar-Stefanita L, Yamashita H, et al, 2023. Manipulating the 3D organization of the largest synthetic yeast chromosome[J]. Mol Cell, 83(23): 4424-4437.
Zhang W, Mitchell L A, Bader J S, et al, 2020. Synthetic Genomes[J]. Annu Rev Biochem, 89: 77-101.
Zhang W, Zhao G, Luo Z, et al, 2017. Engineering the ribosomal DNA in a megabase synthetic chromosome[J]. Science, 355(6329): eaaf3981.

第 2 章 基因线路设计技术

基因线路设计是通过模仿电子线路设计，利用合成生物学工具，构建人工基因网络或"线路"，使基因、蛋白质、RNA 等生物分子作为生物电路组件，以实现对特定的生物学功能或行为的精确控制，例如对特定环境信号的响应等。

与电子电路一样，合成基因线路由三大模块组成，包括传感器、信号处理器和执行器（Gao et al., 2023）。传感器模块将胞外信号（输入）转导到细胞内，这些信号由信号处理器模块进行整合与计算，执行器模块将处理后的信息转换为所需的生理活动（输出）。作为将传感器连接到执行器的连接电路，信号处理电路对于调整输入 - 输出关系和实现复杂功能至关重要。区别于电子线路中的绝缘材料，基因线路的信号载体是生物分子，它们会在细胞环境中扩散或混合，很容易造成信号串扰，物理特性不仅难以量化，还可能受环境影响而变化，给基因线路的精准控制带来挑战。目前，基因线路设计技术主要引入了四大设计原则，包括正交化、标准化、模块化和自动化，来实现对生命系统的工程化操控。

与天然细胞中的基因线路类似，合成基因线路包括两种基本类型：基于蛋白质的信号回路（蛋白质线路）和转录基因调控回路（遗传回路）。然而，这两种类型差别不大，可协同作用以控制细胞功能。具体来说，蛋白质回路通过膜受体蛋白（或传感器）在更短的时间尺度（从几秒到几分钟）下处理环境信号，然后信号被传输到下游基因调控回路，该活动发生在更长的时间尺度上（从几分钟到几小时）。

近二十年来，基因线路设计技术取得了重要进展，从最初简单的调控回路，发展到今天的复杂多基因调控网络，是生物学从观察自然生命现象逐步进入工程设计时代的重要标志。研究人员已经开发出了逻辑门、振荡器、双稳态开关、时序存储电路、模拟数字信号转换器等基因线路。虽然很多研究仍处于概念验证阶段，但合成线路的日益复杂化和规模的扩大大大提高了在系统和定量水平上设计和重建非天然的细胞行为的能力。这项技术的应用范围十分广泛，在生物制造（如高价值产品生产）、生物医学［如癌症免疫疗法、疾病诊断（Sedlmayer et al., 2018）］以及环境监测与修复等多个领域具有巨大的潜力。

2.1
基因线路的正交化设计

合成生物学中的正交是指两个或者多个组成和 / 或功能相似的生物分子无法相互作用或者影响各自的底物。例如，两个蛋白酶无法切割彼此的底物，则它们可能是相互正交的。理论上，根据必要性，细胞内的生物分子都不应彼此直接相互作用，使得在中心法则中的关键过程能执行不同的功能（复制、转录和翻译），同时又因为每个功能依赖于前一个阶段而保持内在联系。基因线路主要依赖于宿主细胞的中心法则，其元件多是来源于其他物种的天然元件，经常与宿主细胞中相关成分发生交互。可靠且可预测的基因线路需要有针对性地减少或消除这些不良相互作用，来减轻或消除对宿主的负面影响和宿主对线路的干扰，这就是基因线路中的正交化设计，类似于电子电路中的绝缘效应。目前，虽然相关研究工作尚未能形成一个连续的正交的中心法则，但科研人员已经在遗传信息复制、表达及生化代谢等不同过程中成功开发了正交元件，使它们与宿主成分共存，而不会产生不利的细胞效应。

2.1.1 DNA 存储与复制的正交化设计

基因线路可以作为独立的游离体引入宿主底盘或者整合到宿主基因组中。宿主成分对基因线路工程序列的识别可能会以不可预测的方式影响电路性能，因此将外源遗传信息与宿主组分隔离开来可以有效降低对宿主复制或基因表达的依赖。

天然基因组中存在多种 DNA 修饰，真核多细胞生物的基因组在序列上相同，但可以通过不同的表观遗传图谱产生不同的基因表达模式。因此，核酸的表观遗传修饰是天然生物系统用来隔离特定生物过程的常见机制之一。真核系统与原核系统中修饰类型存在明显差异，这种差异性可能使特定修饰后的核酸碱基的遗传信息天生就与宿主体系正交。Khalil 课题组从天然系统中汲取经验，构建了一个正交的表观遗传调控系统，通过移植相应的甲基转移酶和转录因子，人为引入原核生物中常见但在真核基因组中不存在的修饰 m^6A，利用表观遗传信号转导实现了真核细胞中高效的转录调控（Park et al., 2019）。

在遗传信息编码的正交化方面，天然系统中检测到的非经典碱基激发了研究者将合成核苷酸整合到宿主细胞 DNA 中的浓厚兴趣，人们尝试通过增加序列多样性来实现遗传密码的扩展。目前，研究者已经将 4 个经典的编码核苷酸碱基增加到 6 个或者 8 个（Dhami et al., 2014；Hoshika et al., 2019）。在增加可能的信息密度的同时，也降低了合成元件与宿主成分相互作用的可能性。

复制系统的区室化是另一类隔离方案。有研究人员在酵母系统中建立的一种正交 DNA 复制（OrthoRep）系统，实现了基因序列的快速进化，其稳定突变速度比宿主基因组快 100000 倍，超过了导致单代灭绝的基因组复制的错误阈值，同时由于不依赖于宿主的复制活性，减少了对宿主适应的影响（Ravikumar et al., 2018）。这个系统建立在来自乳酸克鲁维酵母的天然质粒 p1 系统上，并表达了正交的 DNA 聚合酶（DNAP）来专门复制该质粒。该质粒是一种线性的、高拷贝的细胞质质粒，具有独特的通过特殊的末端蛋白 -DNA 聚合酶（TP-DNAP）引发复制起始的复制机制。OrthoRep 在胞质内起作用，而宿主基因组复制发生在细胞核中。该系统突出了利用非经典起始和区室化实现正交 DNA 复制的优势，已被成功运用于强耐药性和酶活性的进化。类似地，Tian 等开发了依赖于稳定的正交线性质粒和正交易错的 DNA 聚合酶变体的细菌连续进化系统（BacORep），用于持续进化开发细菌系统的功能元件（Tian et al., 2023）。

2.1.2 转录调控的正交化设计

大多数基因线路依靠转录调控来发挥作用。转录因子是 DNA 结合蛋白，通过操纵转录活性将 DNA 中遗传信息转译为 RNA。许多天然和工程化的真核系统将转录因子募集到确定的 DNA 基序上来调控转录输出。可编程的转录因子通常融合 DNA 结合蛋白模块和效应模块（激活或抑制性结构域）来调控转录回路。常见的可编程的 DNA 结合蛋白模块有锌指蛋白、TALE 蛋白或者核酸酶失活的 CRISPR-Cas（dCas9）蛋白。相较而言，CRISPR-Cas 蛋白与 gRNA 的一对多属性和 gRNA 的易编程属性使该系统可同时实现多个基因的正交调控，在各种生物系统中已经得到广泛应用。同时，dCas9 也可以不与效应模块结合，直接单独靶向启动子区域，物理性阻碍 RNAP 的通过，从而抑制基因表达。Reis 等利用物理建模、生化表征和机器学习等方法合理设计了非重复的超长 sgRNA 阵列，可稳定共表达 22 个 sgRNA，实现对 13 个基因的同时正交抑制（Reis et al., 2019）。

天然和工程化的转录因子多是通过连接效应结构域来调节转录结果。然而，一些天然效应子可以使用更直接的方式正交调节转录输出，并已用于控制体内基因表达。细菌 σ 因子和抗 σ 因子是 RNA 聚合酶（RNAP）的重要组成部分，在不同的环境条件下，它们对基因表达产生不同的影响。天然状态下，膜锚定的抗 σ 因子结合其同源 σ 因子，以抑制 σ 因子与宿主 RNAP 的结合。在外部刺激后，抗 σ 因子与其同源因子解离，从而允许 σ-RNAP 相互作用，并启动其同源启动子的转录。目前许多刺激因素仍然未知，但在大肠杆菌中许多 σ 因子已表现出相互的和与宿主的正交性。其中，胞质外功能（ECF）σ 因子最小，序列最多样化。Rhodius 等在大肠杆菌中解析了 86 个不同来源的 ECFσ 因子、对应启动子以及 62 个不同的抗 σ 因子，发现 20 个 σ 因子 - 启动子对是相互高度正交的（Rhodius et al., 2013）。

天然衍生或者工程改造的原核和真核转录因子依赖于宿主转录机制来调控基因表达。相比之下，噬菌体衍生的单个 RNAP 不需要补充细胞因子即可实现天然正交转录调控。其中，噬菌体衍生的 T7 RNAP 特异性识别了一个短的 17bp 启动子（Chamberlin et al., 1970），已经在原核、真核和体外系统中得到广泛应用。它的功能多样性已经扩展到活细胞中非天然碱基的聚合。其中，野生型 T7 RNAP 已被用于转录含有非天然核苷酸 dNaM（X）和 dTPT3（Y）的 mRNA 和 tRNA，将体内遗传密码子扩展为六个字母（Zhang et al., 2017）。在八碱基系统中，野生型 T7 RNAP 可以支持 7 种核苷酸的体外聚合，而工程改造后的 T7-FAL（Y639F、H784A、P266L）变体可支持所有八种碱基的转录（Hoshika et al., 2019）。正交 RNAP 的可扩展性是多层正交性发展的一个重要里程碑，未来可通过设计和 / 或进化更多的 RNAP，以提高它们对非经典核碱基的转录能力。

诱导型表达系统因可以响应细胞内外的信号，被广泛应用于基因线路设计中。诱导系统通常包含三个组成部分：蛋白质转录因子、转录因子的特异性结合位点和可促进或者抑制转录因子与靶 DNA 结合的诱导剂。诱导剂可以是金属离子、细胞渗透性的无毒小分子、光、温度等。在诱导表达系统开发过程中，研究人员通常会开发各种策略将其与宿主内源组分或者已存在的其他合成组件进行功能隔离，避免产生串扰，例如筛选不可代谢的或者无毒的诱导剂，消除内源存在的可识别或代谢诱导剂的天然途径，或优化转录因子来减少多效性效应（Costello et al., 2021）。Voigt 课题组建立了体外区室化自复制的定向进化策略，可以同时选择低背景、高动态范围、高灵敏度和低串扰的传感系统，开发了由 12 个高灵敏度、低泄漏且正交的高性能传感器组成的阵列（Meyer et al., 2019）。

2.1.3 翻译及翻译后调控的正交化设计

转录后，mRNA 的修饰会影响基因线路的功能，也表明可以通过调控这些修饰来人为隔离或调整合成基因线路。同时，调节性小 RNA 也会对 mRNA 翻译产生深远影响。由于 sRNA 通过经典的 Watson-Crick 碱基配对原理来发挥功能，因此它们提供了一种有吸引力的设计策略来正交控制蛋白质丰度：调节性小 RNA 可以被改造以屏蔽或者释放体内核糖体翻译起始位点。目前，这一原理已被应用于产生正交 RNA 翻译调节因子，选择性地改变 mRNA 5′ UTR 的二级和 / 或三级结构，以调节核糖体结合位点或启动翻译起始密码子的可用性，来实现对蛋白质表达的控制（Costello et al., 2021）。其中，Green 课题组开发了 15 个相互正交的调节性小 RNA -mRNA 对，可实现对基因表达的高达 300 倍的抑制效果（Kim et al., 2019）。这些器件可在大肠杆菌中构建快速、多输入的布尔逻辑门，不需要像基于蛋白质的细胞逻辑那样将调控因子翻译出来即可发挥作用。

遗传密码子拓展技术能将非天然氨基酸特异性引入原核和真核细胞系统的目标蛋白中，为蛋白质功能调控和基因线路设计提供了新的契机。为了实现非天然氨基酸的定向掺入，目前研究人员已经开发了多对正交的氨酰基 -tRNA 合成酶 -tRNA 对。例如，Chin 课题组开发了 tRNA 延伸的快速筛选方案，在大肠杆菌中测试了 243 个候选 tRNA，鉴定了 71 个正交 tRNA，且其中 23 个与同源的氨酰基 -tRNA 合成酶正交（Cervettini et al., 2020）；从测试的 88 个 ΔNPylRS/$^{\Delta NPyl}$tRNA 元件中鉴定出了 18 个相互正交的 tRNA-aaRS 对和 12 组三重正交对（Dunkelmann et al., 2020）。未来通过整合合成碱基和正交的酰基 -tRNA 合成酶 -tRNA 对，有望使更多种类和数目的非天然氨基酸掺入连续的多肽链中。

核糖体作为蛋白质翻译的核心机器，是影响细胞命运和生长动力学的信号转导纽带。因此，基因线路对于翻译的干扰可能会对细胞适应性带来严重影响。减轻这种影响的一种方式是开发特异性的正交核糖体来专门翻译线路设计的正交 mRNA。Chin 课题组通过改造 16S rRNA 构建了多个正交核糖体 - 正交 mRNA 对，正交核糖体可以选择性翻译正交 mRNA, 而正交 mRNA 不是胞内野生型核糖体的底物，使得该系统可以与细胞天然系统并行但独立地处理信息，并表明它们可以用来以布尔逻辑来对细胞进行转录后编程（Rackham et al., 2005）。然而，改造的和天然的 16S rRNA 均可以与野生型 23S rRNA 自由结合，导致体内产生异质性核糖体群体。为解决对原生翻译的干扰，Mankin 课题组开创性地将小亚基和大亚基 rRNA 序列通过短 RNA 接头共价连接到一个实体中，产生了一个新的功能性核糖体，创建了第一个完全正交的核糖体 -mRNA 系统，不仅在体外具有翻译功能，即使在没有野生型核糖体的情况下也可独立支持大肠杆菌细胞的生长（Orelle et al., 2015）。

除去翻译调控外，还可以基于翻译后蛋白质的相互作用来设计基因线路。内含肽是一种可实现蛋白质剪接的特殊多肽，可以介导自身的切除来实现不同肽段的无缝组装，获得设计的功能蛋白。Wang 课题组系统性测试了 34 种不同的内含肽的剪接活性，获得了 15 对高度正交的断裂内含肽元件，并用来断裂正交转录因子，在生物体中实现了复杂的逻辑电路的设计（Pinto et al., 2020）。

2.2
基因线路的标准化和模块化设计

合成生物学的一个核心理念是标准化和模块化，即将基因线路元件分解为可重复使用的模块，每个模块执行特定功能，每个模块之间可以进行标准化装配。正是标准化和模块化方法，才使得基因线路可以灵活设计并扩展应用于不同的细胞类型。

基因线路由多个基因元件组成，每个基因元件都有其特定的功能。核心元件包括启动子、终止子、核糖体结合位点等。复杂基因线路的设计和构建需要实现大量生物元件的快速组装。实现这一目标的前提是建立表征良好和标准化的遗传元件库和高效的标准化元件组装方法。在基因元件的表征方面，目前缺少标准化的评定方法。研究人员已经建立多种标准化元件库网站，旨在收集各种标准化生物元件。其中，2003 年，麻省理工学院建立的标准元件库网站，目前已包含超过 20000 种生物元件，但因为大多数没有按照统一标准表征，性能通常不可靠，各元件间无法进行准确的定量比较，大大降低了其中标准生物元件的实用性和通用性。在标准化装配方面，研究人员通常会在基因元件两端加上特定的酶切位点，便于批量装配。目前已经建立多种标准化组装方法，例如 BioBrick assembly、Gibson assembly、Golden Gate assembly 等。在酿酒酵母中，戴俊彪课题组基于 Golden Gate 原理开发了标准生物元件的组装方法 Yeast Fab，可在一周内完成异源代谢途径的装配（Guo et al., 2015；Jiang et al., 2021）。在马克斯克鲁维酵母菌中，MoClo 及 Yeast Tool Kit 组装方法被用来快速构建和表征其标准元件库（Lee et al., 2015）。近期，在植物系统中，戴俊彪课题组结合 Yeast Fab 系统和甜菜碱报告系统，建立了小立碗藓的启动子元件的构建与表征平台（Luo et al., 2024）。除了对于不同底盘系统中天然标准化元件的系统性表征，研究人员也尝试利用对海量随机序列的高通量筛选和机器学习进行全人工合成的功能元件（主要是启动子、终止子等）的挖掘和设计（Redden et al., 2015；Curran et al., 2015；de Boer et al., 2020；Ahmed et al., 2019），进一步扩展了合成生物学标准元件库。后续，研究人员需要深入挖掘调控元件，并进行全面表征，以评价新的基因表达调控元件与现有元件的差异；优化人工元件的设计和改造策略，突破天然元件的性能限制；组建国际合成生物联盟来推动合成生物系统设计和构建过程中的数据采集标准和资源共享，将大大推动基因元件和基因线路设计的标准化进程。

复杂基因线路通常分为多个不同的模块，这些单独表征的模块负责具体的功能，如信号感知、逻辑运算或输出行为，组装在一起则可以创建具有特定功能的基因线路。为了使基因线路具有可预测性，在理想情况下，模块间互相拼接时，各模块的输入和输出的对应关系不会发生改变，即为模块化。然而，在实际情况中，基因线路的模块化设计仍是重要的瓶颈问题。因为在模块被组装为基因线路后，下游元件可能会对上游模块产生负载，从而干扰线路的预测准确性。细胞的内部环境是动态变化的，导致引入的模块难以实现稳定的输出，且随着基因线路复杂度的上升，对宿主细胞的资源占用也会提升。针对这些问题，研究人员做了大量的尝试。例如，Voigt 课题组将控制理论思想应用于设计在任何拷贝数下保持恒定表达水平的启动子，通过使用非相干前馈回路（iFFL）设计大肠杆菌启动子，成功在不同基因组位置和质粒中实现几乎相同的表达水平，即使它们的拷贝数受到基因组突变或生长培养基组成变化的干扰（Segall-Shapiro et al., 2018）。这些具有稳健性表达的启动子为降低基因线路设计的环境依赖性提供了一种解决方案。Ellis 课题组开发了利用单位细胞产生荧光速率来反映人工元件对于细胞资源的占用情况的方法（Ceroni et al., 2015），首次建立模型来计算细胞内可使用的资源，可协助基因线路设计方案的选择优化。针对单个细胞的负载能力有限，研究人员开展了多细胞分布式线路设计，使单个细胞中的线路模块化，并进行多个细胞间的通信来实现复杂线路中模块的规模化组装。分布式线路设计不仅可以降低每个细胞中合成线路的体量，降低代谢负担，还可以利用细胞高度模块化的特征，在不同细胞中使用相同的基因元件，降低对正交基因调控元件的需求。多细胞分布式线路设计的关键是建立高性能的细胞通信，以协调多个细胞的行为。目前细菌中具有代表性的线路是 Lou 课题组将复杂的逻辑电路分别部署在 7 个不同的大肠杆菌菌株中构建的同时使用四个信号通道的分布式计算线路（Du et al., 2020）。目前多细胞分布式线路已经在细菌、酵母和哺乳动物细胞中实现，不过目前可用的细胞通信的遗传工具比较有限，分布式电路的规模与单细胞线路的规模没有明显差别。

2.3 基因线路的自动化设计

目前大多数基因线路是手动设计并测试的，需要消耗大量的时间和精力且容易出现错误。随着构建基因线路规模的增长，手工设计对多个因素的综合判断越来越难以进行，并且因为线路需要对多个状态响应，无法通过定向进化进行优化。因此，需要自动化设计程序来平衡多种约束条件并组合所需的 DNA 元件。

为了实现基因线路的程序化设计，研究人员尝试开发各种自动化设计方法，例如 Cello 系列软件、SBROME、MatchMaker、Proto & BioCompiler、GenoCAD、iBio Sim、Device Editor 等（Jones et al., 2022）。每一种方法都探索了遗传线路设计过程中的不同限制。在电气工程中，晶体管高度均匀，并且在“开”和“关”状态下共享相同的信号水平，而生物部件在化学、结构和信号水平方面的变化更大。不仅每个零件或零件组合都需要独立表征，以便在许多设计中可重复使用，而且设计过程还必须解决信号匹配问题，以确保上游模块具有足够的输出信号范围来驱动下游模块。另外，与电路一样，需要最小化线路尺寸（线路的 DNA 碱基对总数）。下面将主要介绍 Cello 系列软件的开发情况。

2016 年，Voigt 课题组使用广泛应用于工程设计领域的计算机辅助设计软件开发了一款自动化设计基因回路的软件——第一代 Cello 软件，基于输入传感器（例如化学分子诱导系统）、线路功能以及底盘细胞中的用户约束文件，自动将目标功能回路编译为 DNA 序列（Nielsen et al., 2016）。基因回路中的元件，其输入 - 输出对应的数量关系（即传递函数），是成功连接回路中不同元件以实现功能的核心参数。用户约束文件中包含对应底盘细胞的门电路传递函数、元件搭配和排布规则等内容。因此对于任意底盘细胞，实现 CAD 需要实现对单个元件（包括输入传感器和门电路）的定量构建和测试。Cello 的元件库是由基于原核阻遏蛋白的绝缘 NOT 门和 NOR 门组成。在设计的 60 个大肠杆菌电路中，45 个电路在每个输出状态下都正常工作，所有电路中，92% 的输出状态与预期一致。利用相似的策略实现了非模式原核生物的基因线路的自动化设计（Taketani et al., 2020）。但是，真核生物调控机制更加复杂，相同的策略不能直接应用于真核生物。例如，真核启动子强度受染色体整体结构、核小体占有率、表观遗传修饰等多种因素的影响，相邻的转录单元中核小体的定位会相互影响导致传递函数改变，各转录模块的终止子也会对上下游基因表达强度产生显著影响，构建中重复使用同样的元件可能导致同源重组，降低系统稳定性。Voigt 课题组通过对酿酒酵母转录调控元件定量设计，构建了一批长度仅为 100 多碱基对的可控合成型启动子，系统性引入转录调控信号和参数优化，实现定量输出，并引入了基于核酸酶和终止子的绝缘子序列设计，来避免各核心元件间的功能干涉效应，实现了基因线路组装的定量可控，由此创建了酿酒酵母的用户约束文件，构建了一系列三输入的复杂逻辑线路（不少于 6 个逻辑门元件）。其中最复杂的线路包含 11 种调控蛋白、16 个转录调控单元（Chen et al., 2020）。相应地，为了解决 Cello 1.0 逻辑门元件库类型单一、模拟能力和支持语言有限等局限性，Densmore 课题组开发了 Cello 2.0，该软件能灵活描述逻辑门的结构及其动态行为的数学模型和基因组中逻辑门放置位置的信息，具备新的图形用户界面，支持 Verilog 2005 语法与 SynBioHub 元件库软件环境的连接（Jones et al., 2022）。这些特点使 Cello 2.0 设计能力从大肠杆菌质粒扩展到基因组以及更多生物体中，上述酵母系统中基因线路的自动化设计就是使用 Cello 2.0 完成的。

2.4
基因线路的其他调控设计

质粒是外源基因表达的常见平台。质粒拷贝数的调控可对特定质粒载体中编码的遗传回路施加额外的全局控制，为快速回路设计与迭代优化提供了强大的途径。目前已报道了两类可诱导的拷贝数控制策略。第一类策略是操控质粒的复制机制。例如，通过对引发 RNA（RNAp）和抑制 RNA（RNAi）的转录速率的控制来调节 ColE1 质粒的拷贝数（Rouches et al., 2022），通过对复制起始蛋白 RepA 的工程化改造以及表达调控实现 pSC101 质粒拷贝数的调控（Joshi et al., 2022）。第二类策略是利用核酸酶靶向降解质粒实现拷贝数的降低

（Caliando et al., 2015）。Baumgart 等结合这两种策略设计了一个质粒拷贝数调控的振荡器，该振荡器包含一个激活质粒（含有群体感应 LuxI 酶基因和核酸酶 I-Sce Ⅰ识别位点）和一个阻遏质粒（pluxI 驱动表达的核酸酶基因和 RNAp 位点）（Baumgart et al., 2017）。核酸酶的诱导表达会降解激活质粒，减少其拷贝数和 LuxI 的表达；LuxI 的表达降低反过来又影响阻遏质粒上核酸酶表达和 RNAp 驱动的阻遏质粒的复制，从而引发强烈的振荡。拷贝数调控是一种可推广的设计原理，为合成基因线路增加了一层控制，无需设计专门的启动子，就可以实现基因线路的动态调节。

重组酶介导 DNA 序列的位点特异性倒置或删除，可以改变识别位点之间功能元件的方向或存在状态，进而影响基因线路的输出状态。目前，已经通过调控元件和识别位点的不同配置实现了在单层架构中构建所有双输入逻辑门和组合逻辑门线路（Bonnet et al., 2013）。研究人员通过开发一系列正交重组酶和异源特异性识别位点，在多细胞系统中构建了 100 多个不同的功能逻辑线路（Guiziou et al., 2019；Weinberg et al., 2019；Weinberg et al., 2017），包括 4 输入或者 6 输入的逻辑门。此外，可以选择不同的方案控制 DNA 重排事件的方向和可逆性，用于瞬时信号的长期记忆（Lloyd et al., 2022）或者开发可重复的记忆开关（Bernabe-Orts et al., 2020）。

参考文献

Ahmed M S, Ikram S, Rasool A, et al, 2019. Design and construction of short synthetic terminators for beta-amyrin production in *Saccharomyces cerevisiae*[J]. Biochem Eng J, 146: 105-116.

Baumgart L, Mather W, Hasty J, 2017. Synchronized DNA cycling across a bacterial population[J]. Nat Genet, 49: 1282-1285.

Bernabe-Orts J M, Quijano-Rubio A, Vazquez-Vilar M, et al, 2020. A memory switch for plant synthetic biology based on the phage varphiC31 integration system[J]. Nucleic Acids Res, 48: 3379-3394.

Bonnet J, Yin P, Ortiz M E, et al, 2013. Amplifying genetic logic gates[J]. Science, 340: 599-603.

Caliando B J, Voigt C A, 2015. Targeted DNA degradation using a CRISPR device stably carried in the host genome[J]. Nat Commun, 6: 6989.

Ceroni F, Algar R, Stan G B, et al, 2015. Quantifying cellular capacity identifies gene expression designs with reduced burden[J]. Nat Methods, 12: 415-418.

Cervettini D, Tang S, Fried S D, et al, 2020. Rapid discovery and evolution of orthogonal aminoacyl-tRNA synthetase-tRNA pairs[J]. Nat Biotechnol, 38: 989-999.

Chamberlin M, McGrath J, Waskell L, 1970. New RNA polymerase from *Escherichia coli* infected with bacteriophage T7[J]. Nature, 228: 227-231.

Chen Y, Zhang S, Young E M, et al, 2020. Genetic circuit design automation for yeast[J]. Nat Microbiol, 5: 1349-1360.

Costello A, Badran A H, 2021. Synthetic biological circuits within an orthogonal central dogma[J]. Trends in Biotechnology, 39: 59-71.

Curran K A, Morse N J, Markham K A, et al, 2015. Short synthetic terminators for improved heterologous gene expression in yeast[J]. ACS Synth Biol, 4: 824-832.

de Boer C G, Vaishnav E D, Sadeh R, et al, 2020. Deciphering eukaryotic gene-regulatory logic with 100 million random promoters[J]. Nat Biotechnol, 38: 56-65.

Dhami K, Malyshev D A, Ordoukhanian P, et al, 2014. Systematic exploration of a class of hydrophobic unnatural base pairs yields multiple new candidates for the expansion of the genetic alphabet[J]. Nucleic Acids Res, 42: 10235-10244.

Du P, Zhao H, Zhang H, et al, 2020. De novo design of an intercellular signaling toolbox for multi-channel cell-cell communication and biological computation[J]. Nat Commun, 11: 4226.

Dunkelmann D L, Willis J C W, Beattie A T, et al, 2020. Engineered triply orthogonal pyrrolysyl-tRNA synthetase/tRNA pairs enable the genetic encoding of three distinct non-canonical amino acids[J]. Nat Chem, 12: 535-544.

Gao Y, Wang L, Wang B，2023. Customizing cellular signal processing by synthetic multi-level regulatory circuits[J]. Nat Commun，14: 8415.

Guiziou S, Mayonove P, Bonnet J, 2019. Hierarchical composition of reliable recombinase logic devices[J]. Nat Commun, 10: 456.

Guo Y, Dong J, Zhou T, et al, 2015. YeastFab: the design and construction of standard biological parts for metabolic engineering in *Saccharomyces cerevisiae*[J]. Nucleic Acids Res, 43: e88.

Hoshika S, Leal N A, Kim M J, et al, 2019. Hachimoji DNA and RNA: A genetic system with eight building blocks[J]. Science, 363: 884-887.

Jiang S, Luo Z, Dai J，2021. Use yeastFab to construct genetic parts and multicomponent pathways for metabolic engineering[J]. Methods Mol Biol，2196: 167-180.

Jones T S, Oliveira S M D, Myers C J, et al, 2022. Genetic circuit design automation with Cello 2.0[J]. Nat Protoc, 17: 1097-1113.

Joshi S H, Yong C, Gyorgy A, 2022. Inducible plasmid copy number control for synthetic biology in commonly used *E. coli* strains[J]. Nat Commun, 13: 6691.

Kim J, Zhou Y, Carlson P D, et al, 2019. De novo-designed translation-repressing riboregulators for multi-input cellular logic[J]. Nat Chem Biol, 15: 1173-1182.

Lee M E, DeLoache W C, Cervantes B, et al, 2015. A highly characterized yeast toolkit for modular, Multipart Assembly[J]. ACS Synth Biol, 4: 975-986.

Lloyd J P B, Ly F, Gong P, et al, 2022. Synthetic memory circuits for stable cell reprogramming in plants[J]. Nat Biotechnol, 40: 1862-1872.

Luo G, Ye H, Xu M, et al, 2024. PpFab: An efficient promoter toolkit in *Physcomitrium patens*[J]. Plant Physiol, 196: 2-6.

Meyer A J, Segall-Shapiro T H, Glassey E, et al, 2019. *Escherichia coli* "Marionette" strains with 12 highly optimized small-molecule sensors[J]. Nature Chemical Biology, 15: 196-204.

Nielsen A A, Der B S, Shin J, et al, 2016. Genetic circuit design automation[J]. Science, 352: aac7341.

Orelle C, Carlson E D, Szal T, et al, 2015. Protein synthesis by ribosomes with tethered subunits[J]. Nature, 524: 119-124.

Park M, Patel N, Keung A J, et al, 2019. Engineering epigenetic regulation using synthetic read-write modules[J]. Cell, 176: 227-238 .

Pinto F, Thornton E L, Wang B, 2020. An expanded library of orthogonal split inteins enables modular multi-peptide assemblies[J]. Nat Commun, 11: 1529.

Rackham O, Chin J W, 2005. A network of orthogonal ribosome · mRNA pairs[J]. Nature Chemical Biology, 1: 159-166.

Ravikumar A, Arzumanyan G A, Obadi M K A, et al, 2018. Scalable, continuous evolution of genes at mutation rates above genomic error thresholds[J]. Cell, 175: 1946-1957.

Redden H, Alper H S, 2015. The development and characterization of synthetic minimal yeast promoters[J]. Nature Communications, 6: 7810.

Reis A C, Halper S M, Vezeau G E, et al, 2019. Simultaneous repression of multiple bacterial genes using nonrepetitive extra-long sgRNA arrays[J]. Nat Biotechnol, 37: 1294-1301.

Rhodius V A, Segall-Shapiro T H, Sharon B D, et al, 2013. Design of orthogonal genetic switches based on a crosstalk map of sigmas, anti-sigmas, and promoters[J]. Mol Syst Biol, 9: 702.

Rouches M V, Xu Y, Cortes L B G, et al, 2022. A plasmid system with tunable copy number[J]. Nat Commun, 13: 3908.

Sedlmayer F, Aubel D, Fussenegger M, 2018. Synthetic gene circuits for the detection, elimination and prevention of disease[J]. Nat Biomed Eng，2: 399-415.

Segall-Shapiro T H, Sontag E D, Voigt C A, 2018. Engineered promoters enable constant gene expression at any copy number in bacteria[J]. Nat Biotechnol, 36: 352-358.

Taketani M, Zhang J, Zhang S, et al, 2020. Genetic circuit design automation for the gut resident species *Bacteroides thetaiotaomicron*[J]. Nat Biotechnol, 38: 962-969.

Tian R, Zhao R, Guo H, et al, 2023. Engineered bacterial orthogonal DNA replication system for continuous evolution[J]. Nat Chem Biol, 19: 1504-1512.

Weinberg B H, Cho J H, Agarwal Y, et al, 2019. High-performance chemical- and light-inducible recombinases in mammalian cells and mice[J]. Nat Commun, 10: 4845.

Weinberg B H, Pham N T H, Caraballo L D, et al, 2017. Large-scale design of robust genetic circuits with multiple inputs and outputs for mammalian cells[J]. Nat Biotechnol, 35: 453-462.

Zhang Y, Ptacin J L, Fischer E C, et al, 2017. A semi-synthetic organism that stores and retrieves increased genetic information[J]. Nature, 551(7682): 644-647.

第 3 章
基因组合成技术

基因组是生命体所携带遗传物质的总称，是生命系统的指令中枢。自然界中，绝大部分生物的遗传物质为DNA，另有少部分生物遗传物质为RNA，例如RNA病毒。当前的基因组合成技术主要是基因组DNA合成技术，相比于依赖DNA模板的DNA分子克隆技术，该技术允许从头“书写”生命遗传信息，为人们提供了一种崭新的理解生命、改造乃至创建生命的新方法。基因组合成技术是系列DNA合成与纠错技术的集成，包括寡核苷酸合成技术、基因合成技术、基因组组装技术及基因纠错技术等。其中各项技术均具有多种可供选择的方法，本章着重列举了以上关键技术中的代表性方法。

3.1 寡核苷酸合成与纯化

寡核苷酸合成是基因组合成的基础技术，自20世纪50年代以来，科研人员主要开发了化学合成寡核苷酸法和酶促合成寡核苷酸法两种方法。其中，化学合成寡核苷酸法经过近几十年的优化改进，目前已经实现广泛的自动化和产业化，是当前合成寡核苷酸的主流方法。由于化学合成寡核苷酸法本身的局限，该法合成的寡核苷酸长度一般不超过200个核苷酸。酶促合成寡核苷酸法理论上能够合成长达数千个碱基的核苷酸链，有潜力成为一种更好的合成方法，然而该技术目前仍处于实验室完善阶段，离实际应用尚有距离。

3.1.1 化学合成寡核苷酸法

化学合成寡核苷酸法起始于20世纪50年代。1955年，剑桥大学Todd实验室成功合成了第一个具有磷酸二酯键结构的二嘧啶核苷（dTpT），并因此Alexander R. 获得1957年诺贝尔化学奖。随后基于化学合成寡核苷酸的一系列方法被开发出来，包括磷酸二酯法、磷酸三酯法、亚磷酸三酯法、亚磷酰胺法等。其中，于20世纪80年代开发出亚磷酸三酯化学合成法并被应用于柱式合成，于90年代起开始应用到芯片合成中，实现了化学合成寡核苷酸的高通量化和自动化。

目前，基于亚磷酸三酯化学合成法合成的寡核苷酸已经高度商业化，基于柱式亚磷酸三酯化学合成法合成的寡核苷酸每轮合成效率可达98%～99.8%，错误率约为1/600，单碱基市售价格能够低至0.3～0.6元/个，广泛用于合成寡核苷酸引物、探针，人工合成基因等。相比较而言，基于芯片亚磷酸三酯化学合成法以混合库的形式高通量并行合成寡核苷酸，单次合成寡核苷酸可达数十万条，成本降低2～4个数量级，目前广泛应用于构建序列种类复杂但对合成量要求不高的突变文库。鉴于化学合成寡核苷酸已高度商业化，本文将简要介绍相关方法原理和方法步骤。

3.1.1.1 亚磷酰胺三酯化学合成法的原理概述

目前广泛应用的商业化的寡核苷酸自动化合成仪大多使用亚磷酸酰胺三酯合成法，首先是将所要合成的核酸链的末端核苷酸先固定在一种不溶性固相载体上，然后在固相载体上从 3′ 到 5′ 方向经过 4 步化学反应循环，每经历一个反应循环延伸添加一个核苷酸单体至合成的寡核苷酸链，4 步反应依次为脱保护、偶联、加帽、氧化等（图 3-1）（黄小罗等，2021）。

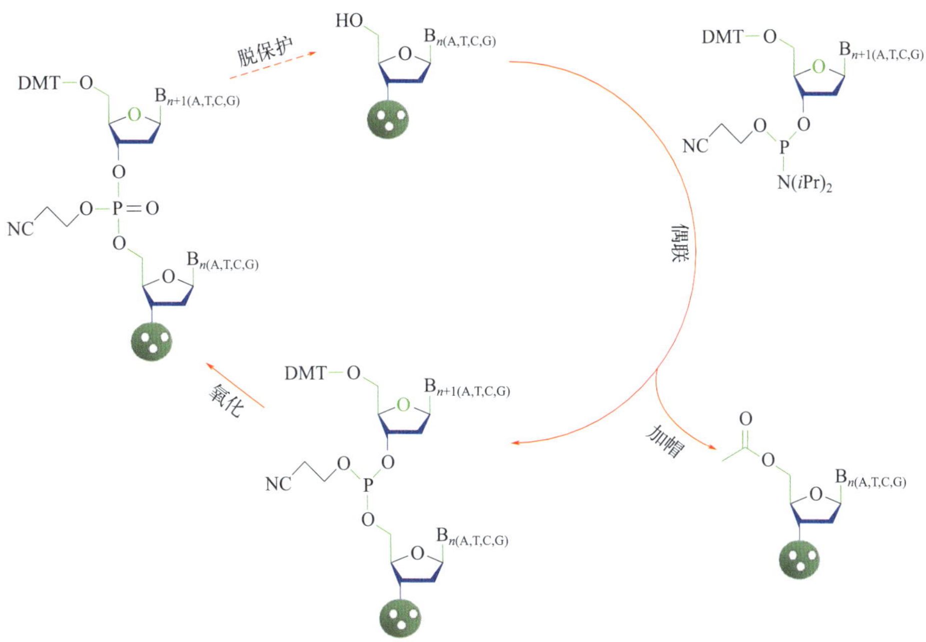

图 3-1　亚磷酸酰胺三酯合成法反应循环（黄小罗等，2021）

① 脱保护：亚磷酸酰胺核苷酸上的保护基团 DMT（4,4′- 二甲氧基三苯甲基）经三氯乙酸处理后去除，获得供下一步缩合反应的游离 5′- 羟基。

② 偶联：待添加的 DMT 保护的亚磷酰胺核苷酸单体通过与四氮唑混合进行活化，得到 3′ 端活化的亚磷酰胺四唑活性中间体，与脱保护的亚磷酰胺核苷酸游离 5′- 羟基发生缩合反应，寡核苷酸链延长一个核苷酸。

③ 加帽：乙酸酐和 *N*- 甲基咪唑与上一步没有偶联成功的 5′- 羟基发生乙酰化反应，避免其参与后续延伸反应，减少寡核苷酸化学合成过程中出现的删除错误。

④ 氧化：通过氧化剂碘的作用，将连接 3′,5′ 的不稳定亚磷酰胺三酯转化为稳定的五价磷形式的寡核苷酸链。

因寡核酸链在固相载体上合成，故未反应物或反应副产物可通过洗涤或过滤的方法去除。在固相载体上合成的寡核酸链可进一步从固相载体上切割下来，并脱去各种保护基团，再经纯化即可得到最终目的寡核苷酸产物。

3.1.1.2 基本技术规程

3.1.1.2.1 试剂材料

装载起始核苷酸的固相载体：固相合成是将核苷酸固定在固相载体上进行合成反应的，最常用的固相载体为可控微孔玻璃（CPG，controlled pore glass）。微孔玻璃与初始核苷酸的羟基通过连接化合物共价结合，核苷酸的5′-羟基被DMT基团保护。微孔玻璃的孔径依据所合成寡核苷酸的长度而定，通常合成链长小于60mer时，选择孔径为500Å[1]的微孔玻璃；链长大于60mer时，使用孔径为1000Å的微孔玻璃。使用微孔玻璃的偶联效率高达98%～99.9%，可以满足合成达175mer的寡核苷酸链的要求。

亚磷酰胺单体：经过化学修饰的A/T/C/G核苷酸单体，其中A/C杂环氨基含苯甲酸保护基团（合成完毕后脱去），G上嘌呤环氨基含异丙酰保护基团（合成完毕后脱去）。

三氯乙酸（TCA，脱保护溶液），三氟乙酸，二氯甲烷，乙腈（清洗溶剂），5-乙硫基四唑（偶联催化剂），4-二甲氨基吡啶的四氢呋喃溶液，乙酸酐/二甲基吡啶混合液（1∶1，体积比，后同），四氢呋喃/二甲基吡啶/水混合液（2∶2∶1），碘二甲基吡啶溶液，浓氨水（宜现用现配）。

3.1.1.2.2 方法步骤

第一步——脱保护

① 固相载体用二氯甲烷预洗2次；②三氯乙酸处理去除CPG所连核苷上的DMT，以暴露5′-羟基，随后用二氯甲烷洗，重复以上步骤3次（注意浓三氯乙酸溶液或反应时间过长均会导致脱嘌呤，降低寡核苷酸产率）；③乙腈溶液洗3次。

备注：此步反应产物包括具有游离5′-羟基和DMT碳阳离子的3′末端核苷。核苷在合成中进行到第二步，而DMT碳阳离子在495nm处吸收产生可用于监测偶联效率的橙色（图3-2）。

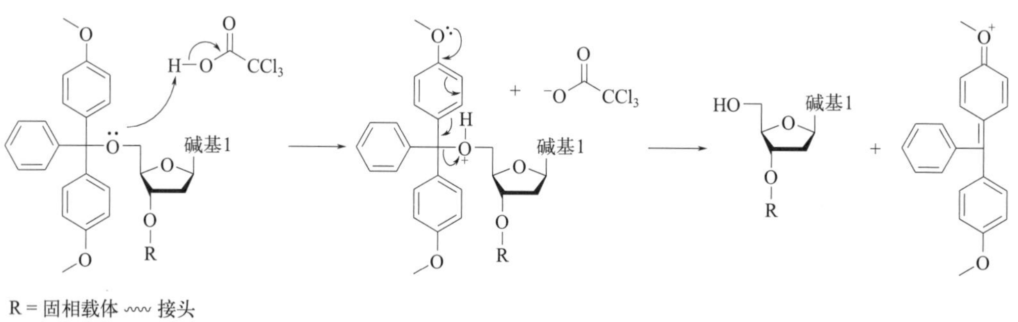

图3-2 脱三苯甲基化反应机制示意（Caruthers et al., 1987）

第二步——偶联

① 加入无水乙腈；②加入5-乙硫基四唑；③加入亚磷酰胺单体，混合均匀反应液。

[1] 1Å=10^{-10}m。

备注：在四唑催化作用下，与固相载体偶联的核苷酸 5′- 羟基与过量的亚磷酰胺单体发生亲核反应偶联，寡核苷酸链延伸。反应产物包括具有亚磷酸三酯键的二核苷和游离的二异丙胺（图 3-3）。

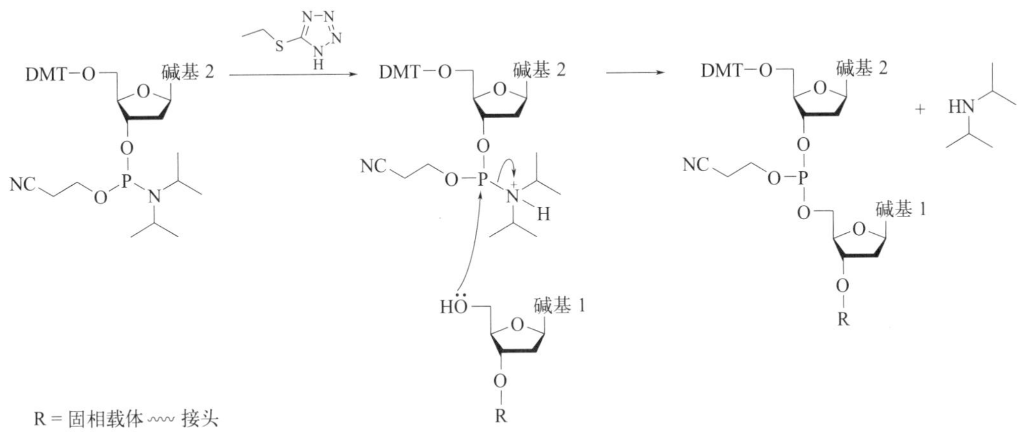

图 3-3　偶联反应机制示意（Caruthers et al., 1987）

第三步——加帽

①加入 4- 二甲氨基吡啶的四氢呋喃溶液；②加入乙酸酐 / 二甲基吡啶混合液，进行反应；③乙腈溶液洗 1 次；④加入四氢呋喃 / 二甲基吡啶 / 水混合液洗涤 1 次。

备注：乙酸酐和 4- 二甲氨基吡啶在四氢呋喃溶剂中反应形成中间体，进一步与上一步未反应完全的固相载体偶联的核苷酸 5′- 羟基反应，即完成乙酰化封闭反应，避免参与后续延伸反应产生寡核苷酸删除错误（图 3-4）。

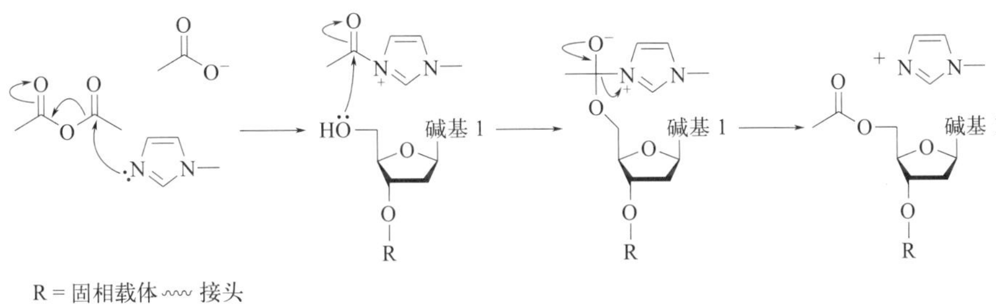

图 3-4　加帽反应机制示意（Caruthers et al., 1987）

第四步——氧化

①加入碘二甲基吡啶溶液进行反应；②乙腈溶液洗至碘颜色消失。

备注：偶联反应后，固相载体偶联的核苷酸与新添加的核苷酸通过亚磷酯键（三价磷）相连，此亚磷酯键不稳定，易被酸、碱水解，故需将此处三价磷经碘进一步氧化为五价的磷（图 3-5）。

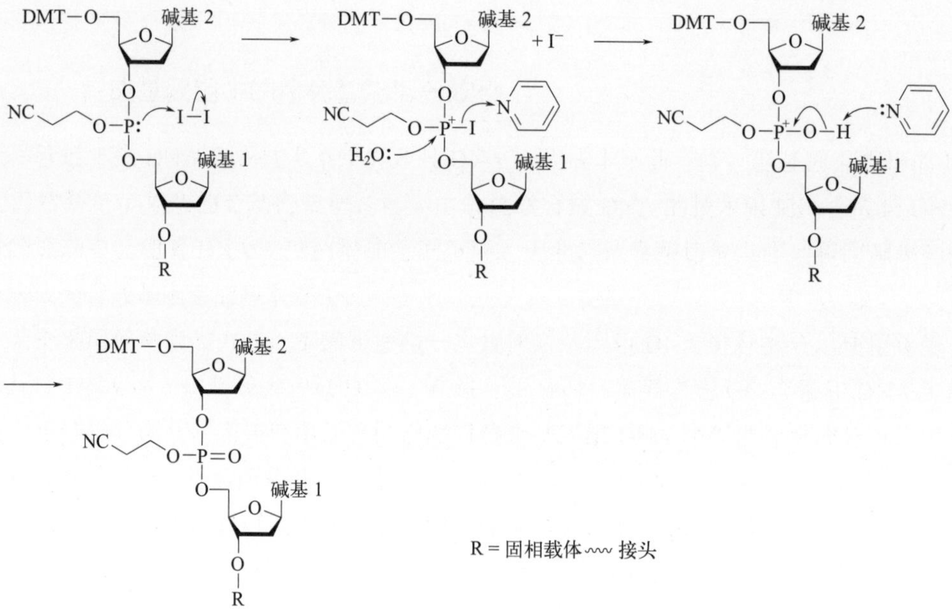

图 3-5　氧化反应机制示意（Caruthers et al., 1987）

循环上述第一至四步，寡核苷酸链延伸至所需长度后，进行后续合成后处理步骤（Caruthers et al., 1987）。

第五步——切割反应

固相载体上合成的寡核苷酸链产物使用新鲜配制的浓氨水切割下来，反应产物即合成的寡核苷酸带有自由的 3′ 羟基（图 3-6）。

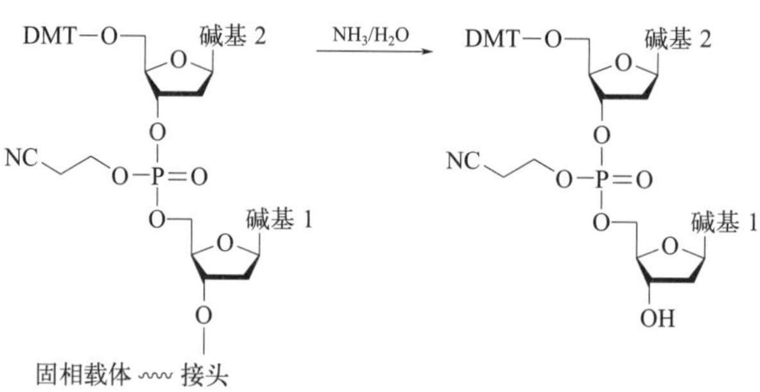

图 3-6　切割反应机制示意（Caruthers et al., 1987）

第六步——脱保护基

用新鲜配制的浓氨水长时间处理，用以脱掉氰乙基、苯甲酰基、异丙基等保护基团；使用三氟乙酸脱 5′-DMT（图 3-7）。

第七步——纯化

最后，依据所合成寡核苷酸的组成和用途选定纯化的方法，常用的纯化方法有：OPC（寡核苷酸）柱脱盐、HPLC（高效液相色谱）纯化和 PAGE（聚丙烯酰胺凝胶电泳）纯化。

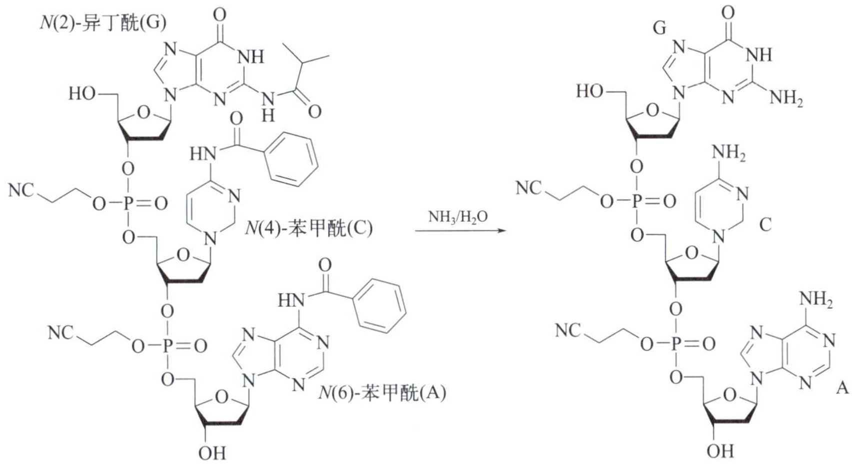

图 3-7　脱保护的反应物和产物（Caruthers et al., 1987）

3.1.2　酶促合成寡核苷酸法

寡核苷酸化学合成法虽然经过几十年的迭代优化，目前已经成为最为主流的寡核苷酸合成方法且广泛用于商业化生产寡核苷酸，但其依然存在以下主要弊端：①寡核苷酸合成长度限制，极限长度为 200 ～ 300nt，导致长片段 DNA 合成不得不由短片段拼接获得，无法实现一步合成；②化学合成反应过程中，不可避免产生大量有毒、易燃且不稳定的有机化学污染废弃物，环境友好度低。

自 20 世纪 60 年代以来，研究人员寻求开发基于生物酶催化的 DNA 合成技术，即酶在受控条件下逐个添加特定核苷酸。相较于寡核苷酸化学合成法，酶促合成法具有多种优势，如：①反应步骤少，条件温和，反应效率高（每秒可添加多个核苷酸），理论上能够合成长达数千个碱基的核苷酸链；②合成过程不会用到有毒化合物，环境友好度高等。目前，研究人员已探索利用多种生物酶希望实现酶促寡核苷酸合成，如核苷酸磷酸化酶（PNPase）、T4 RNA 连接酶、末端脱氧核苷酸转移酶（terminal deoxynucleotidyl transferase，TdT）等。其中，基于 TdT 酶促合成法备受重视，被认为是最具前景的酶促合成法。但由于酶促合成技术尚存在亟待解决的核心技术瓶颈，包括缺乏可逆修饰碱基及可实现其高效添加的 TdT 酶、实际酶循环反应工艺低效等问题，酶促合成法虽具有诸多优势，但仍停留在实验室技术积累阶段。

基于此，本节主要介绍基于 TdT 酶法合成寡核苷酸方法的技术原理和研究进展，以供相关研究人员作为参照。

3.1.2.1　TdT酶法合成寡核苷酸基本原理概述

末端脱氧核苷酸转移酶（TdT）是一种不依赖模板的 DNA 聚合酶，可在起始核苷酸末端一次延伸多个连续的核苷酸单体（已报道可持续合成达 8000nt 的单链 DNA），其对四种核苷酸的偏好性差异较小、偶联效率高。基于 TdT 酶法合成定序 DNA 需要有效的可逆终止反应，以保证 TdT 按照预定的序列一个个延伸特定核苷酸至合成物末端。为实现有效的可逆终止反应，目前已经开发了在 3′-OH 或其他位置带有多种阻断基团的 RT-dNTP 底物（RT 表示可逆终止子，阻断基团如氨基、烯丙基、磷酸基团、2- 硝基苄基等）。图 3-8 所示为利用 3′-*O* 修饰的可逆 dNTP 底物和 TdT 实现单链 DNA 合成反应的原理示例。首先，在 TdT 催化作用下，3′-*O* 修饰的可逆 dNTP 底物与起始引物 3′- 羟基反应被添加至引物 3′ 末端（偶联），实现寡核苷酸延伸。3′-*O* 修饰的可逆 dNTP 底物可阻止后续延伸反应，使得添加 3′-*O* 修饰的可逆 dNTP 后反应终止，不会进一步添加第二个碱基单体。随后，3′-*O* 修饰的可逆 dNTP 的修饰基团能够通过化学、物理或者生物方法切除（脱保护、洗脱）以继续进行下一个 dNTP 的合成添加反应，最终通过偶联 - 脱修饰二步反应循环实现寡核苷酸的延伸合成。

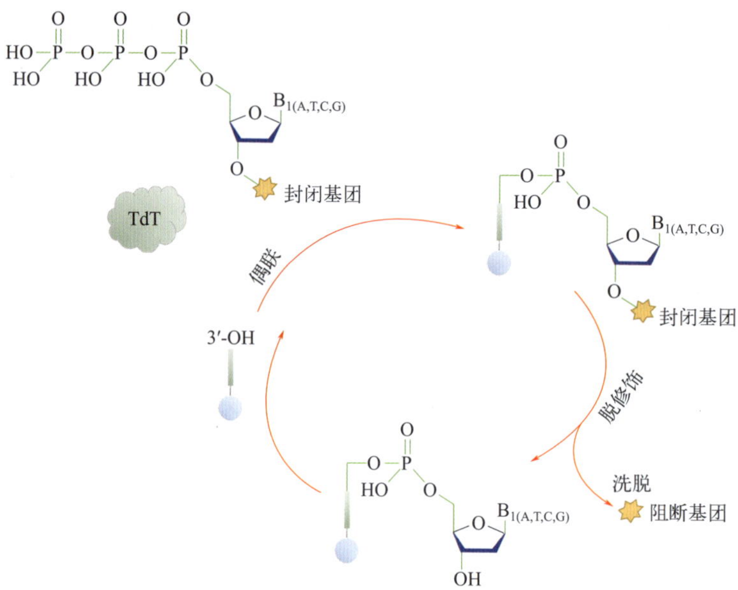

图 3-8　基于 3′-*O* 修饰的可逆 dNTP TdT 酶法合成 DNA 原理示意图（Minhaz Ud-Dean, 2008）

3.1.2.2　基于TdT酶法合成寡核苷酸的研究进展

基于 TdT 酶法 DNA 合成技术始于 20 世纪 60 年代，经过多次迭代发展，近十几年越来越受到重视。1959 年，F. J. Bollum 首先报道 TdT，阐述其可以不依赖于模板合成 DNA。随后，F. J. Bollum 于 1962 年发现将碱基的 3′- 羟基基团封闭掉，TdT 即不能在起始碱基末端添加新的碱基，证实 TdT 催化脱氧核糖核苷三磷酸单体（dNTP）加到起始碱基的 3′- 羟基端，封闭 3′- 羟基能够有效阻止碱基聚合反应。基于此原理，F. J. Bollum 概念性地提出，可以利用封闭 3′- 羟基端的 dNTP 单体，基于 TdT 在没有 DNA 模板的情况下，合成核苷酸多聚体。但是鉴于 TdT 可在起始核苷酸末端一次延伸多个连续的核苷酸单体，如何有效封闭碱基末端保证 TdT 每次在碱基末端高效添加一个核苷酸单体并可重启反应循环，精确地定序合成目的 DNA 序列，一直是制约其用于 DNA 合成尚待解决的问题，这也是之后几十年相关研究人员关注的焦点问题。

目前，研究人员已经开发了多种策略用以实现可逆终止 / 重启 TdT 介导的 DNA 合成反应。例如，与 DNA 测序技术中利用可逆化学修饰碱基介导的聚合酶延伸反应实现“边合成边测序”反应原理类似，研究人员基于可逆化学修饰碱基（reversible terminator dNTP, RT-dNTP）实现 TdT 介导的 DNA 合成反应可逆终止。基于此原理，目前已经开发了在碱基 3′- 羟基位置带有众多类型阻断基团的 RT-dNTP 底物，阻断基团如氨基、烯丙基、磷酸基团、2- 硝基苄基、3′-*O*(-2- 氰乙基) 等，可分别通过物理、化学或者生物方法移除。例如，Mathews 等于 2016 年报道开发了可逆化学修饰碱基 NB-dNTP［3′-*O*(-2- 硝基苄基)-2′- 脱氧核糖核苷三磷酸酯］和 DMNB-dNTP［3′-*O*-(4,5- 二甲氧基 -2- 硝基苄基)-2′- 脱氧核糖核苷三磷酸酯］，添加至碱基末端后能够有效阻止 TdT 继续添加额外碱基单体，并且 NB 基团和 DMNB 基团可在紫外线处理下有效降解。除 3′- 羟基位置外，研究人员也探索开发了在碱基位置添加可逆修饰基团的 RT-dNTP 底物，但截至目前尚未有基于此修饰底物用于酶法 DNA 合成的报道。尽管开发了系列具有应用潜力的 RT-dNTP 单体，但 TdT-RTdNTP 单体反应效率低仍是制约其发展的关键瓶颈。2022 年，江会锋课题组及其合作者报道了一种新型末端脱氧核苷酸转移酶（ZaTdT），结合高通量诱变和理性设计，对其催化结构域进行改造以更好地容纳带有修饰基团的核苷酸（3′-ONH$_2$-dNTP）。与常用的哺乳动物来源的 TdT 相比较，新型的 ZaTdT 对带有修饰基团的核苷酸的催化活性高 3 个数量级，能够较为高效地实现寡核苷酸链延伸反应，显示出 TdT 酶法介导 DNA 合成的应用潜力（Lu et al., 2022）。

除基于可逆修饰基团的 RT-dNTP 实现 TdT 介导的 DNA 合成反应可逆终止外，Jay D. Keasling 团队于 2018 年报道了将 TdT 分子通过可裂解接头连接一个核苷酸分子形成 TdT- 核苷酸交联体，当聚合酶将其交联的核苷酸连接到引物中时，仍然共价连接到新添加的核苷酸末端，从而有效地阻止 DNA 的进一步延伸（图 3-9）。可裂解接头随后可以被切割释放 TdT 从而暴露核苷酸 3′ 末端，以便重新进行新一轮的核苷酸添加迭代反应循环。基于 TdT-dNTP 交联物介导可逆终止反应的原理，该团队从头合成了 10mer 寡核苷酸（Palluk et al., 2018）。鉴于 TdT 对带有可逆修饰基团的 RT-dNTP 掺入效率低，目前仍然远落后于天然 dNTP 的掺入效率，与使用带有可逆修饰基团的 RT-dNTP 介导的可逆终止反应策略相比，TdT-dNTP 交联物介导可逆终止反应策略的一个关键优势是它允许使用与天然 dNTP 底物相同的核苷酸末端未被修饰的 dNTP，因此具有较好的反应动力学，虽然该法目前使用成本较高，但为 TdT 介导的 DNA 合成技术提供了有优化升级潜力的新策略。

综上所述，尽管基于 TdT 酶法合成单链 DNA 具有诸多优势，具有很好的优化升级潜力，但目前在商业生产上的应用仍存在诸多亟待解决的核心问题，如：①尽管开发了系列具有应用潜力的 RT-dNTP 单体并通过挖掘新酶和对天然 TdT 进行设计改造，在一定程度上提升了 TdT/RT-dNTP 催化反应效率，但目前 TdT 对带有可逆修饰基团的 RT-dNTP 掺入效率低，仍

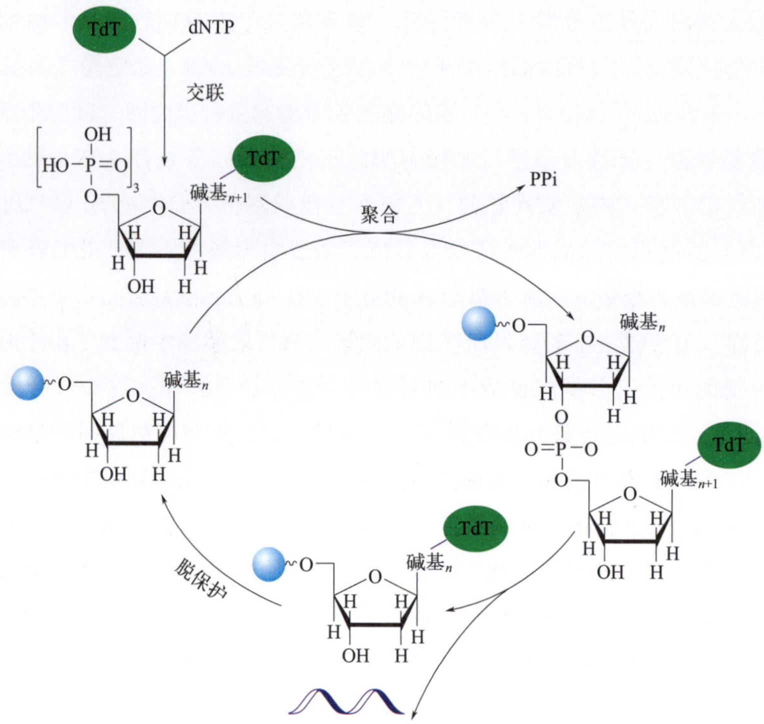

图 3-9　TdT-dNTP 交联体介导的可逆终止用于寡核苷酸合成循环原理示意图（黄小罗等，2021）

然远落后于天然 dNTP 的掺入效率，制约其发展；② TdT 介导的酶促 DNA 合成反应需要一定长度的引发链（大于 3nt），无法真正实现从头起始；③酶使用成本较高，酶循环反应工艺仍需优化以降低使用成本和提升碱基合成效率等。因此，挖掘新酶、对酶分子功能设计改造、开发新的酶促反应控制策略、优化酶循环反应工艺或将是 TdT 酶法合成 DNA 走向实际应用亟待突破的重要方向。

3.1.3　寡核苷酸纯化

寡核苷酸化学合成和酶促合成反应过程都不可避免地产生包括核苷酸插入、缺失和取代等多种类型的错误。当前广泛采用的化学合成寡核苷酸反应过程中，由于加帽反应不充分、反应试剂纯度不够、反应条件不够优化（如环境湿度太高、酸处理时间过长、偶联时间不够）等原因，往往反应效率达不到 100%，伴随副反应发生，合成的产物往往会出现碱基缺失、突变等多种类型错误和掺杂各种盐分等反应杂质。比如柱式化学合成的错误率在 1/1000 ～ 1/500 之间，芯片化学合成的错误率在 1/500 ～ 1/200 之间。寡核苷酸产物掺杂错误和杂质对下游应用可能造成困扰，比如分子克隆实验中出现由错误的 PCR 引物导致扩增序列出现多类型错误的问题。因此，合成的寡核苷酸往往需要经过进一步的纯化，接下来本节将介绍寡核苷酸纯化技术方法。

3.1.3.1 寡核苷酸纯化方法概述

目前，基于不同的纯化原理，主要有4种常用的寡核苷酸纯化方法，包括脱盐纯化法、OPC柱纯化法、PAGE纯化法、HPLC纯化法等。不同方法具有不同的纯化效率和使用要求，可满足不同的应用目的。接下来我们对几种纯化方法进行逐一介绍。

脱盐纯化方法是将合成完成的寡核苷酸产物从固相载体上切割下来后，通过装载有不同介质的柱体，反复用溶剂洗脱，去除合成产物中的各种盐分，获得寡核苷酸混合物的纯化方式。依据柱体填充介质不同，纯化的原理也有所不同。比如，利用反相C_{18}色谱柱进行脱盐，该法原理是寡核苷酸合成产物随缓冲液进入色谱柱后就被吸附在柱内，而一些杂质如氨、盐则不能被吸附，从而被洗脱，随后用有机溶剂洗脱寡核苷酸，得到脱除盐分的寡核苷酸产物；利用装载有葡聚糖或其他凝胶过滤基质的柱子进行脱盐，其原理是盐分及不到10个碱基的寡核苷酸短片段杂质会扩散入基质的小孔隙中，而目的寡核苷酸由于分子量较大不能扩散进入小孔隙中首先流出，基于分子筛过滤原理实现目的产物的脱盐纯化。脱盐纯化方法脱盐效果较好，技术成本较低，获得寡核苷酸纯化产物的纯度可以满足大部分分子生物学研究的要求。但需要指出的是，该法不能有效去除寡核苷酸中短链产物，尤其是与目的产物大小相近的寡核苷酸杂质，因此对纯度要求较高的应用需求往往需要采用其他纯化方法。

OPC柱纯化方法是利用化学合成寡核苷酸终产物的末端碱基带有5′-DMT基团的特性，将对5′-DMT基团具有吸附能力的聚丙烯酰胺凝胶填充至柱体，当寡核苷酸产物流经OPC柱体时被特异吸附，而寡核苷酸短片段杂质由于末端无5′-DMT基团会随盐分等杂质流出，从而将寡核苷酸短片段和盐分去除。最后，吸附在柱体的带有5′-DMT基团的目的寡核苷酸产物经酸处理去除5′-DMT基团，从而实现寡核苷酸产物纯化。理论上，OPC纯化方法可以去除杂质如氨、盐和短片段寡核苷酸，得到较高纯度的寡核苷酸，满足PCR反应等绝大多数分子生物学相关实验的应用要求。

HPLC纯化方法根据原理可分为离子交换HPLC法和反相HPLC法两种方法。离子交换HPLC是基于目的序列寡核苷酸分子相较于短序列分子带有较多数目的电荷而在离子交换柱中分离度不同，将二者分离的方法。反相HPLC纯化原理与OPC纯化法原理相似，即利用目的DNA片段末端所带5′-DMT基团与柱内填充的树脂间的亲和力将目的寡核苷酸产物分离纯化。HPLC纯化方法多用于分离小于100nt的寡核苷酸，对于与目的产物大小相近的寡核苷酸杂质则分离效果不佳，该法常应用于制备qPCR探针、NGS探针等。

PAGE纯化方法是根据不同寡核苷酸片段在聚丙酰胺凝胶电泳中的迁移率差异从而在电泳后呈现出不同凝胶条带，随后切割目的寡核苷酸条带，再利用溶剂将寡核苷酸从凝胶中溶解释放出来，从而分离不同长度的寡核苷酸产物的方法。此种方法是非常经典有效的寡核苷酸纯化方法，可用于有效分离2～300nt碱基的寡核苷酸，得到的寡核苷酸产物多用于基因合成等对寡核苷酸纯度要求较高的实验，此外，该法亦常常应用于小RNA分子的分离纯化。接下来将重点阐述PAGE纯化方法的操作规程。

3.1.3.2 PAGE纯化方法

3.1.3.2.1 试剂材料

核酸样本

尿素溶液（8mol/L）、20mmol/L EDTA（乙二胺四乙酸）、5mmol/L Tris-HCl（pH 7.5）、5g/L 二甲苯氰醇、溴酚蓝

10× 和 1×pH 值为 8 的 TBE 缓冲液

40% 丙烯酰胺、2% 双丙烯酰胺

TEMED（*N*,*N*,*N*′,*N*′- 四甲基乙二胺）

10% 过硫酸铵（APS）水溶液（4℃储存≤ 1 个月）

尿素缓冲液

3mol/L pH 值为 5.2 的醋酸钠

pH 值为 7.5 的 TE 缓冲液

丙烯酰胺凝胶电泳仪

用于丙烯酰胺凝胶电泳的玻璃板、隔板和梳子

电热恒温水浴锅

直流电源

带荧光指示器的薄层色谱（TLC）板（如硅胶 F-254）

手持短波（254nm）紫外灯

小口径（5mL）注射器（如 Becton Dickinson）

15mL 离心管

涡旋振荡器

0.2μm 过滤器（Gelman Sciences）

用于寡核苷酸去保护、凝胶电泳、苯酚提取、乙醇和正丁醇沉淀的附加试剂和设备

3.1.3.2.2 方法步骤

（1）准备样品

① 按照适当的去保护程序制备核酸样品进行电泳。

样品在去保护和冻干后一般为灰白色粉末。如果不是灰白色粉末，而是淡黄色液体或硬壳颗粒，将颗粒重新悬浮在 0.5mL 蒸馏水中，并添加 1/10 倍体积 pH 值为 5.2 的 3mol/L 醋酸钠。加入 3 倍体积的 100% 无水乙醇，在 −80℃下冷却约 20min 以沉淀。16000*g*、4℃条件下离心 10min。倒出上清液。在 70% 乙醇中清洗颗粒，并用冻干法干燥。

（2）制备凝胶

② 凝胶板应彻底清洗，用温肥皂水清洗，然后用 70% 乙醇冲洗。但是，如果胶板特别脏或需要完全去除残留的核酸，可以在洗涤前用 0.1mol/L NaOH 浸泡 30min。如果凝胶特别

薄（< 1mm），可对胶板进行硅烷化处理，这有利于电泳后凝胶从胶板上分离。

③ 准备凝胶溶液（如表 3-1 所示，为分析单链 DNA 适宜的丙烯酰胺浓度）。对于 20cm×16cm×1.6mm 的变性丙烯酰胺凝胶，配制 60mL 凝胶溶液即可，配方如下：25.2g 尿素（7mol/L 终浓度）、6mL10×TBE 缓冲液，依据目标丙烯酰胺浓度计算所需的 40% 丙烯酰胺。

表3-1　变性PAGE最佳分辨率的DNA片段丙烯酰胺浓度

丙烯酰胺 /%	分离片段大小 /bp	溴酚蓝的迁移 /bp	二甲苯蓝的迁移 /bp
30	2 ~ 8	6	20
20	8 ~ 25	8	28
10	25 ~ 35	12	55
8	35 ~ 45	19	75
6	45 ~ 70	26	105
5	70 ~ 300	35	130
4	100 ~ 500	约 50	约 230

备注：丙烯酰胺是一种神经毒素，使用丙烯酰胺粉末时，必须佩戴手套、安全眼镜和外科口罩。

推荐用市售聚丙烯酰胺，可以避免操作具有神经毒性的丙烯酰胺粉末。

选择一种浓度的丙烯酰胺，当染料到达凝胶底部时，可以让单链核酸在凝胶中迁移大约二分之一到四分之三的距离。这样可以很好地分离不同长度的寡核苷酸产物。

④ 在 60℃水浴中加热混合物加速其溶解。一旦大部分尿素和丙烯酰胺溶解，用磁力搅拌器大力搅拌溶液约 20min，以确保完全混合。

⑤ 加入 40μL TEMED 并旋转烧瓶以确保充分混合。立即加入 300μL 10% 的 APS 并充分混合。将丙烯酰胺倒入凝胶板之间，插入梳子。将梳子夹在凝胶的顶部，以避免当丙烯酰胺聚合时凝胶从板上分离。让凝胶聚合大约 30min。

备注：一旦 TEMED 和 APS 混合，聚合就开始了，因此所有后续步骤必须立即执行。在倒凝胶的时候一定要戴上安全眼镜，因为它很容易溅出对神经有毒性的未聚合丙烯酰胺。

对于较厚的凝胶，丙烯酰胺可以直接从混合瓶中倒入，但对于较薄的凝胶，用一个装有针头的大注射器慢慢地倾倒凝胶，相对于台面倾斜 45°，可以在很大程度上避免气泡。

TEMED 可以在 4℃下无限期保存，但 APS 启动自由基诱导的丙烯酰胺聚合的能力会随着时间的推移而大大减弱。可每月配制一次新的 APS，并保存在 4℃。

（3）凝胶电泳

⑥ 聚合完成后，从凝胶中移除梳子和底部垫片。清洗凝胶板，使其不溢出丙烯酰胺，并确保间隔器正确放置并清洁。

⑦ 电泳槽下储层注满 1×TBE。首先，将凝胶以适当角度放入较低的容器中，以避免在板和凝胶底部之间形成气泡。将凝胶板夹在电泳槽顶部，并在上部储层中填充 1×TBE，覆盖电泳孔。

备注：可以使用带弯曲针头的注射器抽走凝胶下的气泡，避免影响电流。

⑧ 使用直流电源，在 20 ～ 40V /cm（恒压）下预热凝胶至少 30min。

⑨ 在步骤①的寡核苷酸样品中加入 1× 尿素缓冲液，90℃加热 5min 重悬。

⑩ 在注入凝胶之前，立即用 1×TBE 溶液彻底冲洗容器。

溶解在凝胶中的 7mol/L 尿素将开始从样品孔中扩散，在孔的底部形成致密层，影响加样并降低分辨率。提前清洗可以消除这个问题。

⑪ 加载样本。可将溴酚蓝和二甲苯氰醇等示踪染料添加到样品中或在空样品孔中监测迁移。

⑫ 在 20 ～ 40V /cm（恒电压）的条件下电泳，直到示踪染料从加样的位置通过凝胶迁移了二分之一到四分之三。电泳的速度与凝胶上的电压梯度成正比。电路中的电流和较高百分比凝胶（＞ 15% 丙烯酰胺）产生的热量相对较小，因为丙烯酰胺浓度的增加导致更大的电阻。在电泳过程中可对凝胶进行加热，加热有助于样品变性，但应避免温度高于 65℃。

⑬ 当寡核苷酸被充分分离时，关闭电源，将电泳板从电泳槽中取出。撬开最上面的胶板。用保鲜膜覆盖凝胶（注意避免气泡和褶皱），并将胶板倒置。用小刀将凝胶的一角从胶板上剥开，放在保鲜膜上。撬开剩下的胶板，在凝胶上面放上另一层保鲜膜。

（4）回收寡核苷酸

⑭ 通过将凝胶短暂地暴露在紫外灯下，可以看到凝胶上的条带，用记号笔勾勒出条带的轮廓。

备注：尽量避免不必要的长时间紫外线照射，这会损害核酸。

目的条带常是迁移最慢的条带，除非去保护不完全。如果寡核苷酸合成反应效率较低，可能会看到模糊条带而不是清晰条带。

⑮ 直接用干净的手术刀或小刀片切掉凝胶带。

⑯ 挤压凝胶通过小口径注射器将凝胶切成细颗粒，以帮助寡核苷酸从基质中扩散。将压碎的凝胶板放入 15mL 耐高温的离心管中。

⑰ 每 0.5mL 凝胶板加入 3mL TE 缓冲液。在 −80℃下冷冻样品 30min 直到凝固。在热水浴（大约 50℃）中迅速解冻，然后在 90℃浸泡 5min。在旋转摇床上室温洗脱过夜。

备注：这种快速解冻方法借助冰晶分解丙烯酰胺基质，大大缩短了洗脱时间并提高了产量。旋转摇动 3h 后，20nt 寡核苷酸的回收率通常为 80%。

由于洗脱是一个自由扩散的过程，使用更多的缓冲液将有助于提高洗脱效率。此外，注意长寡核苷酸需要更长的时间才能从凝胶中扩散出来。

如果只追求速度而不重视产率的话，那么只需几个小时的萃取时间就可以得到足够的样品来进行大多数实验。将温度提高到 37℃也会加快这一过程。反复洗脱可提高收率。

⑱ 室温下 1000*g* 离心 2min，使凝胶碎片成粒。

使用注射器去除上清液，然后通过 0.2μm 过滤器去除碎片后，将其倒进一个新 15mL 离心管。

⑲ 加入 1 倍体积的正丁醇上下颠倒混合 5 次，12000*g* 离心 5min 浓缩样品。去除上部丁醇层，下部水层便于沉淀。

⑳ 加入 3mol/L 醋酸钠，pH 为 5.2(至最终浓度为 0.3mol/L)。加入 2 倍体积的 100% 乙醇，混合均匀后放置在 −20℃冷却 20min。4℃、12000*g* 离心 10min，获取寡核苷酸沉淀。

备注：如果样品难以沉淀，则使用 1 : 1（体积比）的乙醇 / 丙酮混合物或 6 倍体积的丙酮进行沉淀。用 95% 的乙醇冲洗可以去除不需要的盐。

㉑ 加入 TE 缓冲液，溶解寡核苷酸。

（5）问题与解决

PAGE 纯化方法具有较高的纯化和回收效率，大多数的纯化失败都是因为初始合成反应效率低下。在一般情况下，重新合成产量低的寡核苷酸比试图从被严重污染的起始材料中分离出少量全长产物要好。如果寡核苷酸不能重新合成，可用较窄的泳道（大约 1.0cm）将待纯化的样品加到较薄的（0.75 ～ 1.0mm）凝胶上进行 PAGE 纯化分离实验。

3.2 基因合成

目前，从头合成所得寡核苷酸链的长度有限，主要通过将单链寡核苷酸转化成双链 DNA，并进一步将短的双链 DNA 拼接获得不同长度的基因片段。需要指出的是，与遗传学中“基因”概念不同，本文中的“基因”指通过合成拼接方法得到的具有不同长度的 DNA 片段。根据基因合成技术步骤的先后顺序，大致可以分为从寡核苷酸到双链 DNA 分子和双链 DNA 分子组装等 2 个阶段，各个阶段均有多种基因合成技术方法。本节将从这 2 个阶段分别介绍相关内容。

3.2.1 从寡核苷酸到双链 DNA

当合成寡核苷酸后，需要将寡核苷酸片段进一步拼接为双链 DNA 分子，当前有多种体内和体外组装方法可以实现将较短的寡核苷酸拼接成较长的基因片段。

DNA 合成历史可以追溯至 20 世纪 70 年代 Gobind Khorana 等报道的基于连接酶的基因合成方法，即通过 T4 DNA 连接酶将完全互补配对的、5′ 末端磷酸化的寡核苷酸单链顺序连接而合成基因，基于该法成功合成两种长度较短的 tRNA 基因（80 ～ 210bp）。随着热稳定连接酶的发现、应用及合成工艺的优化，研究人员开发了连接酶链反应（ligase chain reaction，LCR）可实现多段 DNA 同时组装且较高温度下可减少错配，可用于精确合成含几千个碱基长度的 DNA 片段。但是由于连接酶自身的反应特点，该法存在一定的弊端，比如：需要合成正反两条完全互补的寡核苷酸链，并且寡核苷酸 5′ 末端要求磷酸化；由于寡核苷酸片段间的连接效率有限，拼接得到的目的寡核苷酸产物相对较少。

基于 DNA 聚合酶催化的重叠寡核苷酸延伸法，即 PCA（polymerase cycling assembly，聚合酶循环组装）法在一定程度上解决了基于连接酶的基因合成方法的弊端。PCA 法始于 1995 年 Stemmer 等对 1.1kb β- 内酰胺酶基因及 2.7kb 质粒的合成，其基本原理在于设计覆盖目标合成序列的、具有重叠互补区的（15 ～ 25 个碱基）系列单链寡核苷酸，利用 DNA 聚合酶 5′ → 3′ 延伸活性，在退火延伸时，以寡核苷酸链互补配对后的重叠区为桥梁，填补寡核苷酸单链互补配对后存在的缺口区，通过多次循环延伸成具有全长 DNA 序列的片段。相比于基于连接酶的基因合成方法，PCA 法所应用的单链寡核苷酸底物无需 5′ 末端磷酸化，并且不需要完全互补。经过系列优化，该法已被广泛用于工业化合成千个碱基级别的 DNA 片段。

除了以上所述的基于连接酶的基因合成方法和 PCA 法等体外 DNA 拼接方法外，Gibson 等报道了体内同源重组拼接方法，即利用生物体内同源重组原理，将具有 30nt 互补区域的 38 条 60mer 的单链寡核苷酸连同质粒骨架共转化入酿酒酵母中，利用酿酒酵母高效同源重组系统进行修复，成功拼接约 1.1kb 的目的 DNA 片段。

接下来，将重点阐述目前应用最广泛的 PCA 聚合酶组装法。

3.2.1.1 原理介绍

聚合酶循环组装法（PCA 法，也称为组装 PCR 法）是一种从寡核苷酸链组装双链 DNA 的方法（Smith et al., 2003; Zhang et al., 2020）。该过程使用 PCR 仪，利用 DNA 杂交和退火以及 DNA 聚合酶，将带有同源序列的寡核苷酸链以精确的顺序扩增组装成完整的双链 DNA 序列。通过该过程高效率地获得具有较高准确度的合成 DNA 片段包括三个关键步骤。①纯化寡核苷酸链以减少带有碱基错误的长链寡核苷酸分子的污染（建议采用 PAGE 纯化相关单链寡核苷酸）。②选择严格的退火温度减少寡核苷酸链错误配对。通过 PCA 法使寡核苷酸链组装成全长双链 DNA 的过程是一个非指数增长的过程，因为每个寡核苷酸链末尾只能延伸一次。③最后需要以首位单链寡核苷酸为 PCR 引物通过 PCR 将组装成功的 DNA 片段大量扩增出来。PCA 流程示意图如图 3-10 所示。

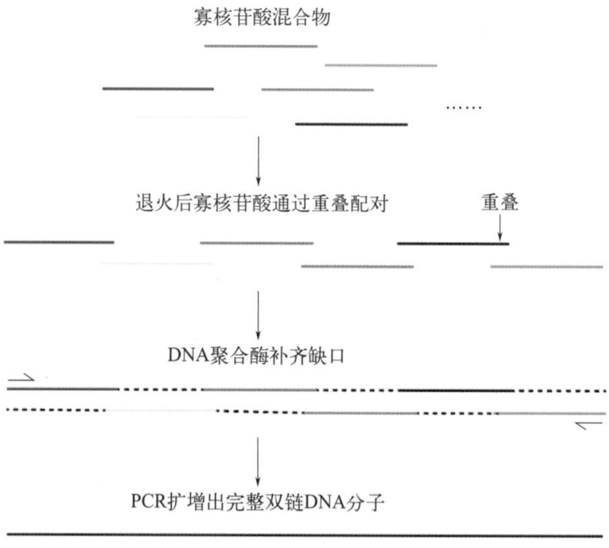

图 3-10　PCA 流程示意图

3.2.1.2　技术规程

（1）试剂材料

① 带有重叠互补序列的寡核苷酸单链，以及可用于 PCR 扩增合成基因片段的引物（一般采用合成基因片段的首末端单链寡核苷酸）。

② 酶及缓冲液：Q5 DNA 聚合酶、10×dNTP 混合液及 10× 聚合酶缓冲液。

（2）方法步骤

① 混合待拼接的寡核苷酸引物并稀释至每条寡核苷酸引物浓度约为 300nmol/L。

② 寡核苷酸的聚合酶循环组装反应。

取上述引物混合物 1μL 加入 PCR 反应体系中，以 Q5 为例，即 0.8μL 2.5mmol/L dNTP、2μL Q5 缓冲液、0.1μL Q5 聚合酶用水补齐至 10μL，按如下程序进行 PCR 反应，即 98℃ 2min、52℃ 30s、72℃ 30s，随后 98℃ 10s、69℃ 30s、72℃ 30s 5 个循环，随后 98℃ 10s、65℃ 30s、72℃ 30s 5 个循环，随后 98℃ 10s、59℃ 30s、72℃ 30s 5 个循环，随后 98℃ 10s、52℃ 30s、72℃ 30s 20 个循环，最后 72℃ 5min 完成第一轮 PCR 合成过程。

③ 取 1μL 5 倍稀释的第一轮 PCR 合成产物作为模板，以两端的寡核苷酸为引物（各为 0.5μmol/L）进行 PCR 扩增反应，最终得到目标产物可进行下一步的克隆过程。

（3）问题与解决

① 组装的 DNA 出现突变：合成的寡核苷酸链纯度不够或 DNA 聚合酶引入的突变是组装出的 DNA 中出现错误的主要原因，可通过进一步纯化寡核苷酸链，使用保真度更高的 DNA 聚合酶来解决该问题，也可以使用不基于 PCR 的组装方法进行长 DNA 分子的组装。

② 合成长度限制：利用 PCA 法从寡核苷酸链合成双链 DNA 分子最长平均不超过 800bp，如果需要合成更长的 DNA 分子，应结合其他双链 DNA 组装方法，如 Gibson 组装、Golden Gate 组装、体内同源重组等进行更大 DNA 分子的组装（参见 3.2.2 多个双链 DNA 的组装）。

（4）应用与分析

PCA 法具有组装效率高、对底物要求较低、简单便捷等优点，是当前用于将单链寡核苷酸拼接成短 DNA 片段的最为主流的方法，已被广泛用于工业化合成千个碱基级别的 DNA。但该法仍然存在一定局限，包括：①由于 DNA 聚合酶本身对高 GC、高 AT 和高度重复序列表现出一定程度的扩增困难，因此基于该法的寡核苷酸拼接常常面临高 GC 碱基、高 AT 碱基和高重复序列合成困难的问题。针对此问题，可在寡核苷酸设计时避免，或可通过优化 PCR 程序、增加 GC 扩增增强试剂等方式，或可采用其他基因合成方法解决此类问题。②单链寡核苷酸底物或者 PCR 扩增过程中不可避免地引入突变，除使用纯度高的寡核苷酸链和使用高保真聚合酶外，可借助 DNA 纠错技术对合成基因片段进行质量控制。

3.2.2　多个双链 DNA 的组装

由于寡核苷酸拼接组装过程中碱基错误率和合成效率的限制，为同时实现较低的碱基错误率和较高的拼接效率，实际工作中通常将从单链寡核苷酸拼装为双链 DNA 的长度限制在 3kb 以内。随后，为获得长的 DNA 片段，需要进一步将多个短的双链 DNA 进行拼接，目前已经开发出多种双链 DNA 组装方法实现此目的。

早期的 DNA 片段组装主要依赖于限制性内切酶在待拼接 DNA 末端产生黏性末端，随后利用连接酶连接具有互补黏性末端的 DNA 片段。由此发展出来的 BioBrick 和 BglBrick 系统即将待拼接 DNA 片段两端引入固定的限制性内切酶酶切位点，以期提高该法拼接 DNA 的适配能力和组装效率。但基于上述限制性内切酶的 DNA 组装法在组装产物中留有限制性内切酶酶切位点，且固定酶切位点的设计导致该法的通用性有限。2008 年，Golden Gate 法被开发出来，该法利用二型限制性核酸内切酶（type Ⅱ S restriction endonuclease），可特异性切割除识别位点几个碱基以外的序列，切割产物去除酶切位点且产生的黏性末端具有方向性，可实现多 DNA 片段的高效率及“无痕”组装，因此得到了广泛应用。

此外，研究人员开发了一系列利用核酸外切酶、DNA 聚合酶与连接酶等的单独或协同作用在待拼接 DNA 末端产生同源单链互补末端进行 DNA 组装的方法，包括 CPEC 法、USER 拼接法、SLIC 组装法、Gibson 组装法等。CPEC 法（即环形聚合酶延伸克隆法，circular polymerase extension cloning）类似于 PCR 介导的 DNA 合成法，其利用聚合酶延伸将具有同源末端的 DNA 片段拼接成全长的 DNA 片段。USER（uracil-specific excision reagent）拼接法通过酶在同源末端尿嘧啶特定位点切割从而创建单链黏性末端。SLIC（sequence and ligation–independent cloning）组装法是利用外切酶在待组装 DNA 片段末端同源序列处产生单链互补黏性末端，通过单链退火机制产生带有缺刻碱基的 DNA，随后转化入大肠杆菌中将缺刻修复，完成缺刻碱基 DNA 组装的方法。Gibson 组装法是利用 3′ 外切酶切割同源末端从而产生互补黏性末端，进一步退火使相邻片段间的互补黏性末端形成双链，随后利用 *Taq* 聚合酶补平片段间间隙，最后通过 *Taq* 连接酶将各片段连接成大片段。需要指出的是，相比于其他方法，Gibson 组装法可在体外进行超长 DNA 片段的组装（10^5bp 级），如进行 318kb 的生殖支原体基因组片段的拼接。

除了上述体外 DNA 组装方法，基于某些生物高效的同源重组系统，研究者也开发出了系列体内 DNA 组装方法，包括酿酒酵母系统组装法、枯草芽孢杆菌（*Bacillus subtilis*）系统组装法等。该类方法主要是将系列带有同源末端的 DNA 片段转化入酿酒酵母或枯草芽孢杆菌中，利用其自身高效的同源重组修复系统进行 DNA 片段组装的方法，该类方法为基于酶的体外 DNA 拼接方法提供了有效的补充，可用于超大片段 DNA 的组装。

综上，研究人员已经开发出系列 DNA 组装方法，综合运用此系列方法可高效、便捷地实现 DNA 双链由短到长的组装需求。接下来，将介绍几类最为常用的 DNA 组装方法。

3.2.2.1 Golden Gate组装法

3.2.2.1.1 原理介绍

Golden Gate 的原理是使用Ⅱ S 型限制性内切酶（简称限制酶）和连接酶，在单一反应中将几个 DNA 片段按照确定的线性顺序在载体中组装［图 3-11（a）］。Ⅱ S 型限制性内切酶在其 DNA 识别位点序列之外切割 DNA。例如，*Bsa* Ⅰ的酶切位点（GGTCTCN ↓ N1N2N3N4）由一个 DNA 识别位点序列（GGTCTC）和一个 DNA 切割位点（↓）组成，在消化后形成一个 4nt 单链 DNA 侧翼末端（N1N2N3N4）。使用 Golden Gate 克隆时，所有的 DNA 片段两侧必须有Ⅱ S 限制性内切酶的识别位点，并且方向朝内，以便在消化步骤中从 DNA 片段中切割 DNA 识别位点序列［图 3-11（b）］。目的载体也必须包含两个相同类型Ⅱ S 酶限制性位点，方向与插入片段上的限制性位点方向相反，使得载体上的酶识别位点可通过消化步骤从载体上被去除。最后，因为 DNA 片段和载体的所有单链 4nt 侧翼末端（也称为融合位点）是唯一的和互补的，可以与下一个片段或载体的末端互补配对。由于黏性末端并非酶识别序列的一部分，因此它们可以直接作为连接 DNA 的片段。在设计无误的情况下，识别位点不会出现在最终的质粒中，实现精确的无缝克隆［图 3-11（c）］。此外，四个碱基的特异性末端能用来连接多个片段，从而在一个反应体系中实现多片段的克隆重组［图 3-11（d）］。

3.2.2.1.2 技术规程

（1）试剂材料

① 待组装的 DNA 片段：可通过 PCR 引入带有Ⅱ S 型限制酶（如 *Bsa* Ⅰ、*Bsm*B Ⅰ等）

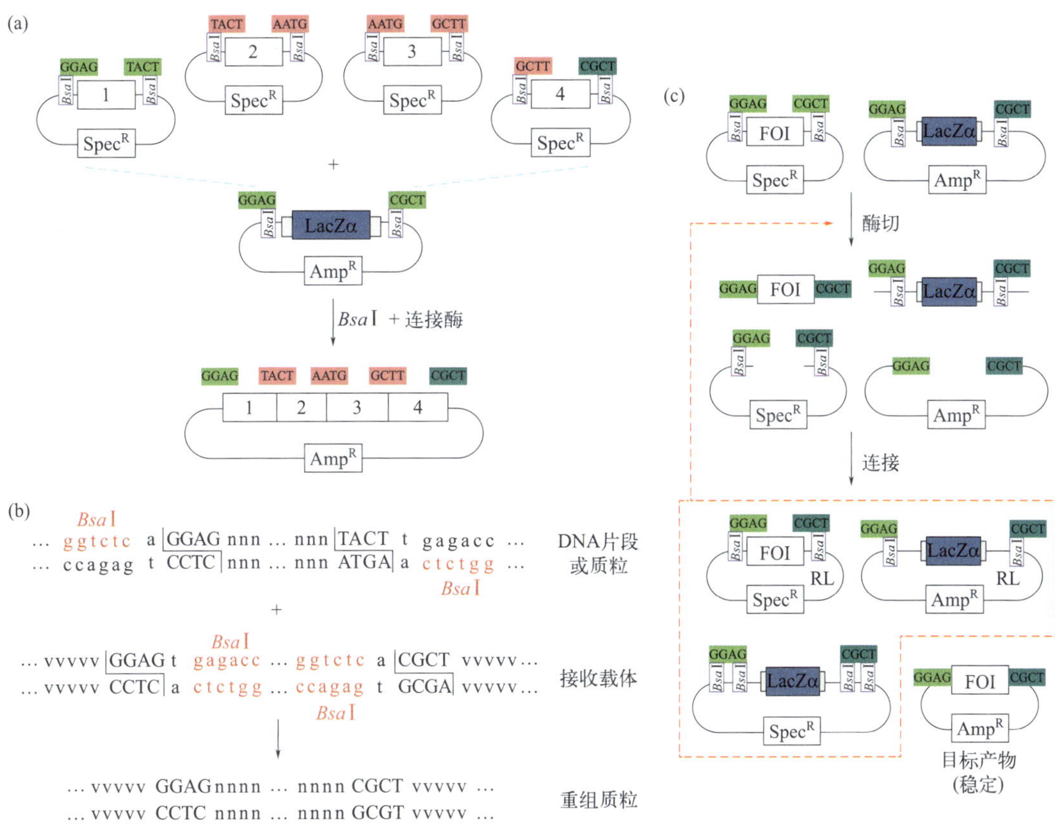

图 3-11

(d)

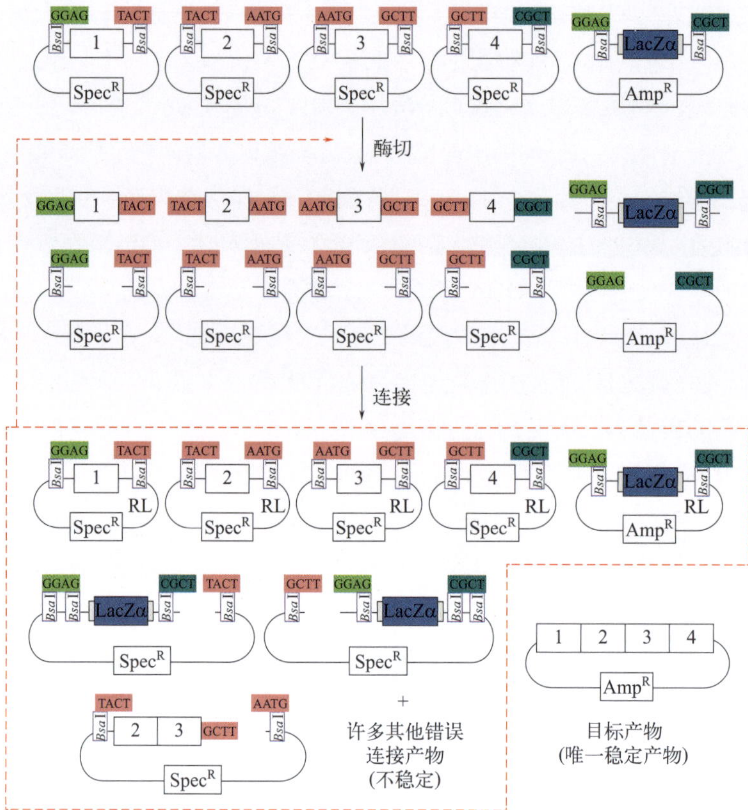

图 3-11 Golden Gate 组装法原理和流程（Marrillonnet et al., 2020）

的识别序列和特定黏性末端序列，也可将 DNA 片段直接插入带有特定Ⅱ S 型限制酶识别序列和黏性末端序列的载体质粒中。

② Ⅱ S 型限制性内切酶（NEB），如 *Bsa* Ⅰ、*Bsm*B Ⅰ、*Bbs* Ⅰ、*Bpi* Ⅰ等。

③ T4 DNA 连接酶和 10× 连接缓冲液（Promega、NEB、Thermo 等）。

④ PCR 仪、分光光度计、核酸电泳仪、凝胶成像分析仪、水浴锅、恒温培养箱。

⑤ PCR 产物纯化试剂盒、胶回收试剂盒。

⑥ 抗生素［氨苄青霉素（Amp），卡那霉素（Kan）等］、Tris 碱、EDTA、冰醋酸、NaCl、酵母提取物、胰蛋白胨。

（2）方法步骤

① 获得载体片段。

a．当载体内部不存在我们想要引入的Ⅱ S 型限制酶的酶切位点（如 *Bsa* Ⅰ，GGTCTC），直接在载体两端通过设计带有 *Bsa* Ⅰ的识别序列的引物，识别序列加在引物的 5′ 端，为了确保限制酶能稳定结合到 DNA 双链上并发挥切割作用，需在识别序列末端加上保护碱基。比如分别命名为引物 Pr1 和 Pr2，具有 *Bsa* Ⅰ限制位点（GGTCTC），4nt 的融合位点分别对应于序列 AATG 和 GCTT。两个引物的融合位点之后是相反方向的 *Bsa* Ⅰ限制性位点（GGTCTC = GAGACC 互补）。通过 PCR 获得载体片段。载体片段超过 5kb 时会造成 PCR 成功率下降，因此可以人为将载体分成两段后扩增，降低 PCR 难度。如果在一个工具载体质粒内部有合适的 *Bsa* Ⅰ的酶切位点，也可直接通过酶切获得。

b．当载体内部存在多个ⅡS 型限制酶的酶切位点（如 *Bsa* Ⅰ），这些位点需要通过设计引物用单核苷酸取代去除后再获得。注意载体需要被分成多个片段连接时，要注意每个片段的黏性末端（N1N2N3N4）不能重复，否则在连接时会造成片段的丢失。

PCR 扩增完后从每个反应中取 1μL 电泳检测 PCR 是否成功，然后将剩余的 PCR 产物纯化，去除 DNA 聚合酶和引物二聚体等。使用光谱仪（如 Nanodrop）定量纯化的 PCR 产物。

② 获得插入片段。

a．插入片段内部不包含ⅡS 型限制性内切酶的酶切位点，与上述载体设计引物相似，将 *Bsa* Ⅰ识别序列通过引物加在引物 5′ 端，通过 PCR 扩增后获得。

b．插入片段内部包含一个ⅡS 型限制性内切酶的酶切位点，在该位点上下游设计引物，替换成其他核苷酸，为突变位点选择两个方向相反的约 25bp 长度引物，具有适当的 T_m 值，进行 PCR 扩增。使位点去除并且保证替换后的位点氨基酸不变。然后按上述①步骤进行操作即可。

备注：插入片段的载体抗性（如 Amp）尽量与受体载体具有不同的抗生素耐药基因（如 Kan），降低在转化后筛选到假阳性克隆的可能性。

PCR 反应结束后，从每个反应中取 1μL 电泳检测 PCR 是否成功，然后将剩余的 PCR 产物纯化，去除 DNA 聚合酶和引物二聚体等。使用光谱仪（如 Nanodrop）定量纯化的 PCR 产物。

③ 酶切和连接。

a．载体片段和插入片段获得后，按以下操作进行：

（a）对于 1 ～ 3 个片段组装，体系如下所示：

x_1μL 载体 DNA

x_2μL 插入片段 1

x_3μL 插入片段 2

x_4μL 插入片段 3

1.0μL T4 DNA 连接酶

0.5μL ⅡS 型内切酶 *Bsa* Ⅰ

1.5μL 10× 连接缓冲液

H_2O 补足至 15μL

（b）对于 3 个以上片段组装，体系如下所示：

x_1μL 载体 DNA

x_2μL 插入片段 1

x_3μL 插入片段 2

……

x_nμL 插入片段 *n*

1.5μL T4 DNA 连接酶

1.0μL Ⅱ S 型内切酶 *Bsa* Ⅰ

2.5μL 10× 连接缓冲液

H_2O 补足至 25μL

每个 DNA 片段或质粒的体积（即 $x_1 \cdots x_n$）计算公式为 20（fmol）× 片段长度（bp）/［浓度（ng/μL）×1520］。

b．将混合体系按照如下程序在 PCR 仪中孵育。

（a）对于 1 ～ 3 个片段组装：

37℃ 2 ～ 4h

50℃ 5min

80℃ 10min

16℃

（b）对于 3 个以上片段组装，使用 *Bsa* Ⅰ时：

50 个循环：37℃ 2min, 16℃ 5min

50℃ 5min

80℃ 10min

16℃

（c）对于 3 个以上片段组装，使用 *Bpi* Ⅰ时：

50 个循环：37℃ 2min, 16℃ 5min

37℃ 5min

80℃ 10min

孵育温度根据使用的内切酶最佳反应温度调整。

④ 转化大肠杆菌。

a．从 −80℃取出 DH5α 感受态一管，取 5μL 的混合物加入 50μL 的大肠杆菌细胞中，冰上静置 30min。

b．在 42℃水浴锅中热激 45s，静置于冰上 2min。

c．在管中加入 800μL 新鲜的 LB 液体培养基，在 200r/min 37℃摇床内复苏 1h。

d．3000r/min 离心 1min，去除部分上清液，将菌体悬起于 50μL 体积。

e．将菌体涂板于 2 个新鲜配制的 LB 固体平板上，37℃培养箱静置培养。

⑤ 挑选菌落并评估克隆。

a．挑选单个菌落，用分别位于载体片段和插入片段上的引物进行菌落 PCR 以及琼脂糖凝胶电泳初步验证。

b．将初步验证正确的单克隆接种到 5mL LB 培养基中。在摇床培养箱中 37℃孵育过夜。

c．第二天提质粒根据要求送测（检查黏性末端）。

（3）问题与解决

① Golden Gate 组装不成功：当使用 Golden Gate 组装不成功时，应先测 DNA 片段浓度或跑电泳确认 DNA 片段是否被降解或者浓度很低，可以通过重新制备 DNA 片段提高浓度

来解决这个问题。其次应该检查是否是每个模块设计有问题，如是否相邻片段的黏性末端不匹配或者重复的黏性末端被多个片段使用，可在NEB的线上工具网站上检测黏性末端设计是否出现问题。

② 创建缺少内部*Bsa* Ⅰ限制位点的目的基因片段：目的基因片段中偶尔存在一个或几个内部*Bsa* Ⅰ位点，这将妨碍以上策略的使用。解决这一问题的一般方法是在扩增目的基因片段时，从目的基因片段中消除内部所有*Bsa* Ⅰ限制位点。通过设计与内部*Bsa* Ⅰ位点重叠的、包含单核苷酸错配的引物来消除*Bsa* Ⅰ识别序列。将柱纯化的PCR产物与表达载体和*Bsa* Ⅰ酶在限制性连接缓冲液中混合，将混合物消化10min并热灭活。然后加入连接酶，将混合物连接10min，然后在大肠杆菌中转化。所有白色菌落都包含预期的目的基因片段（前提是用于PCR扩增片段的模板不是与克隆载体具有相同抗生素耐药性的质粒）。若要消除进入载体中的*Bsa* Ⅰ位点，需要对扩增序列进行测序，以确认不存在PCR衍生的突变。第二种解决方案是使用第二种Ⅱ S酶（例如*Bpi* Ⅰ）来执行从目的基因片段到表达载体的拼接。这需要有第二组具有第二种Ⅱ S酶限制位点的表达载体，因此，这不是首选的解决方案。

③ 组装大片段DNA分子：当需要连接的DNA片段大于50kb时，体外DNA操作流程可能会对大片段DNA造成物理损伤，如使用DNA吸附柱的试剂盒制备DNA片段。可选择其他方法制备DNA，如碱性裂解法或Nucleo PC等。此外，在大肠杆菌体内扩增大片段DNA分子也可能会使其不稳定。因此，可考虑将大片段DNA分子通过体内同源重组组装，如利用酿酒酵母进行大片段DNA分子体内组装。

（4）应用与分析

在组装大片段DNA分子时，可利用Golden Gate层级组装的策略（Casini et al., 2015; Marillonnet et al., 2020）：第一层，从构成基因的元件开始组装，如启动子、开放阅读框、终止子等（Agmon et al., 2015）；第二层，多个基因组装在一起形成多基因系统（Guo et al., 2015）。这两步可以形成循环，第二层构建出的多基因系统也可作为第一层的单元质粒使用从而构建更大的DNA分子。合成酵母基因组项目SC2.0中，Golden Gate组装法被用于在体外组装minichunk和chunk（Zhang et al., 2017）。Golden Gate组装法由于其可用于多个元件平行组装，在哺乳动物模块化克隆标准化中也被使用（Anderson et al., 2010）。Golden Gate的一个缺点是在组装过程中涉及很多单元质粒的构建，但在该过程也促进了DNA元件标准化的发展，促进元件的重复使用和共享。该方法的另一个限制条件就是要保证不受DNA片段内部Ⅱ S型内切酶识别位点的干扰，为克服这一限制，DNA甲基化在构建过程中被使用，以阻止内切酶对识别位点的切割，如GreenGate的开发（Chen et al., 2013, Lampropoulos et al., 2013）。

3.2.2.2 Gibson组装法

3.2.2.2.1 原理介绍

Gibson组装法由Danial Gibson等人开发，该方法利用T5核酸外切酶、DNA聚合酶和DNA连接酶在一个等温体系中协同反应将多个带有同源末端序列（overlap）的DNA片段按顺序组装在一起（Gibson et al., 2009）。原理如图 3-12 所示，将相互间带有同源末端序列的 DNA 分子与上述三种工具酶混合，在 50℃的反应体系中，T5 核酸外切酶从每个片段的 5′端开始消化，在 DNA 片段间产生互补的单链黏性末端，带有互补单链黏性末端的 DNA 片段间互补配对，配对的两个 DNA 分子依然存在碱基缺口。DNA 聚合酶利用无碱基缺口的另一条链作为模板，补齐碱基缺口。最后，DNA 连接酶在两条链的接口处连接 DNA 片段，至此，完成 DNA 片段的组装。Gibson 组装可以利用 DNA 片段之间互相重叠的同源区（通常 20 ～ 150 个碱基），实现多个 DNA 片段一步高效组装，目前已有商业化试剂盒并被科研人员广泛应用。

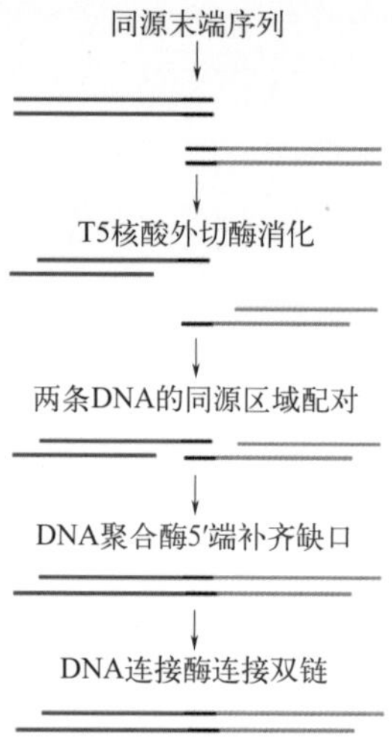

图 3-12　Gibson 组装原理示意图（Gibson et al., 2009）

3.2.2.2.2　技术规程

（1）试剂材料

① 带有同源末端序列的待组装 DNA 分子，同源末端序列可由 PCR 引物引入。

② 5× 等温反应缓冲液（6mL）：3mL 1mol/L Tris-HCl pH 7.5、150μL 2mol/L $MgCl_2$、60μL 100mmol/L dGTP、60μL 100mmol/L dATP、60μL 100mmol/L dTTP、60μL 100mmol/L dCTP、300μL 1mol/L DTT（二硫苏糖醇）、1.5g PEG（聚乙二醇）8000 和 300μL 100mmol/L NAD（烟酰胺腺嘌呤二核苷酸）混合均匀。此缓冲液可以分装并存储在 –20℃。

③ Gibson 反应体系混合物（1.2mL）：320μL 5× 等温反应缓冲液、0.64μL 的 10U/μL T5 外切核酸酶、20μL 的 2U/μL Phusion DNA 聚合酶、160μL 的 40U/μL *Taq* DNA 连接酶和水混合至 1.2mL 的终体积。混合液 15μL 等分并储存在 −20℃。这种混合物可以耐受多次冻融循环，甚至在一年后仍能保持稳定。该反应体系适用带有 20 ～ 150bp 重叠区的 DNA 分子组装。

④ 恒温反应器。

（2）方法步骤

① 将冷冻的 15μL Gibson 反应体系混合物取出置于冰上溶解。

② 将 5μL 待组装的 DNA 片段以等物质的量比例加入反应体系中。

③ 在 50℃下孵育 15 ～ 60min（60min 最佳）。

（3）问题与解决

① 突变引入：使用高保真的 DNA 聚合酶，如 Phusion DNA 聚合酶。

② 组装效率低：导致组装效率低的原因有很多，以下建议可供参考。a. 以上反应体系适用于同源末端序列长度 20 ～ 150bp 的组装，长度大于 150bp 的建议使用 3.2μL 的 10U/μL T5 外切核酸酶来制备，如 Gibson 反应体系混合物；b. 针对不同长度的 DNA 片段组装往往需要调整 DNA 的用量，常规大小的 DNA 片段（15kb 以内）建议 DNA 用量为 10 ～ 150ng，长 DNA 片段可考虑增加 DNA 使用量和适当延长反应时间；c. 较长的 DNA 片段组装往往需要使用较长的同源末端序列，比如组装 5kb 大小的 DNA 片段宜使用 30bp 同源末端序列、组装 60kb 大小的 DNA 片段宜使用 45bp 同源末端序列等；d. 操作长片段 DNA 时尽量小心操作，避免猛烈吹吸，以防线性 DNA 断裂。

（4）应用与分析

Gibson 组装法没有酶切位点限制，操作简单，可实现多个 DNA 片段的无缝高效组装，已经拥有商业化试剂盒，因此被研究人员广泛采用。尤其需要指出的是，Gibson 组装法可实现体外大片段 DNA 的组装。在生殖支原体（*Mycoplasma genitalium*）基因组的组装过程中，研究人员利用 Gibson 组装方法组装了完全合成型的 583kb 基因组（Gibson et al., 2009）。利用 Gibson 组装法，研究人员已开发多个应用场景，比如研究人员设计了模块标准化的组装方法（MODAL）（Casini et al., 2014）。在 MODAL 中，基因先被组装进特定的表达模块中，再通过 PCR 给基因表达框上下游引入一系列可以通过特定顺序组装起来的同源末端序列，之后可利用 Gibson 组装方法对模块化的基因进行组装。

Gibson 组装法依赖于 DNA 片段之间互相重叠的同源末端序列，因此实际应用中会存在一定缺点，比如不同的同源序列可能会产生显著的组装效率差异，尤其是当同源序列中具有重复序列、高 GC 或 AT 含量时会发生一定的组装错误。为缓解上述局限，研究人员开发了多种策略，比如：Pamela A. Silver 课题组利用计算机辅助设计产生了系列标准化的同源末端序列，这些标准化序列有效避免了同源序列的使用，可高效实现多 DNA 片段的有效组装（Torella et al., 2014）。姜卫红课题组通过改造同源末端序列和结合限制性内切酶切割，有效提升了高 GC 含量 DNA 片段的组装效率（Li et al., 2018）。

3.2.2.3 同源重组介导的酵母组装

3.2.2.3.1 原理介绍

大肠杆菌、枯草芽孢杆菌和酿酒酵母是生物体内进行 DNA 长片段组装的主要宿主。相较于大肠杆菌和枯草芽孢杆菌，酿酒酵母具有更高的同源重组效率，可将带有不少于 40bp

同源末端序列的多个 DNA 片段有效组装起来，并且对长片段兼容性较好，因此基于酿酒酵母同源重组系统开发的体内 DNA 组装技术具有优势。在该法中，待组装的 DNA 片段末端需按次序携带相互重叠序列（同源末端序列），随后将多个待组装的 DNA 片段与载体片段混合后共转化进入酿酒酵母细胞内。这些 DNA 片段将按照自身两端带有的同源序列在酵母细胞中发生重组连接，被组装在酵母质粒载体上（图 3-13）。需要指出的是，载体一般为穿梭质粒，同时携带酵母、大肠杆菌的复制元件，可以在酵母和大肠杆菌中复制扩增。因为大肠杆菌生长传代速度比酵母快，更利于组装 DNA 分子的富集和提取纯化。

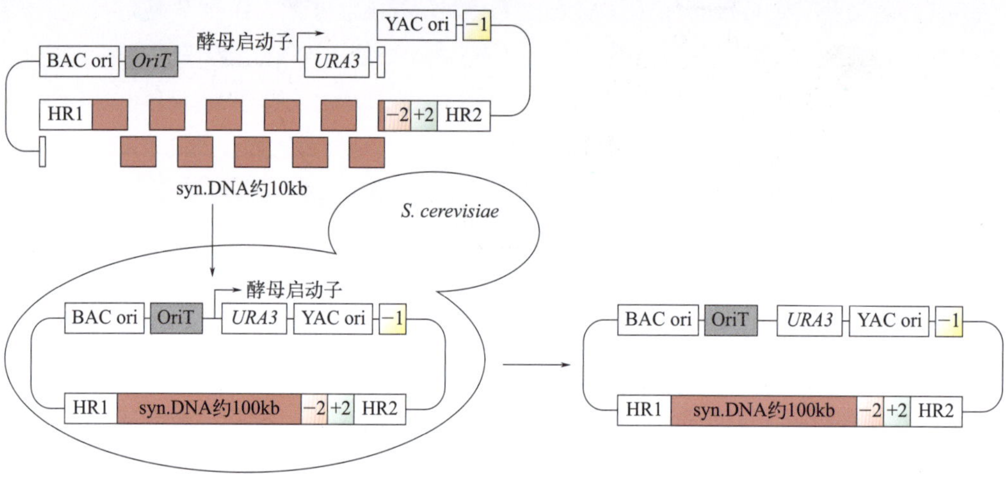

图 3-13　酵母同源重组系统 DNA 组装法

3.2.2.3.2　技术规程

（1）试剂材料

① 质粒：pBeloBAC11（NEB）和 pRS416（NEB）。

② 菌株：*Saccharomyces cerevisiae* 菌株 BY4741，*E. coli* 菌株 DH5α，含有 pBeloBAC11（NEBE4154S）的 K12 ER2420 菌株，大肠杆菌感受态细胞 TransforMax^{TM}EPI300^{TM}（Epicenter #EC300105）。

③ 试剂

含羟苄青霉素或氯霉素的 LB 培养基：1L LB 培养基中加入 1mL 100mg/mL 的羟苄青霉素或 1mL 20mg/mL 的氯霉素。

SOC 培养基：1L LB 培养基中加入 10mL 1mol/L $MgSO_4$（终浓度 10mmol/L），10mL 1mol/L $MgCl_2$（终浓度 10mmol/L），18mL 20% 葡萄糖（3.6g/L）。

YPD 培养基：20g 蛋白胨，10g 酵母提取物，20g 葡萄糖，加 ddH_2O 定容至 1L，灭菌备用。

SC-Ura 培养基：6.7g 无氨基酵母氮源 , 20g 葡萄糖，1.92g 酵母合成 drop-out 混合物不含尿嘧啶（uracil），加 ddH_2O 定容至 1L，高温灭菌备用。

制备固体培养基时，在高温灭菌前加入 20g/L 的琼脂粉。

化学药品：100% 和 70% 乙醇，10mg/mL 溴化乙锭在琼脂糖凝胶中稀释至 0.5μg/mL 用于 DNA 电泳，异丙醇，聚乙二醇 3350，EDTA，NaOH，醋酸钾。

质粒提取试剂盒（Qiagen）。

0.5mol/L EDTA（pH 8），1mol/L Tris-HCl（pH 7.5 和 pH 8）。

1mol/L DTT，二乙醇胺（pH 9.0）。

200g/mL SDS。

10×TE 缓冲液。

10×1mol/L CH_3COOLi（pH7.5）。

50g/100mL PEG3350。

1×TE/ CH_3COOLi 溶液：10mL 10×TE 和 10mL 10×CH_3COOLi 混合定容至 100mL。

TE/ CH_3COOLi /PEG 溶液：无菌环境下，0.1mL 10×TE，0.1mL 10×CH_3COOLi，0.8mL 50% PEG3350 混合制备 1mL 混合液。

酵母 miniprep Ⅰ：5mL 0.5mol/L EDTA（pH 8.0，终浓度 25mmol/L），5mL 1mol/L Tris-HCl（pH 8.0，终浓度 50mmol/L），2mL 1mol/L DTT（终浓度 20mmol/L）混合，ddH_2O 定容至 100mL。

酵母 miniprep Ⅱ：20mL 1mol/L 二乙醇胺（pH 9.0，终浓度 200mmol/L），16mL 0.5mol/L EDTA（pH 8.0，终浓度 80mmol/L），5mL 20% SDS（终浓度 1%）混合，ddH_2O 定容至 100mL。

酵母 miniprep Ⅲ：5mol/L 醋酸钾。

蜗牛酶（100T，100mg/mL）。

Taq 聚合酶。

Taq DNA 连接酶。

PfuTurbo®Cx Hotstart DNA 聚合酶（Agilent Technologies 600410）。

USER™Enzyme（NEB）。

其他：QIAprep Spin Miniprep Kit（Qiagen 27104）；PureLink™Quick Gel Extraction Kit（Invitrogen K210012）；分子量标记（molecular weight marker）：1kb 梯状条带；10× 上样染料（loading dye）；特异性扩增引物等。

（2）方法步骤

1）制备待转化的对照和实验样品

阳性对照样品：1μg 酵母扩增质粒（如 pRS416）。

背景对照样品：YAC 载体。

实验样品：所有 3kb 待组装 DNA 片段和 Linker 等物质的量之比混合（50 ～ 100fmol），再将 YAC、BAC 与待组装 DNA 片段和 Linker 混合。将样本混合后通过旋转真空浓缩仪冻干，再用 5 ～ 10μL ddH_2O 溶解。

2）制备酿酒酵母感受态细胞

① 将细胞接种于 10mL YPD 培养基中，30℃摇床过夜培养。

② 转接过夜培养的酵母细胞到 50mL 新鲜 YPD 培养基中稀释至 4×10^6 个 /mL，30℃培养 3 ～ 4h，使终浓度达到 2×10^7 ～ 3×10^7 个 /mL。

③ 每个转化体系收取 10^8 个细胞用于转化。

④ 3000r/min、4℃离心 5min 收集细胞。

⑤ 用 20mL TE/CH_3COOLi 清洗细胞。

⑥ 3000r/min、4℃离心 5min 后去掉上清液。

⑦ 用 TE/CH_3COOLi 将细胞浓度调至 2×10^9 个 /mL，每个转化体系使用 50μL。

⑧ 在 30℃静置孵育 15min。

3）配制转化体系混合液与转化

① 每个转化体系准备一个离心管。

② 加入 300μL 新鲜的 TE/CH_3COOLi/PEG 溶液。

③ 加入 50μg ssDNA（提前 95℃加热 3min，迅速在冰上冷却）。

④ 加入混合好的实验样品，涡旋振荡混合均匀。

⑤ 加入 50μL 酵母感受态细胞，用移液器仔细混合均匀。

⑥ 在 30℃静置孵育 30min。

⑦ 在 42℃热激 20min。

⑧ 离心去上清液，用 1mL 无菌水清洗细胞。

⑨ 离心，将细胞用 100μL ddH_2O 悬浮。

⑩ 涂布于选择性培养基上。生长两天后记录菌落数量，选一些菌落在选择性培养基上划线用于后续验证。

4）酵母基因组提取

① 将菌接种于 3mL 选择性培养基，30℃摇床过夜培养。

② 取 2mL 菌液离心收集细胞，去掉上清液。

③ 将细胞用 200μL 酵母 miniprep Ⅰ悬浮，加入 2μL 酵母裂解酶，37℃孵育 45 ～ 60min。

④ 加入 200μL 酵母 miniprep Ⅱ，温柔颠倒混合均匀，65℃孵育 30min，将离心管在冰上冷却。

⑤ 加入 100μL 预冷的酵母 miniprep Ⅲ，温柔颠倒混合后置于冰上静置 30min 到 2h。

⑥ 15000*g*、4℃离心 20min。

⑦ 将上清液转移到新的离心管中，加入 300μL 异丙醇温柔混合均匀。

⑧ 15000*g* 离心 10min 后去掉上清液。

⑨ 加入 1mL 预冷的 70% 乙醇，颠倒离心管清洗沉淀。

⑩ 离心去掉上清液，将离心管在旋转真空浓缩仪中干燥 5min。

⑪ 用 50μL TE 缓冲液溶解沉淀，在 65℃孵育 10min 促进溶解。

5）PCR 检测

用特异性引物检测组装的合成染色体是否完整，同时还需用酵母天然 DNA 序列的特异性引物将天然 DNA 与合成 DNA 区分开。PCR 体系和程序参考 DNA 聚合酶的用法，PCR 结束后通过凝胶电泳检测是否有 PCR 产物及其长度。只转化 YAC（酵母人工染色体）载体的背景对照基因组作为酵母天然 DNA 特异性扩增的阳性对照，以及合成 DNA 特异性扩增的阴性对照。

6）提取酵母质粒

在得到阳性克隆之后，需将组装好的质粒从酵母中分离出来再转化到细菌细胞内进行扩增和提取。使用 QIAprep Spin Miniprep Kit 从酵母中提取质粒。

① 将单菌落接种到 2 ～ 5mL 选择性培养基中，30℃摇床培养 16 ～ 24h。

② 20000*g* 离心 1min 收集细胞，去掉培养基，用 250μL 含有 0.1mg/mL RNaseA 的缓冲液 P1 悬浮细胞，将细胞悬浮液转移到 1.5mL 离心管。

③ 加入 50 ～ 100μL 酸洗玻璃珠，悬震 5min。离心管竖放使玻璃珠沉淀，将上层液体转移到新的 1.5mL 离心管。

④ 加入 250μL 裂解缓冲液 P2，上下颠倒混合 4 ～ 6 次，室温孵育 5min。

⑤ 加入 350μL 中和缓冲液 N3，迅速上下颠倒 4 ～ 6 次。

⑥ 将裂解液 15000*g* 离心 10min，同时将 QIAprep 离心柱置于 2mL 收集管上。

⑦ 转移离心后的裂解上清液到 QIAprep 离心柱中。

⑧ 15000*g* 离心 30 ～ 60s，弃掉废液。

⑨ 离心柱中加入 0.75mL 缓冲液 PE，15000*g* 离心 30 ～ 60s，弃掉废液。

⑩ 15000*g* 离心 1min 去除离心柱中残余液体。

⑪ 将 QIAprep 离心柱置于新的 1.5mL 离心管中，加入 25μL 缓冲液 EB（10mmol/L Tris-HCl，pH 8.5）溶解 DNA，静置 1min 后离心 1min。缓冲液 EB 需提前预热到 65℃。

7）回收 BAC 质粒

取 3μL 提取的质粒电转化到 TransforMax^{TM}EPI300^{TM} 细胞中，将细胞涂布于筛选培养基上。过夜培养后从细胞中提取质粒。

（3）问题与解决

① 转化子少：可通过提高 DNA 转化量和优化转化流程提高效率；当待组装的 DNA 片段多且序列较长时，同源区域较短可能也是重组效率低的原因，可通过增加同源区域序列长度提高转化效率。

② 组装正确率低：该法依赖于酵母内部高效率的同源重组系统，通常具有较高的组装效率。实验中，添加空载体对照进行质量控制非常有必要。此外，待拼接 DNA 序列中尤其是同源末端含有高 GC、AT 和 / 或重复序列可能会导致拼接错误，在设计时应尽量避免。

（4）应用与分析

酿酒酵母因其强大的同源重组能力和较好的序列兼容性，是当前实施体内 DNA 组装的首选底盘。基于酿酒酵母同源重组系统可高效进行多片段、长片段的拼装。利用酿酒酵母同源重组系统，可通过一次转化实现多达 44 个 DNA 片段从头组装成 50kb 和 100kb 的酿酒酵母人工染色体。在过去的大型基因组合成研究中，均采用酵母同源重组系统实现基因组的拼装。Gibson 等利用酵母同源重组，将 1078 个 1080bp 片段首先组装成 109 个 10080bp 的

DNA 片段，然后组装获得 11 个 100kb 的 DNA 片段，最后组装成为 1077947bp 完整的支原体基因组。Sc2.0 也是利用酵母同源重组系统，将从寡核苷酸逐级拼装出 10kb 的基因片段拼接成 30 ～ 60kb 的大片段并同时替换野生型基因组中对应的片段，从而通过逐步替换的方式，实现数条人工酵母染色体的合成。

需要指出的是，酵母体内同源重组依赖待组装 DNA 片段的末端重叠序列实现片段组装，因此对于待组装 DNA 序列尤其是末端重叠序列含有重复序列的组装效果不佳。此外，酵母本身对 DNA 容量、序列内容（如 GC 含量、重复序列等）的容纳程度均具有一定限制，发展更加便捷高效、低成本的新型 DNA 组装技术依然是领域内的一个重要研究方向。

3.3 基因组的组装

随着 DNA 组装技术的发展和 DNA 合成成本的降低，研究人员自本世纪初开始探索通过对生物基因组进行理性设计和从头化学合成，实现生物基因组的人工合成与功能重塑。基因组合成研究起始于 2002 年，Wimmer 课题组首先报道成功合成了脊髓灰质炎病毒的基因组（全长约 7.7kb）。随后系列病毒基因组被合成，因为病毒基因组大小普遍在几千碱基到数万碱基之间，目前拼接一个完整的病毒基因组已变得相对容易。相对于合成较小的病毒基因组，兆碱基对（Mb）水平的细胞生物基因组合成则困难得多。近十年来，研究人员在设计和合成较低等细胞生物（如细菌、酿酒酵母）基因组中取得了一系列重要进展和里程碑式的突破。目前已经实现支原体、大肠杆菌全基因组的人工设计合成，以及数条酿酒酵母染色体的设计合成再造。尽管基因组合成研究仍处于起步阶段，但这些前期研究为大片段 DNA（10^5 ～ 10^6bp）组装、合成纠错、功能筛选与测试等基因组合成的关键核心技术发展奠定了基础。本节将基于前期合成细胞生物基因组的研究工作，重点阐述大片段 DNA（10^5 ～ 10^6bp）组装合成技术。

3.3.1 复制子切除增强重组技术（REXER）

3.3.1.1 原理介绍

REXER 是一种能够一步实现约 100kb 合成 DNA 片段在大肠杆菌基因组上高效、精确整合的基因组组装技术（Wang et al., 2016; Robertson et al., 2021）。如图 3-14 所示，REXER 工作流程如下：首先，通过 lambda-red 介导的同源重组将双标签 *rpsL-KanR* 基因片段整合至大肠杆菌（含有 Cas9 表达质粒及基因组 *rpsL*K43R 突变）基因组靶位点；然后，将携带约 100kb 含有 *sacB-cat* 筛选标记的 DNA 合成片段（5′ 与 3′ 端均含有 50bp 基因组同源序列）的细菌人工染色体（BAC）转入细胞；随后，将 gRNA 表达框转入细胞，引导 Cas9 蛋白在合成 DNA 片段及基因组靶位点两侧进行切割，形成游离的线性 dsDNA 和基因组靶位点两端的双链断裂，进而在 lambda-red 介导下实现合成 DNA 片段高效的基因组靶向整合；最后，利用遗传标记进行目标菌株的筛选，并利用 DNA 测序进一步验证。需要指出的是，通过迭代的 REXER 可以进行合成 DNA 片段的连续组装，进而实现单一菌株 1Mb 的基因组合成。

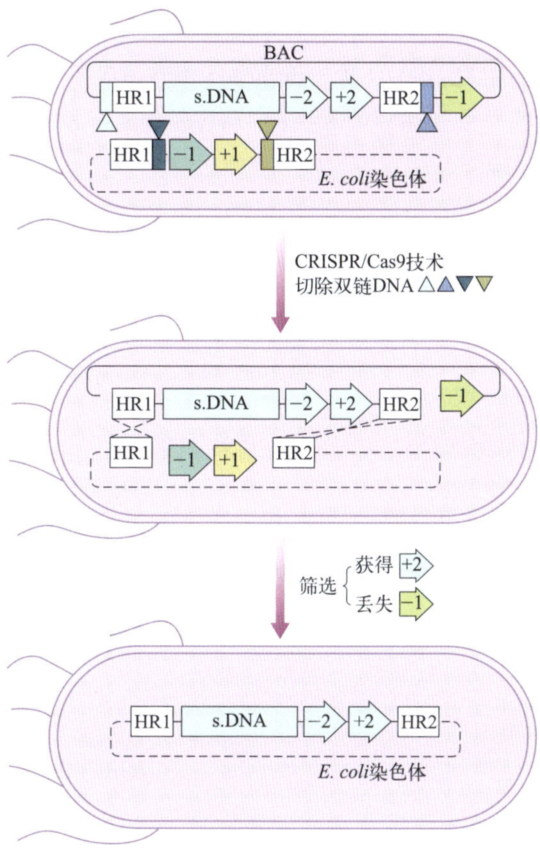

图 3-14　REXER 工作流程示意图（Robertson et al., 2021）

3.3.1.2　技术规程

（1）试剂材料

携带合成 DNA 大片段的 BAC、含有 Cas9 与 lambda-red 编码基因及 *rpsL*K43R 突变的 *E. coli* 出发菌株、gRNA 质粒、携带 *rpsL-KanR* 筛选标记的质粒、引物、电穿孔仪（Electroporator）、LB 培养基、各种抗性培养基、阿拉伯糖、PEG8000、$CaCl_2$、Tris-HCl 和山梨醇等化学试剂。

（2）方法步骤

1）*rpsL-KanR* 筛选标记的靶向插入

① 将 *E. coli* 出发菌株划线于含有 5μg/mL 四环素的 LB 平板，37℃过夜培养。

② 挑取单克隆接种到 10mL 含有 5μg/mL 四环素的 LB 培养基中，摇床 37℃、200r/min 过夜培养。

③ 将菌液转接到500mL含有5μg/mL四环素的LB培养基中至OD_{600}约0.05，37℃培养2～3h至OD_{600}约0.2，加入5g/L的L-阿拉伯糖诱导lambda-red系统蛋白表达，37℃继续培养1～2h至OD_{600}约0.5（注意：若无需诱导lambda-red，则无需添加阿拉伯糖）。

④ 将500mL菌液分装到2个250mL的离心管中，4℃、4000*g*离心10min（注意后面的步骤均在冰上操作）。

⑤ 去除上清液，在一个离心管中加入50mL无菌冰水，用10mL移液器轻微吹吸菌体，将重悬菌液吸至另一个离心管，吹吸菌体进行重悬，将菌液转入50mL离心管，4℃、4000*g*离心10min。

⑥ 去除上清液，加入40mL无菌冰水吹吸菌体进行重悬，4℃、4000*g*离心10min。

⑦ 去除上清液，加入40mL的16%（体积分数）冰甘油，用10mL移液器轻微吹吸菌体，4℃、4000*g*离心10min。

⑧ 去除上清液，将菌体重悬于1mL的16%（体积分数）冰甘油中获得*E. coli*电转化感受态细胞，可分装成100～150μL/管存储于−80℃。（上述步骤为lambda-red诱导型*E. coli*电转化感受态细胞的制备过程。）

⑨ 以*rpsL-KanR*质粒为模板，通过PCR扩增和纯化，获得两端含有50bp基因组靶位点同源序列的*rpsL-KanR*基因片段。

⑩ 将100μL上述感受态细胞与10～20μL的PCR产物（3～10μg dsDNA）混合，置于2mm规格的电转杯中，2500V电击转化，将菌液迅速转入4mL的SOB中，摇床37℃、200r/min孵育1h后，将菌液转入50mL含有5μg/mL四环素的LB培养基中继续培养3h。

⑪ 4000*g*离心10min，菌体重悬于220μL无菌水，分别取20μL和200μL涂布于含有5μg/mL四环素、50μg/mL卡那霉素和20g/L葡萄糖的LB平板，37℃过夜培养。

⑫ 取4～8个单菌落划线于相同的LB平板上，37℃过夜培养后，利用菌落PCR对目的菌株进一步验证。

2）合成DNA片段的转化

⑬ 挑取上步的阳性菌株单菌落接入10mL含有5μg/mL四环素和50μg/mL卡那霉素的LB培养基中，摇床37℃、200r/min过夜培养。

⑭ 按上述步骤制备*E. coli*电转化感受态细胞，将100μL新制备的感受态细胞与10μL含有合成DNA片段的BAC（300～1000ng）混合进行电转化，孵育1h后，将菌液涂布于含有5μg/mL四环素和20μg/mL氯霉素的LB平板，37℃过夜培养。注：合成DNA片段的BAC通过酵母转化介导的同源重组构建。

⑮ 挑取4～8个单菌落划线于相同的LB平板上，37℃过夜培养后，利用菌落PCR对目的菌株进一步验证。

3）gRNA表达框的转化

⑯ 挑取上步的阳性菌株单菌落接入10mL含有5μg/mL四环素和20μg/mL氯霉素的LB培养基中，摇床37℃、200r/min过夜培养。

⑰ 按上述步骤制备*E. coli*电转化感受态细胞，将100μL新制备的感受态细胞与含有

gRNA 表达框的线性片段（至少 6μg）或质粒（至少 2μg）混合，按上述步骤进行电转化，孵育 1h 后，将菌液转入 100mL 含有 100μg/mL 氨苄青霉素、10μg/mL 四环素和 20μg/mL 氯霉素的 LB 培养基，37℃继续培养 3h（注：若使用 gRNA 的线性片段，则无需添加氨苄青霉素）。

⑱ 将菌液转到 2 个 50mL 的离心管中，室温 4000*g* 离心 10min，去除上清液，250μL 无菌水重悬菌体并混合，分别将 50μL 和 450μL 涂布于含有 10μg/mL 四环素、20μg/mL 氯霉素和 100μg/mL 链霉素的 LB 平板，37℃过夜培养。

4）目标菌株的筛选

⑲ 挑取 24 个单菌落重新划线于含有 50μg/mL 四环素、20μg/mL 氯霉素的 LB 平板，37℃过夜培养。

⑳ 从每个划线的菌株上挑取一个单克隆，重悬于 30μL 无菌水中，取 2μL 菌液分别点到不同抗性的 LB 平板，基于阳性菌株中基因组 *rpsL-KanR* 丢失与 sacB-cat 插入的原理，通过生长表型进行目的菌株的筛选。

㉑ 利用菌落 PCR 对候选的阳性菌株进一步验证，并通过 DNA 测序进行最终的确认，保证合成片段的精确整合。

（3）问题与解决

① BAC 电转化无菌落产生：从酵母中重新提取 BAC 进行重复转化；提高感受态细胞的用量；尝试多种大肠杆菌感受态。

② 没有筛选到阳性菌株：增加菌落的筛选数量；延长⑰的孵育时间；将 gRNA 以质粒的形式进行转化。

（4）应用与分析

REXER 是在大肠杆菌基因组中进行 DNA 大片段插入和替换的先进技术。当所选的遗传筛选标记（在基因组和 BAC 中）都是有效的，REXER 有很大可能会发挥功能。然而，实验成功与否极大可能由添加到大肠杆菌基因组的合成 DNA 的内在特性所决定。当利用 REXER 将野生型大肠杆菌基因组序列替换成合成 DNA 序列时，需要检测合成 DNA 是否包含任何不能支持细胞功能的有害序列。当合成的 DNA 序列是显性致死的，这将会在基因组装或者 BAC 的转化过程中被及时发现。不同的合成序列通常存在不同的耐受性，这可能需要通过设计—测试—学习—再设计的过程进行逐步的设计优化。目前的研究结果表明，当合成 DNA 的设计合理时，REXER 通常能够高效实现 DNA 大片段在大肠杆菌基因组的精确整合，并已被成功用于大肠杆菌全基因组的人工合成，对未来合成其他超长染色体或基因组提供借鉴（Wang et al., 2016; Robertson et al., 2021）。

3.3.2 减数分裂重组介导的组装（MRA）

3.3.2.1 原理介绍

在减数分裂第一次分裂后期会出现非姐妹染色体单体的链交换现象即减数分裂重组事

件。减数分裂重组介导的组装方法（meiotic recombination-mediated assembly，MRA）的原理是，首先使带有不同合成染色体区域的单倍体菌株交配形成二倍体，随后进行孢子减数分裂，利用减数分裂链交换实现合成染色体不同区域的拼接，在子代单倍体菌株中筛选同时具有不同合成染色体区段的菌株（图 3-15）。

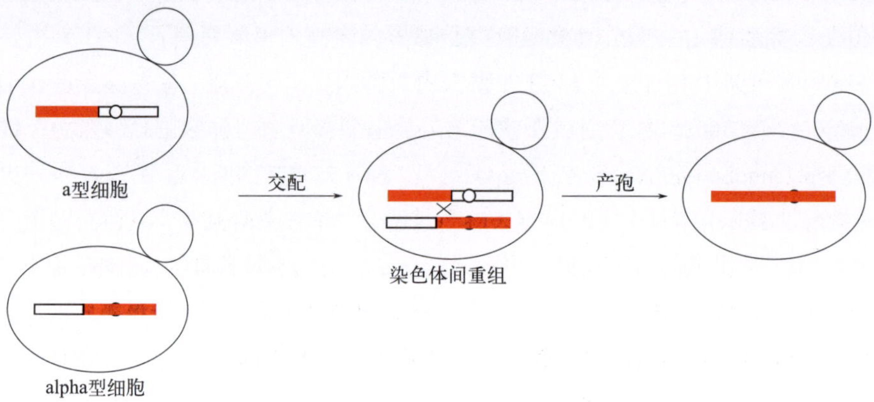

图 3-15　MRA 流程示意图

3.3.2.2　技术规程

（1）试剂材料

带有不同合成染色体区域的单倍型酵母菌株、携带 HO 内切酶表达序列的质粒（pJD137 或 pJD138）、显微镜操作器、YPD、2% 半乳糖培养基和各种选择培养基、鉴定引物。

（2）方法步骤

1）交配型转换

① 通过醋酸锂转化法将携带 HO 内切酶表达序列的质粒（pJD137 或 pJD148）转化进入单倍体酵母细胞中，HO 内切酶可在 *Gal1* 启动子诱导下表达。

② 转化细胞在 5mL 选择性培养基中培养过夜，转接到 5mL 2% 半乳糖诱导培养基中，起始浓度对应 OD_{600}=0.1，30℃培养 4h。

③ 将诱导后的细胞稀释涂布于 YPD 平板上，然后选择不含质粒但有所需交配型的单菌落进行下一步验证。

2）单倍体菌株交配

① 令两株不同配种类型的菌株在 YPD 平板上生长 4 ～ 6h，温度为 30℃。

② 用显微操作器分离二倍体细胞，通过其特征的三叶形状进行识别。

③ 对分离的二倍体进行验证。

3）二倍体菌株产孢

① 接种二倍体酵母细胞在 GNA（预生孢）培养基，30℃下培养至细胞 OD_{600} 值为 4 ～ 8。

② 2000r/min 离心 2min 收集细胞。完全去除上清液，将细胞重悬于去离子水中。再次离心并除去上清液。重复三次。

③ 稀释 50× 的生孢培养基至 1×。以 1× 浓度添加必需的营养缺陷型氨基酸，在每 1mL 的 1× 生孢培养基中加入 3μL 10% 酵母提取物，混合均匀。

④ 加入洗涤后的酵母细胞至 1.0OD/mL（可适当增大细胞密度）。25℃孵育 3 ～ 10 天。其间随时观察产孢情况。

⑤ 利用显微操作仪，将成形的子囊解剖到 YPD 平板上。在 30℃下生长 48h。

⑥ 将细胞复制到各种选择培养基上，以鉴定其营养缺陷型和交配类型。

⑦ 选择具有正确类型的菌落进行 PCR 验证。

（3）问题与解决

虽然合成的染色体区域可以通过交配和产孢被整合到一个菌株中。然而，多重减数分裂交叉对非重组子代染色体的整合构成挑战。尽管 PCRtag 可以有效地追踪合成 DNA，但随着合成染色体数量和长度的增加，在子代中发现含有全部完整合成染色体的孢子变得越来越困难。可筛选更多的孢子进行分析，以便获得至少两个含有所需合成染色体的孢子进行克隆。

（4）应用与分析

MRA 方法利用减数分裂姐妹染色体链发生重组替换，将包含不同合成染色体区域的序列重组到一个染色体上，实现了长 DNA 片段平行组装，极大地缩短了长染色体组装所需的时间。在合成酵母 12 号染色体的过程中，戴俊彪课题组首先通过大片段合成序列，在 6 个菌株中分别完成了对染色体不同区域内源 DNA 的逐步替换；然后基于此法，将多个菌株中的合成序列进行合并，获得了完整的 Mb 级合成型染色体。该方法将对未来合成其它超长染色体或基因组提供了借鉴。

3.3.3 Cas9 促进的同源重组组装（CasHRA）

3.3.3.1 原理介绍

CasHRA 的开发是为了促进在体内直接使用环状 DNA 进行一步组装，并避免在体外对线性 DNA 片段进行大量操作（Zhou et al., 2016）。如图 3-16 所示，通过原生质体融合（步骤 1）将三个大的环状 DNA 共同引入到含有 Cas9 表达质粒 pMet-Cas9 的酵母细胞中。通过转化（步骤 2）将 pTrp-gRNA 和线性组装载体共同引入细胞中，从而实现组装启动。质粒 pTrp-gRNA 组成型表达的引导 RNA 靶向所有环状 DNA 公共载体的 S1 和 S2 位点。一旦 pTrp-gRNA 进入细胞，Cas9 系统切割大的环状 DNA，释放出末端重叠的线性 DNA 片段。利用酿酒酵母的高效同源重组系统，这些大的 DNA 片段可以被正确组装。质粒 pMetCas9 含有半乳糖诱导的引导 RNA，其靶向 pTrp-gRNA 在 S3 位点的复制起点。

将酵母细胞转移到半乳糖培养基中有效地消除了 pTrp-gRNA（步骤 3），并允许含有组装环状 DNA 的酵母细胞直接用于下一轮 DNA 组装。整个 CasHRA 过程需要 9 天，其中 5 天将所有环状 DNA 导入酵母细胞，3 天获得含组装产物的酵母细胞，1 天去除 pTrp-gRNA。

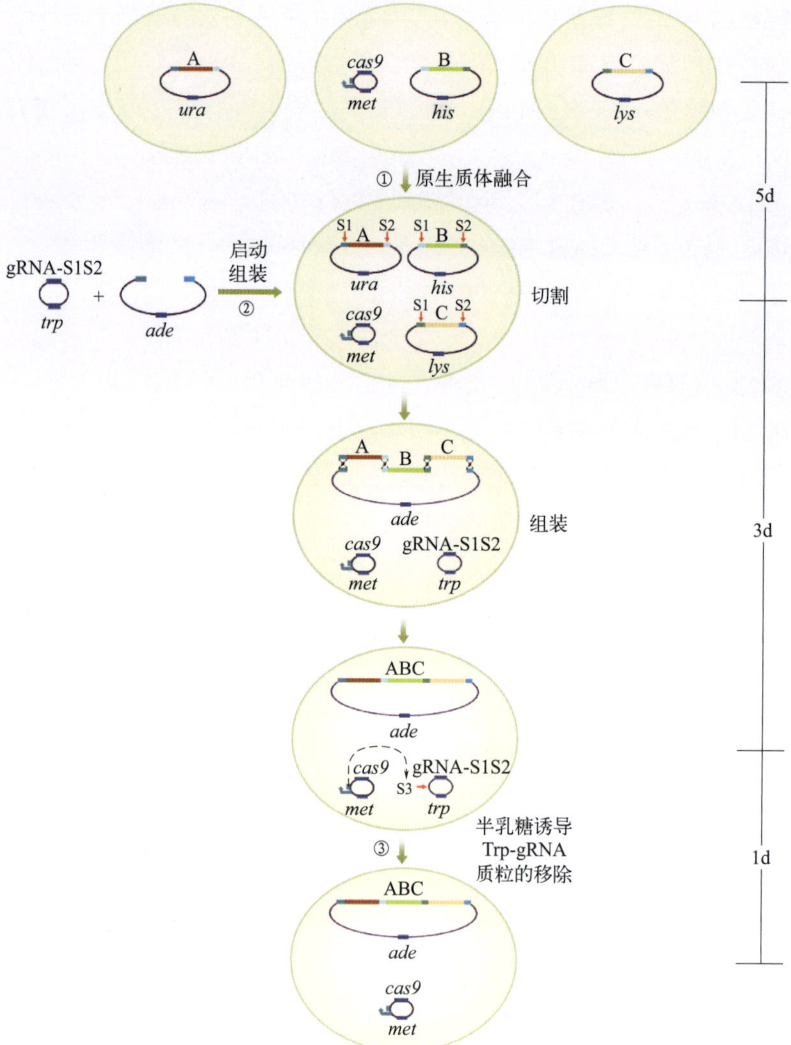

图 3-16　CasHRA 原理示意图（Zhou et al., 2016）

3.3.3.2　技术规程

（1）试剂材料

质粒 p426-SNR52p-gRNA.CAN1.Y-SUP4t 和 p415GalL-Cas9-CYC1t 来自 George Church 团队（DiCarlo et al., 2013）。为了构建 Cas9 的本构表达质粒 pMetcas9-0，对 p415GalL-Cas9-CYC1t 经 *Hpa* Ⅰ/*Spe* Ⅰ酶切释放的两个片段进行凝胶纯化。采用引物 MET14 - f / MET14 - r 从酿酒酵母 S288c 基因组中 PCR 扩增出选择标记 MET14。利用模板 pAG36（Goldstein et al., 1999）和引物 Tef1p-F/Tef1p-R PCR 扩增出强组成启动子 *TEF1*。

PCR 引物设计为与相邻 DNA 片段有 40bp 重叠序列。所描述的四个 DNA 片段被共同引入酵母并组装成 pMetcas9-0。为了消除引导 RNA 表达质粒，以 p426-SNR52pgRNA.CAN1 为模板，通过 PCR 扩增合成了 S3 位点 pTrp 复制起始位点的引导 RNA。

以 p415-gal-cas9-cyc1t 为材料，采用 GAL-F/GAL-R，PCR 扩增半乳糖诱导的 *GAL1* 启动子。融合 PCR 将两段 DNA 片段组装，通过 *Xba* Ⅰ位点克隆到 pMetcas9-0 中构建 pMet-Cas9。

为了构建载体骨干 pTrp，便于 gRNA 的克隆，利用引物 Trp1-F/Trp1-R 从酿酒酵母 S288c 基因组扩增出 Trp，从 p426-SNR52p-gRNA.CAN1 中 PCR 扩增出 2μ 位点、pBR322 位点和 *Amp* 基因。四个 DNA 片段通过转化共同导入酵母，然后组装成 pTrp。在第一轮 DNA 组装中，合成了在位点上靶向所有环状 DNA 的公共载体骨干的向导 RNA Target1 和 Target2 DNA。将合成的 DNA 片段通过 *Bgl* Ⅱ /*Spe* Ⅰ和 *Spe* Ⅰ /*Nco* Ⅰ消化从克隆载体中释放出来，与 *Bgl* Ⅱ / *Nco* Ⅰ消化的载体 pTrp 连接，构建 pTrp-gRNA。在第二轮 DNA 组装中，合成了位点上所有环状 DNA 的公共载体主干 DNA 片段，并以同样的方式克隆到 pTrp 中，构建 pTrpgRNA2。

利用引物 pCriv0-VF/pCriv0VR 和 DNA 模板 pZQ233，PCR 扩增装配载体 pCriv0，包含来自霍乱弧菌 N16961 的染色体Ⅱ（Kurazono et al., 2000）复制原点、氯霉素耐药标记和酵母原点 CEN6 ARS4。利用引物 ADE2-F/ADE2-R 从酿酒酵母 S288c 基因组中扩增酵母选择标记 ADE2。这两个 DNA 片段被导入酵母中，然后通过末端 40bp 的重叠组装成 pCriv0。

（2）问题与解决

CasHRA 的效率问题：在 PCR 引物 3′ 的末端会因为引物的杂质导致重叠序列错误，造成 CasHRA 的组装效率变低，因此，重叠序列的准确性对组装 DNA 的功能很重要，需要将重叠序列先克隆到组装载体中再进行组装。

（3）应用与分析

将 CasHRA 与上游组装方法（基因组组装的 Gibson 程序）相结合（Zhou et al., 2016），成功构建了 1.03Mb 的 MGE-syn1.0（大肠杆菌最小基因组），包含 449 个必需基因和 267 个对生长起重要作用的基因。所有重叠序列的正确率为 100%。预计 CasHRA 将广泛应用于百万级基因组构建。

3.4 基因与基因组合成中的纠错与修复技术

高效率、低成本地获得精确定序的目的基因（组）DNA 是保证合成基因（组）后续应用的基础，也是研究人员一直追逐的目标。系列 DNA 合成技术允许从单核苷酸到单链寡核苷酸，然后到短双链 DNA 片段，再从短 DNA 片段到长片段，乃至生物基因组的合成，有力保障了合成目的基因（组）的可行性。但是寡核苷酸合成中常伴随一定的碱基插入 / 缺失 / 取代错误，同时在基因合成拼接过程中，酶扩增过程也可能引入错误。虽然寡核苷酸合成后经纯化可以在一定程度上减少错误，但是碱基错误仍将大大降低合成 DNA 尤其是长片段 DNA 的准确度，从而增加 DNA 合成的时间和经济成本。除合成过程引入错误外，经人工设计合成的基因组往往需要“构建 - 测试 - 修改”迭代循环，合成基因组的纠错与修复技术亦是关键需求。目前已经开发了一系列的DNA纠错与修复技术，应用在基因与基因组合成中的不同阶段，有效提升了合成DNA的准确性和效率。根据DNA处理对象大小和纠错/修复原理不同，现行DNA纠错与修复技术主要分为基于错配结合或错配切除的短DNA片段纠错技术以及基因组DNA修复技术等。接下来将重点阐述有代表性的相关技术。

3.4.1 DNA错配结合蛋白（MutS）纠错技术

3.4.1.1 技术原理介绍

生物体内普遍存在DNA碱基错配修复系统（mismatch repair，MMR），其由一系列高度同源的特异性修复DNA碱基错配的酶分子组成，使DNA复制保持忠实性，从而保证遗传物质的完整性和稳定性。在MMR系统中，参与DNA修复的错配结合酶MutS及其同源蛋白可以识别并结合含有错配碱基与单链环的DNA。比如，大肠杆菌来源的MutS蛋白能够识别并结合全部8种碱基错配和由碱基修饰所引起的误配，还能识别并结合1～4个核苷酸缺失或插入所形成的单链环结构。嗜热栖热菌（*Thermus thermophilus*）来源的MutS蛋白，能够有效识别结合1～3个碱基的缺失或插入和8种错配产生的异源双链DNA分子，并展现出优越的热稳定性（在低于80ºC的温度下保持稳定）。基于MutS蛋白的纠错方法的原理，是利用MutS蛋白特异性结合DNA双链错配位点并形成DNA-MutS蛋白复合物，然后可通过凝胶电泳、毛细管电泳、亲和磁珠或者吸附树脂等方法，将MutS结合的含错配碱基的异源双链DNA与未被结合的精确互补配对的双链DNA分离（图3-17）。其中，在MutS蛋白处理前，基因合成产物需经高温变性-退火处理，以使带有错误碱基的DNA单链与正确的DNA单链形成异源双链DNA，便于MutS蛋白识别错配位点。

3.4.1.2 技术规程

（1）试剂材料

Q5 DNA聚合酶、Q5聚合酶缓冲液、重组表达MutS蛋白（*Thermus aquaticus/E. coli*来源）、纠错反应缓冲液［5mmol/L $MgCl_2$、10mmol/L NaCl、20mmol/L Tris-HCl（pH 7.8）、1mol/L二硫苏糖醇、5%甘油］、洗脱缓冲液［50mmol/L NaCl，1mmol/L EDTA，10mmol/L Tris-HCl（pH 7.5）］等。

（2）方法步骤

1）聚合酶组装法合成基因片段

参见3.2.1聚合酶循环组装法。

2）DNA错配结合蛋白MutS介导DNA合成错误纠正

① 取合成基因片段15μL于PCR管中，于PCR仪中先95℃高温变性5min，然后缓慢降至25℃（0.1℃/s梯度降温），整个过程约需20min。

备注：此步处理是诱导带有碱基错误的DNA与不含碱基错误的DNA经变性-退火形成

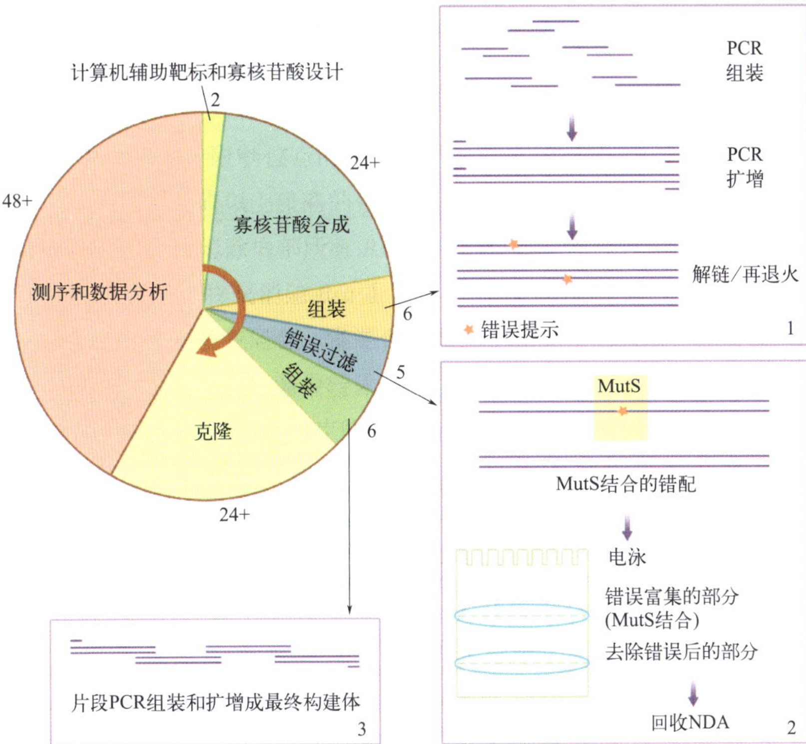

图 3-17　基于 DNA 错配结合蛋白 MutS 的纠错技术原理示意（Carr et al., 2004）

异源双链 DNA，为使带有碱基错误的 DNA 尽量成为异源双链 DNA 的一部分，可增加此步骤的循环次数。

② 取 2.5μg MutS 和约 50ng DNA 加入 5μL 纠错反应缓冲液中。

备注：a. *E. coli*/*Thermus thermophilus* 来源的 MutS 分别在 37℃ /60℃下孵育 20 ～ 30min 以形成 MutS- 异源双链复合物；b. 以上反应比例为通常使用条件，DNA 与 MutS 蛋白物质的量之比通常为 1∶4 ～ 1∶40，为达到效果需要进行优化。

③ 取上述 MutS/DNA 混合物在聚丙烯酰胺凝胶或琼脂糖凝胶中电泳，电泳电压 108V，电泳时间 30min。

④ 电泳后使用，由于含有错配的双链 DNA 结合蛋白后会比正常位置的条带滞后，通常切胶回收主带，并置于洗脱缓冲液［10mmol/L Tris-HCl（pH 7.5）, 50mmol/L NaCl，1mmol/L EDTA］中于 37℃洗脱至少 2h 或使用 DNA 胶回收试剂盒回收。

⑤ 胶回收产物或洗脱后的浸出液可直接作为 PCR 模板，扩增出合成 DNA 片段，用于下游克隆或其他分析。

（3）问题与解决

相对于不纠错的常规基因合成产物，该纠错方法可将合成基因的错误率降低 1/15，将合成基因的突变率降低为 $1/10^4$。由于 MutS 纠错法依赖 MutS 蛋白与错配 DNA 结合从而区分含有错误的 DNA 与正确 DNA，调整 MutS 与 DNA 比例以及反应温度和时间，均会影响

MutS 蛋白与错配 DNA 结合从而导致纠错效率出现差异。因此，在实际操作中，可考虑优化调整上述参数以及重复进行多次纠错反应，以便达到较佳的纠错效果。

（4）应用与分析

最初，MutS 纠错法主要适用于较小的双链 DNA 片段，对高错误率的较长 DNA 片段纠错效果不佳。Peter J. Belshaw 课题组开发了“consensus shuffling”技术，在一定程度上解决了以高错误率合成较长 DNA 的纠错问题。该技术的原理是在 MutS 纠错处理前，使用限制性内切酶切割富含错误的长 DNA，获得含错误较少且分布在不同位置的较短的 DNA 片段，然后利用固定在基质上的 MutS 蛋白结合含有错配的 DNA 双链，分离得到具有正确序列的短 DNA 片段。最后，通过融合 PCR 方法将短 DNA 片段重新组装成完整的长基因片段。高晓连课题组将 MutS 蛋白固定在纤维柱，利用该纤维柱识别芯片合成寡核苷酸的错误，将基于芯片合成 DNA 片段的错误率变为原来的 1/20（从每 1kb 14.25 个错误降至每 1kb 0.66 个错误），为实现高通量 DNA 合成纠错提供了有效策略。此外，针对 MutS 蛋白较不稳定的问题，徐健课题组报道了通过工程化改造 MutS，获得了耐用性 eMutS 蛋白变体，为其后续应用节省了成本。发展简便、价廉、结果重复性好的 DNA 错配结合蛋白 MutS 纠错技术将有助于实现高通量、低成本合成目标基因。

3.4.2 DNA 错配切割蛋白纠错技术

3.4.2.1 技术原理介绍

错配切割酶是一些能够特异识别并在错配位点或其附近切断错误配对双链 DNA 的一类核酸内切酶。主要包括：①解离酶，如 T4 核酸内切酶Ⅶ、T7 核酸内切核酸酶Ⅰ、*E. coli* 核酸内切酶Ⅴ等。该类酶可识别并切割双链 DNA 中的碱基错配、凸起等错误，可以有效减少合成基因产物中包含的错配、缺失和插入等常见错误类型。②单链特异性核酸酶，如芹菜源 *Cel* Ⅰ核酸酶、曲霉源 S1 核酸酶等。该类酶特异性识别和切割带有不同类型碱基错配的 DNA。

DNA 错配切割蛋白纠错技术的原理在于，通过变性 - 退火处理使合成错误的序列和合成正确的序列之间形成错配碱基，利用特异性内切酶切割错配区域，之后通过具有 3′ → 5′ 外切酶活性的 DNA 聚合酶切除错配碱基并利用切割后片段互为模板而重新组装成正确的全长 DNA（图 3-18）。

接下来，将以 *Cel* Ⅰ酶为示例阐述 DNA 错配切割蛋白纠错技术流程。

3.4.2.2 技术规程

（1）试剂材料

新鲜市售芹菜 0.5kg、1mol/L Tris-HCl（pH 7.7）、100mmol/L PMSF（苯甲基磺酰氯）、硫酸铵、KOD 热启动 DNA 聚合酶、1× 反应缓冲液及 dNTPs、225mmol/L EDTA 等。

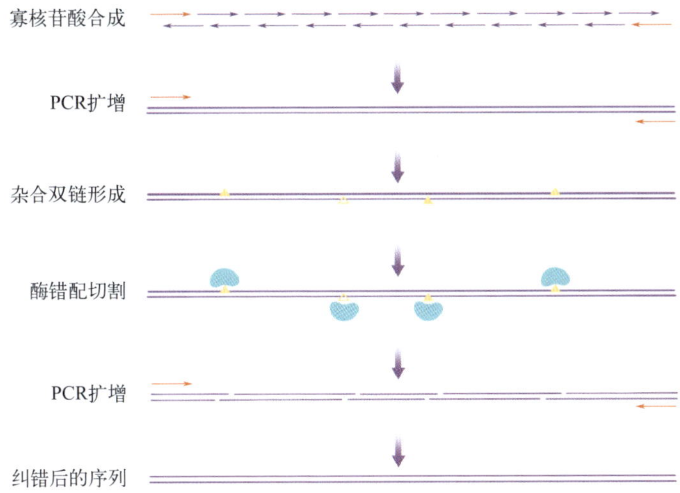

图 3-18　DNA 错配切割蛋白纠错技术的原理和流程（Till et al., 2004）

（2）方法步骤

1）提取芹菜 *Cel* Ⅰ核酸酶

① 取新鲜芹菜茎 0.5kg 洗净，用 ddH_2O 冲洗一遍，4℃预冷 30min，将榨汁机和离心机转头同时预冷；

② 4℃冷室，将芹菜用榨汁机榨汁，纱布过滤，将汁液过滤到容器中；

③ 每 10mL 上清液加入：1mL 1mol/L Tris-HCl（pH 7.7），10μL 100mmol/L PMSF，随后 2600*g* 离心 20min；

④ 取上清液，每 10mL 上清液加入 1.44g 固体硫酸铵（25%），4℃摇床振荡混合 30min；

⑤ 4℃、13000 ～ 16200*g* 离心 40min；

⑥ 取上清液，每 10mL 上清液中加入 3.9g 固体硫酸铵（80%），4℃摇床振荡混合 30min；

⑦ 4℃ 13000 ～ 16200*g* 离心 1.5h；

⑧ 沉淀用 0.1mol/L Tris-HCl（pH7.7），100μmol/L PMSF 溶解，即为 *Cel* Ⅰ粗酶，可直接使用。

备注：若此时沉淀挂侧壁较多，可离心 6min 使挂壁沉淀入底。

2）聚合酶组装法合成基因片段

参见 3.2.1.1、3.2.1.2。

3）DNA 错配切割蛋白 *Cel* Ⅰ介导 DNA 合成错误纠正

① 取合成基因片段 10μL 于 PCR 管或 96 孔板中，于 PCR 仪中执行如下程序：98℃ 2min，90℃ 1min，80℃ 1min，70℃ 5min，50℃ 3min。

备注：此步处理是诱导带有碱基错误的 DNA 与不含碱基错误的 DNA 经变性 - 退火形成异源双链 DNA，为使含有错误的 DNA 尽量成为异源双链 DNA 的一部分，可增加此步骤的循环次数。

② 向上述预处理的合成基因产物中加入 1.5 倍体积的 *Cel* Ⅰ粗酶，置于 PCR 仪于 45℃反应 30min。

③ 孵育后，加入 5μL 225mmol/L EDTA。

得到的产物可进行下游的 PCR 扩增，获得去除错误碱基的全长 DNA 片段。

（3）问题与解决

从芹菜中提取的 *Cel* Ⅰ粗酶常出现活性不足的情况，一方面可以选取刚上市的新鲜芹菜试验，另一方面也需要注意控制提取条件全程在 4℃冷室进行。此外，储存液尽量分装，避免温度反复变化影响酶活性。反应 pH、温度、二价阳离子浓度均对酶活性有较大影响，注意严格控制。在实际操作中，可考虑优化调整上述参数以及重复进行多次纠错反应，以便达到较佳的纠错效果。

（4）应用与分析

Cel Ⅰ核酸内切酶与具有 3′ → 5′ 外切酶活性的 DNA 聚合酶联合作用可有效识别和切割多种常见碱基错误区域，通过重叠延伸 PCR 组装回收全长 DNA 序列，已报道成功将芯片基因合成产物错误率由 1/526 降低为 1/8700。目前，已有基于 *Cel* Ⅰ核酸内切酶的商业化试剂盒 Thermo Fisher Scientific 公司（美国）的 CorrectASE 内切核酸酶（原为美国 Novici Biotech 公司的 ErrASE 纠错试剂盒），在一定程度上提高了 *Cel* Ⅰ核酸内切酶的可应用性。需要指出的是，虽然理论上 *Cel* Ⅰ核酸内切酶可识别各种类型的碱基错配，但基于其商业化试剂盒的研究发现其仍存在一定的偏好性（如对于富含 GC 的 DNA 具有相对较好的纠错效果），而其它核酸内切酶亦有多款市售产品展示出对不同序列的偏好性，如 T7 核酸内切酶Ⅰ对富含 AT 的 DNA 具有较好纠错效果。因此，可依据不同的序列特点选择不同的酶或者酶的组合，实现较佳的纠错效果。

3.4.3 酵母基因组缺陷靶点快速定位与修复方法

自 21 世纪初，合成基因组取得了快速发展。从最初合成数千碱基的病毒基因组到实现合成百万碱基级的低等细胞生物细菌和酿酒酵母的基因组，合成基因组的规模不断扩大。同时，合成序列设计从简单的复制天然基因组序列开始到人工设计删 - 改 - 增，合成基因组设计复杂度不断增加。通过设计、创建人工基因组以深度理解生命组织和运行机理，已逐渐成为探索生命奥秘的重要路径之一。因此，开发快速定位合成基因组设计缺陷定位及其修复方法，将有助于加快迭代“设计 - 构建 - 测试 - 理解”循环。

本小节将阐述 Sc2.0 国际合成基因组计划实施过程中合成酵母基因组缺陷定位与修复方法——混菌 PCR 标签定位技术（pooled PCRtag mapping，PoPM），希望为后续基于合成酵母的工作和其它基因组合成研究提供借鉴。

3.4.3.1 技术原理介绍

在酵母合成基因组的基因编码区内部，通过同义突变设计，可产生系列用作设计 PCR

引物的序列称作 PCR 标签（PCRTag），通过 PCR 扩增可区分合成基因组和天然基因组。在合成型基因组序列中，存在大量与基因偶联的 PCR 标签，因此，PCR 标签类型可与基因类型相关联，进而与表型相关联，通过分析 PCR 标签类型可以快速鉴定基因类型。在合成染色体过程中，通常单次使用约 30kb 的合成序列替换天然序列，合成过程中会产生大量天然序列部分被合成序列取代的转化子。在定位合成序列存在缺陷的特定 DNA 区段时，PoPM 方法首先在选择培养条件下表征大量转化子的表型，并将表型正常和缺陷的菌株归为两组分别混合，随后以两个混合菌库的基因组 DNA 作为模板，通过 PCR 标签类型分析，快速定位与表型缺陷相关的目标区域（图 3-19）。

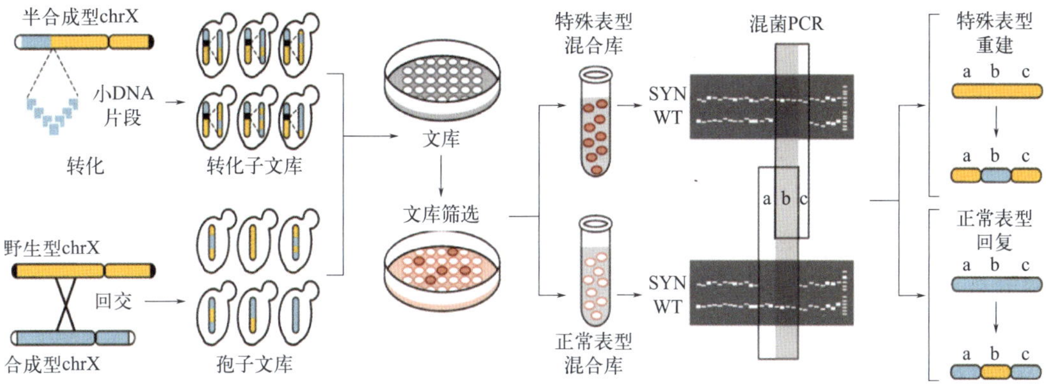

图 3-19 混菌 PCR 标签定位技术的流程（Wu et al., 2017）

3.4.3.2 技术规程

（1）试剂材料

YPD 培养基、YPGE 培养基、DNA 聚合酶、10× 反应缓冲液及 dNTP、Breaking 缓冲液、苯酚 - 氯仿 - 异戊醇混合液、无水乙醇等。

（2）方法步骤

1）生长表征分析方法

① 酵母菌株在对应培养基中在 30℃摇床培养过夜。

② 取 1OD_{600} 酵母培养物置于无菌的 96 孔培养板中，以 10 倍的数值连续稀释在无菌水中，并吹吸混匀。

③ 使用八通道移液器吸取 3 ～ 5μL 重悬液点在各种待检测的培养基上，如 YPD、YPGE 等。

④ 将培养板在 30℃（或 16℃、37℃等不同检测温度）培养箱中孵育 2d（YPD）或 4d（YPGE），观察细胞长势。

2）酵母基因组提取

① 取 1mL 酵母培养液于 1.5mL 离心管中，3000r/min 离心 2min。

② 除去上清液并用 1mL 无菌水洗涤一次。

③ 加入 300μL Breaking 缓冲液、等体积的玻璃珠和 300μL 苯酚 - 氯仿 - 异戊醇混合液，高速涡旋振荡 10min。

④ 15000r/min 离心 10min。

⑤ 将上层清液移至一个新的 1.5mL 离心管内，加入 1mL 预冷的无水乙醇，混合均匀。

⑥ 15000r/min 离心 20min，吸除上清液。

⑦ 加入 500μL 70% 乙醇洗涤，4℃ 条件下，15000r/min 离心 5min。

⑧ 吸除上清液，干燥沉淀，加入 50μL ddH_2O 溶解。

3）酵母基因组 PCR

① 配制 PCR 反应体系（参照前文）。

② PCR 标签分析反应条件：95℃ 5min，然后 95℃ 30s、53℃ 30s、72℃ 30s 共 30 循环，72℃ 10min，4℃。

（3）问题与解决

PoPM 法依赖 PCR 标签对具有不同表型的混合菌的基因型进行鉴定，对其进行可靠准确的 PCR 扩增非常关键。上文仅列举了一般的基于 PCR 标签的反应条件，实际操作中对于扩增效果不佳的 PCR 反应（如扩增条带弱、出现杂带等），可尝试通过调整 PCR 反应条件（如引物退火温度）、提高基因组纯度、使用具有不同扩增特性的聚合酶等多种方式改善；此外，由于混菌体系中抑或出现具有不可预测基因型或表型的菌株，可引起低概率的杂合扩增干扰，在严格控制表型筛选和优化 PCR 反应的同时，可尝试通过准确度更高的定量 PCR 加以改善。

（4）应用与分析

PoPM 法利用合成 DNA 序列与天然 DNA 序列差异化的 PCR 标签与基因型关联的特点，对表型分离的、大量带有不同嵌合天然序列和合成序列的混合菌株进行 PCR 标签分析，提高了从长合成序列中定位表型缺陷合成序列的能力。该方法直接为后续合成其它酵母染色体和基于合成酵母的工作提供了有力的基因型 - 表型快速分析手段。此外，该法原理或可拓展应用到其它合成基因组的研究工作或者分析突变型和野生型菌株的基因型 - 表型快速分析研究工作中。

3.4.4 CRISPR/Cas9 介导的多靶点共转化修复

在合成超长人工 DNA 片段过程中极容易产生大量的、随机散在分布的非靶向核苷酸突变，给合成与设计序列精确匹配的基因组带来挑战。CRISPR/Cas9 基因组编辑技术借助长度为 20nt 的引导 RNA（gRNA）可实现多重靶向基因组编辑，为快速修复合成基因组的非靶向突变提供了工具。通过将 gRNA 与多个合成序列修复供体共转化，利用 CRISPR/Cas9 基因组编辑可实现多靶点的同时修复（图 3-20）。

3.4.4.1 技术规程

（1）试剂材料

YPD 培养基、合成缺陷型培养基、DNA 聚合酶、1× 反应缓冲液及 dNTP、苯酚 - 氯仿 -

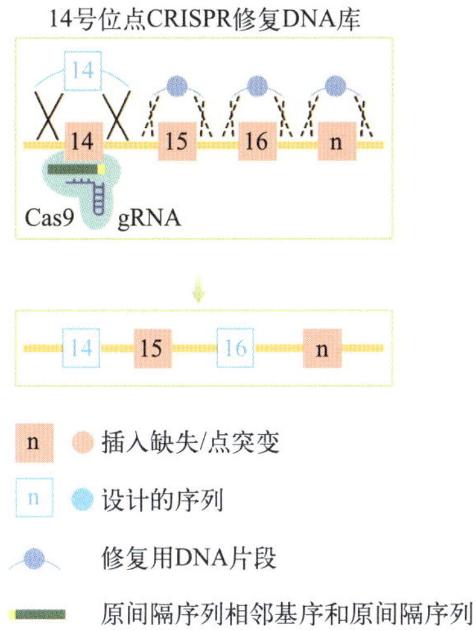

图 3-20　CRISPR/Cas9 介导的多靶点共转化修复示意（Xie et al., 2017）

异戊醇混合液、无水乙醇等。

带有 *KanMX4-HIS3* 双筛选标记的质粒、表达 Cas9 的酵母质粒、表达 gRNA 的酵母质粒、靶向待修复区域的 gRNA、PCR 引物、*URA3* 基因、修复缺陷的合成 DNA 供体等。

（2）方法步骤

1）将 *KanMX4-HIS3* 双筛选标记整合入待修复靶点

① 以带有 *KanMX4-HIS3* 双筛选标记的质粒为模板，进行 PCR 扩增，其中上游引物包含待整合位点上游 40bp 同源臂和与 *KanMX4-HIS3* 双筛选标记上游互补的扩增序列，下游引物包含与 *KanMX4-HIS3* 双筛选标记下游互补的扩增序列和待整合位点下游 40bp 同源臂。取 2μL PCR 产物进行琼脂糖脉冲电泳分析，确认目标产物长度。

② 吸取 10μL 步骤①中的 PCR 产物进行酵母转化，涂布 SC-His 筛选平板，30°C 培养 48h。

③ 挑取转化子在 YPD+G418 筛选平板上划线，30°C 培养 48h。

④ 设计引物，使用酵母菌落 PCR 验证步骤③中菌落。

2）CRISPR/Cas9 介导共转化靶点修复

⑤ 向步骤④验证正确的菌株中共转化 Cas9 质粒、gRNA 质粒和靶点修复 DNA 片段，涂布 SC-Ura-Leu 筛选平板，30°C 培养 48h。

⑥ 将步骤⑤中的平板影印 YPD+G418 筛选平板，30°C 培养 48h。

⑦ 挑选在 SC-Ura-Leu 筛选平板上生长、在 YPD+G418 筛选平板上不生长的菌落，在 SC-Ura-Leu 筛选平板上划线，30°C 培养 48h。

⑧ 使用位点特异性引物进行 PCR 验证，验证步骤⑦中划线所得的单菌落。

⑨ 挑选正确转化子提取基因组 DNA，使用 Sanger 测序引物进行 PCR 扩增和测序验证，从而得到多位点修复的酵母菌株。

（3）问题与解决

该法依赖 CRISPR/Cas9 基因组编辑结合多个修复供体共转化实现多靶点修复，gRNA 编辑效率、修复供体同源序列和使用量、酵母转化效率等不同，均可能导致修复靶点的数量和效率差异。在实际操作中，可考虑优化调整上述参数，以便达到较佳的修复效果。

（4）应用与分析

CRISPR/Cas9 基因组编辑技术应用于合成基因组的精确修复研究，为后续相关研究与应用提供了借鉴经验。近年来，除使用 CRISPR/Cas9 基因组编辑技术外，通过挖掘新酶、旧酶工程化改造、优化 gRNA 表达体系或其它策略，已快速发展和优化一系列高效便捷的多重基因组编辑技术，可达到更多靶点、更加高效准确地改造基因组序列的目的。将这些技术与合成基因组工作相结合，将极大克服精准合成超长 DNA 或基因组的挑战。

参考文献

黄小罗，戴俊彪，2021. 人工 DNA 合成技术：DNA 数据存储的基石 [J]. 合成生物学，2(3): 335-353.

Agmon N, Mitchell L A, Cai Y, et al, 2015. Yeast golden gate (yGG) for the efficient assembly of *S. cerevisiae* transcription units[J]. ACS Synth Biol, 4(7): 853-859.

Anderson J C, Dueber J E, Leguia M, et al, 2010. BglBricks: A flexible standard for biological part assembly[J]. J Biol Eng, 4(1): 1.

Carr P A, Park J S, Lee Y J, et al, 2004. Protein-mediated error correction for de novo DNA synthesis[J]. Nucleic Acids Res, 32(20): e162.

Caruthers M H, Barone A D, Beaucage S L, et al, 1987. Chemical synthesis of deoxyoligonucleotides by the phosphoramidite method[J]. Methods in Enzymology, 154: 287-313.

Casini A, MacDonald J T, De Jonghe J, et al, 2014. One-pot DNA construction for synthetic biology: the Modular Overlap-Directed Assembly with Linkers (MODAL) strategy[J]. Nucleic Acids Res, 42(1): e7.

Casini A, Storch M, Baldwin G S, et al, 2015. Bricks and blueprints: methods and standards for DNA assembly[J]. Nat Rev Mol Cell Biol, 16(9): 568-576.

Chen W H, Qin Z J, Wang J, et al, 2013. The MASTER (methylation-assisted tailorable ends rational) ligation method for seamless DNA assembly[J]. Nucleic Acids Res, 41(8): e93.

DiCarlo J E, Norville J E, Mali, P, et al, 2013. Genome engineering in *Saccharomyces cerevisiae* using CRISPR-Cas systems[J]. Nucleic Acids Res, 41(7): 4336-4343.

Gibson D G, Young L, Chuang, R-Y, et al, 2009. Enzymatic assembly of DNA molecules up to several hundred kilobases[J]. Nature Methods, 6(5): 343-345.

Goldstein A L, McCusker J H, 1999. Three new dominant drug resistance cassettes for gene disruption in *Saccharomyces cerevisiae*[J]. Yeast, 15(14): 1541-1553.

Guo Y, Dong J, Zhou T, et al, 2015. YeastFab: the design and construction of standard biological parts for metabolic engineering in *Saccharomyces cerevisiae*[J]. Nucleic Acids Res, 43(13): e88.

Kurazono H, Yamamoto S, Nakano M, et al, 2000. Characterization of a putative virulence island in the chromosome of uropathogenic *Escherichia coli* possessing a gene encoding a uropathogenic-specific protein[J]. Microb Pathog, 28(3): 183-189.

Lampropoulos A, Sutikovic Z, Wenzl C, et al, 2013. GreenGate—a novel, versatile, and efficient cloning system for plant transgenesis[J]. PLoS One, 8(12): e83043.

Li L, Jiang W, Lu Y, 2018. A modified gibson assembly method for cloning large DNA fragments with high GC contents[J]. Methods Mol Biol, 1671: 203-209.

Lu X, Li J, Li C, et al, 2022. Enzymatic DNA synthesis by engineering terminal deoxynucleotidyl transferase[J]. ACS Catalysis, 12(5): 2988-2997.

Marillonnet S, Grützner R, 2020. Synthetic DNA assembly using golden gate cloning and the hierarchical modular cloning pipeline[J]. Curr Protoc Mol Biol, 130(1): e115.

Minhaz Ud-Dean S M, 2008. A theoretical model for template-free synthesis of long DNA sequence[J]. Systems and Synthetic Biology, 2(3): 67-73.

Palluk S, Arlo D H, de Rond T, et al, 2018. De novo DNA synthesis using polymerase-nucleotide conjugates[J]. Nat Biotechnol, 36(7): 645-650.

Robertson W E, Funke L F H, de la Torre D, et al, 2021. Creating custom synthetic genomes in *Escherichia coli* with REXER and GENESIS[J]. Nat Protoc, 16(5): 2345-2380.

Smith H O, Hutchison C A 3rd, Pfannkoch C, et al, 2003. Generating a synthetic genome by whole genome assembly: phiX174 bacteriophage from synthetic oligonucleotides[J]. Proc Natl Acad Sci USA, 100(26): 15440-15445.

Till B J, Burtner C, Comai L, et al, 2004. Mismatch cleavage by single-strand specific nucleases[J]. Nucleic Acids Res, 32(8): 2632-2641.

Torella J P, Boehm C R, Lienert F, et al, 2014. Rapid construction of insulated genetic circuits via synthetic sequence-guided isothermal assembly[J]. Nucleic Acids Res, 42(1): 681-689.

Wang K, Fredens J, Brunner S F, et al, 2016. Defining synonymous codon compression schemes by genome recoding[J]. Nature, 539(7627): 59-64.
Wu Y, Li B Z, Zhao M, et al, 2017. Bug mapping and fitness testing of chemically synthesized chromosome X[J]. Science, 355(6329): eaaf4706.
Xie Z X, Li B Z, Mitchell L A, et al, 2017. "Perfect" designer chromosome V and behavior of a ring derivative[J]. Science, 355(6329): eaaf4704.
Zhang W, Mitchell L A, Bader J S, et al, 2020. Synthetic Genomes[J]. Annu Rev Biochem, 89: 77-101.
Zhang W, Zhao G, Luo Z, et al, 2017. Engineering the ribosomal DNA in a megabase synthetic chromosome[J]. Science, 355(6329): eaaf3981.
Zhou J, Wu R, Xue X, et al, 2016. CasHRA (Cas9-facilitated Homologous Recombination Assembly) method of constructing megabase-sized DNA[J]. Nucleic Acids Res, 44(14): e124.

第 4 章

大片段 DNA 转移技术

4.1 技术概念与发展

DNA 组装和转移技术伴随合成生物学技术的发展正在朝向由小片段 DNA 向大片段 DNA 乃至基因组级别的方向发展。目前小片段 DNA 的转移技术已经非常成熟并得到了广泛的应用，然而，大片段 DNA 分子的转移受到片段完整性、递送效率和繁琐操作的限制，未能形成较为完整高效的技术体系。基于此，本章综述了大片段 DNA 转移中常用的一些技术手段，从化学、生物和物理三个方面总结了多种已报道的大片段 DNA 转移技术，以期能够向研究人员提供相应的技术手段。

4.2 化学法

4.2.1 化学法转移技术的概念与原理

化学法转移技术指依托于化学试剂或化学物质介导的大片段 DNA 转移技术，如原生质体转移、脂质体转染、醋酸锂转移法等。不同技术面向的对象亦有不同，如原生质体转移技术可面向细菌细胞、真菌细胞、哺乳动物细胞、植物细胞和支原体等多种细胞，脂质体转染法则常用于哺乳动物细胞，醋酸锂转移法则多应用于酵母类细胞。

4.2.2 原生质体转移法

4.2.2.1 原生质体转移法的概念与原理

原生质体融合是指将带有细胞壁的细胞经去壁酶处理后得到纯净的原生质体，随后通过物理或化学的手段将外源 DNA 转移到细胞内的过程。原生质体转移方法有很多，如显微注射法、电转法、聚乙二醇（PEG）介导法等。PEG 属于高分子聚合物，能够与细胞膜和 DNA 分子之间形成分子桥，使 DNA 进入细胞内。DNA 转移过程对细胞的毒性较小，同时，不受细胞种类的限制，无须特殊操作和设备，且花费的时间和费用较少（图 4-1）。

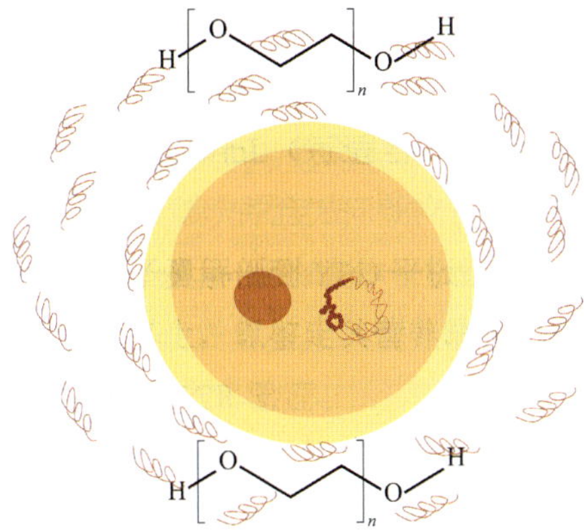

图 4-1 PEG 介导的原生质体转移法

4.2.2.2 原生质体转移法的操作规程

本节以酿酒酵母的原生质体转化为例详述其操作规程。

4.2.2.2.1 主要试剂

① YEPD 培养基：称取 10 葡萄糖、5g 酵母提取物、10g 蛋白胨、40mg 硫酸腺嘌呤，用蒸馏水溶解并定容至 500mL，过滤除菌，常温保存。

② SPEM 溶液：称取 91g 山梨醇、1.04g 七水磷酸氢二钠、0.16g 一水磷酸二氢钠和 10mL 0.5mol/L 的 EDTA（pH 7.5），用蒸馏水溶解并定容至 500mL，过滤除菌，常温保存。

③ SOS 溶液：称取 91g 山梨醇、3mL 1mol/L 的氯化钙、1.25g 酵母提取物和 2.5g 蛋白胨，用蒸馏水溶解并定容至 500mL，过滤除菌，常温保存。

④ STC 溶液：称取（量取）91g 山梨醇、3mL 1mol/L 的 Tris-HCl（pH 7.5）和 5mL 1mol/L 的氯化钙，用蒸馏水溶解并定容至 500mL，过滤除菌，常温保存。

⑤ Zymolyase 溶液：向 9mL 蒸馏水中加入 200mg Zymolyase-20T 和 1mL Tris-HCl（pH 7.5），搅拌溶解，再加入 10mL 50% 甘油，过滤除菌，冷冻保存。

⑥ PEG 8000：称取 20g PEG 8000、1mL 1mol/L 的氯化钙和 1mL 1mol/L 的 Tris-HCl（pH 7.5），用蒸馏水溶解并定容至 100mL，过滤除菌，常温保存。

4.2.2.2.2 主要设备

精密电子天平、高速离心机、恒温生化培养箱、分光光度计。

4.2.2.2.3 实验材料

高度可转化酿酒酵母 VL6-48（*MAT alpha, his3-D 200, trp1-D1, ura3-52, lys2, ade2-101, met14, psi+cir*^{0}）。

4.2.2.2.4 实验步骤

（1）酿酒酵母培养物的制备

挑取琼脂板上三个不同大小的单细胞菌落接种到含有 50mL YEPD 培养基的 250mL 摇瓶中，30℃下培养 14 ～ 16h。

（2）酵母原生质体的制备

① 过夜培养后，每隔 20min 测量一次培养物的光密度，直至摇瓶中培养物的 OD_{600} 在 3.0 ～ 5.0 之间。

② 5℃下 1000*g* 离心 5min，去除上清液。

③ 使用 30mL 无菌水重悬细胞颗粒，5℃下 1000*g* 离心 5min，去除上清液。

④ 使用 20mL 1mol/L 山梨醇溶液重悬细胞颗粒，5℃下 1000*g* 离心 5min，去除上清液。

⑤ 使用 20mL SPEM 溶液重悬细胞颗粒，然后加入 40μL Zymolyase 溶液和 30μL *β*- 巯基乙醇，混合均匀，在 30℃下缓慢摇动约 20min。

⑥ 通过比较 1mol/L 山梨醇溶液中细胞悬液的光密度来检测原生质体化程度。用 1mol/L 山梨醇溶液和 2% SOS 溶液将 200μL 等分的酶处理后细胞悬液稀释 10 倍，用分光光度计测定。当山梨醇和 SOS 溶液的 OD_{600} 差异是 3 ～ 5 倍时，原生质体被认为准备就绪。

⑦ 5℃下 570*g* 离心 5min，去除上清液。加入 50mL 1mol/L 山梨醇溶液，轻柔地晃动，使菌体颗粒重悬。然后在5℃下570*g*离心5min，用50mL 1mol/L山梨醇溶液洗涤菌体颗粒，离心去上清液。

⑧ 加入 2mL STC 溶液悬浮起菌体沉淀，原生质体制备完成。

（3）基因组的原生质体转化

① 取 200μL 的原生质体悬液，加入 1 ～ 3μg 待转化的基因组 DNA，室温孵育 10min。

② 加入 800μL PEG 8000，轻轻混匀，孵育 15min。

③ 5℃下 570*g* 离心 5min，去除上清液。加入 800μL SOS 溶液将沉淀轻柔重悬。

④ 将混合液在 30℃下静置孵育 40min。

⑤ 将转化反应的原生质体悬液转移到在 50℃熔化的 8mL 选择或抗性培养基中，混匀后快速倒入含有相同培养基的平板上。

⑥ 将培养皿在 30℃下培养 5 ～ 7d，直到长出所有的转化子。

（4）基因组转移菌落的鉴定

① 用无菌牙签将单菌落转化子转移到相应的平板上，30℃孵育 2d。

② 在被转移基因组的多处选择扩增长度为 800 ～ 1000bp 的片段进行 PCR 反应，后续可通过脉冲场凝胶电泳和全基因组测序进一步确定。

4.2.2.3 常见问题与解决方案

（1）菌龄对原生质体制备的影响

微生物的菌龄会显著影响原生质体的制备效率，不同时期的酵母细胞，对各种去壁酶的敏感性不同。细胞生长状态处于对数生长期时，大小和形态均一，生理状态较稳定，去壁酶的效果最好，因此选择处于对数生长期的酵母细胞制备原生质体。

（2）原生质体制备效率的问题

在制备酵母细胞原生质体时，加入酵母去壁酶 Zymolyase 后，培养转速不能超过 75r/min，否则会破坏酵母细胞的活性。在处理的过程中，要经常检测 Zymolyase 处理液与山梨醇混合物和 SOS 混合物的 OD 值比例，到达预期值后要迅速进行下一步实验，否则酵母细胞的过度原生质体化会使存活的酵母菌数目急剧减少。

（3）去壁酶的种类和浓度的问题

酵母细胞的细胞壁成分主要为葡聚糖和几丁质，因此需要特异性地选择相应的去壁酶，同时也应针对组分不同的细胞壁选择相应的去壁酶。此外，酶的浓度也是关键因素。若酶中过氧化物酶等杂酶浓度过高对原生质体细胞不利，浓度过低则导致制备效率过低。

4.2.2.4 经典案例分析

Prochlorococcus（原绿球藻）属的海洋蓝藻代表了分布在广阔海洋中数量上占主导地位的光自养生物，是全球碳循环的主要贡献者。但由于生长速度较慢和遗传转化速率低，*Prochlorococcus* 仍是一种遗传操作较难的微生物。*Prochlorococcus* MED4 的基因组富含 AT，GC 含量为 30.8%，与酿酒酵母类似，并且富含丰富的酵母复制起始共识位点，均匀分布在其 1.66Mb 基因组周围。Tagwerker 等通过钳位均匀电场电泳在琼脂糖塞中分离出完整的 *Prochlorococcus* MED4 基因组，用 *Sgr*D Ⅰ或 *Rsr* Ⅱ过夜消化。使用含有酵母着丝粒（CEN6）、酵母选择性标记物（HIS3）和酵母复制起始位点（ARSH4）的三穿梭载体 pmycYACTn 与线性化的 *Prochlorococcus* MED4 基因组共转化酵母，在 *Sgr*D Ⅰ位点处连接。酵母转化由 PEG 介导的原生质体转化完成，通过多重 PCR 确认正确转化子。利用琼脂糖塞分离含有 *Prochlorococcus* MED4 基因组的单酵母克隆的总 DNA，并用 *Prochlorococcus* MED4 不含识别位点的 *Asc* Ⅰ、*Fse* Ⅰ、*Mre* Ⅰ和 *Sfi* Ⅰ消化酵母染色体，预电泳去除线性酵母染色体 DNA 片段，然后经 *Not* Ⅰ或双 *Rsr* Ⅱ消化后，脉冲场电泳确定 *Prochlorococcus* MED4 基因组大小，测序进一步确定。由此，提供了酿酒酵母中这种 1.66Mb 完整基因组的转化、复制和维持的证据（Tagwerker et al., 2012）。

4.2.3 脂质体转染法

4.2.3.1 脂质体转染的概念与原理

脂质体转染的基本原理是基于静电作用，正电荷的脂质体与负电荷的 DNA 形成 DNA-脂质体复合物。脂质体将 DNA 包裹起来，结合到带负电的细胞膜表面，通过某种机制将被包裹的 DNA 导入受体细胞中，从而完成转染的过程。脂质体进入细胞会进行脂交换，此时脂质体被降解，DNA 暴露出来被转移到核内，对细胞毒性较小（图 4-2）。

4.2.3.2 脂质体转染的操作规程

本节以向 HPRT 缺陷的 HT1080 纤维肉瘤细胞中脂质体转染人工染色体为例详述操作规程。

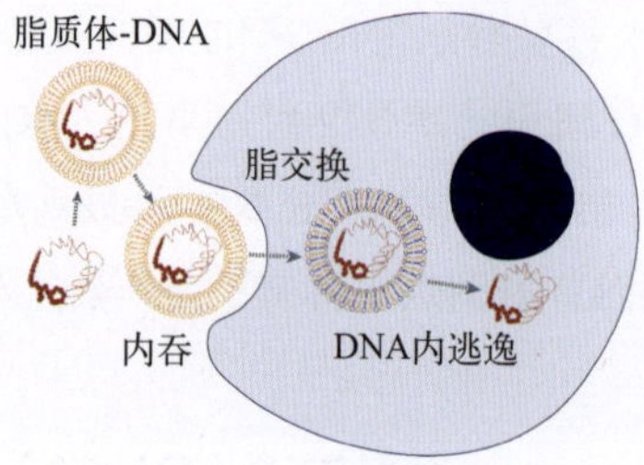

图 4-2　脂质体转染法

4.2.3.2.1　主要试剂

① DMEM 培养基、Opti-MEM 培养基，可购买商业化成品。

② PBS 溶液：称取氯化钠 4g、氯化钾 0.1g、磷酸氢二钠 0.71g、磷酸二氢钾 0.14g，溶于 500mL 蒸馏水中，pH 调至 7.4。高温高压灭菌，常温保存。

4.2.3.2.2　主要设备

精密电子天平、高速离心机、恒温生化培养箱、CO_2 培养箱。

4.2.3.2.3　实验材料

人工染色体合成并组装于 JM2860 中。被转染细胞为 HPRT 缺陷的 HT1080 纤维肉瘤细胞。

4.2.3.2.4　实验步骤

（1）HT1080 细胞的培养

① 取 HT1080 细胞冻存液，接入 5mL DMEM 培养基中，离心去除上清液，重新接入 5mL 培养基悬起沉淀，过夜培养。

② 待细胞生长至密度为 80% ～ 90%，即可进行细胞转染。

（2）待转化 DNA 的制备

① 将带有人工染色体的 JM2860 菌液与冷却至 45 ～ 50℃的琼脂溶液混合均匀，保证琼脂的终浓度为 3%。

② 将琼脂和菌液的混合液倒入灭菌的胶槽中，使之冷却凝固后，即可得到合适大小的琼脂糖塞。

③ DNA（1 ～ 3μg 琼脂糖塞）通过内切酶线性化，在 10mmol/L Tris-HCl（pH 8）和 1mmol/L EDTA 的缓冲液下清洗，然后在含有 50μmol/L 低分子量聚乙烯亚胺的相同缓冲液中平衡。

④ 将琼脂糖塞在 65℃下用 *β*- 琼脂糖酶处理，用 Opti MEM 培养基稀释 DNA 浓度至 0.5μg/mL。

（3）HT1080 细胞的脂质体转染

① 将脂质体转染试剂加入 Opti MEM 培养基中（7.5μg 脂质体转染试剂加入 2mL Opti MEM 中），混合液加入 2mL 的 DNA 稀释液中，室温孵育 10 ～ 15min。

② 将预混液加入到之前准备好的 HT1080 细胞中，置于培养皿中过夜培养。

③ 第二天将培养基替换为补充 10% 胎牛血清的 DMEM 正常生长培养基。将融合的细胞分至六个培养皿，并在细胞再次汇合后更换选择性培养基。

④ 后续经 PCR 和荧光原位杂交筛选转染成功的细胞。

4.2.3.3 常见问题与解决方案

（1）转染效率低

影响转染效率的因素包括：①阳离子脂质体和 DNA 的比例失衡；②形成阳离子脂质体 -DNA 复合物时，存在血清的污染；③存在抗生素、EDTA 等抑制剂；④细胞密度不合适，用于转染的细胞融合度应为 70% ～ 90%；⑤阳离子脂质体试剂多次冻融。

（2）细胞死亡率高

导致转染后细胞死亡率高的因素较多，如加入了太多的阳离子脂质体、在转染过程中使用了抗生素、阳离子脂质体试剂被氧化等。

4.2.3.4 经典案例分析

将大的酵母人工染色体 DNA 转移到人体细胞中是一个费力的过程，需要高质量的脉冲场凝胶纯化 DNA。并且染色体 DNA 在转染前的操作过程中很容易被剪切，或者在转染后在细胞内体中降解。NaCl 和聚胺类能防止 DNA 剪切，但在转染后可能无法始终如一地保护 DNA。Marschall 等研究了其他聚阳离子，如聚 L- 赖氨酸（PLL）和聚乙烯亚胺（PEI）是否可以缩合并保护大的酵母人工染色体 DNA（高达 2.3Mb）在脂质体转染后不被降解。通过凝胶阻滞分析和原子力显微镜（AFM）监测 DNA 缩合。当与高浓度的 PLL 和 PEI 络合时，DNA 在凝胶中的迁移发生阻滞，表明 DNA 已经缩合。然而，PLL-DNA 复合物的 AFM 图像显示了由不完全缩合产生的 DNA 分子聚集体，而 PEI-DNA 复合物产生 30 ～ 60nm 的凝聚颗粒。外源性 PLL-DNA 在脂质移植后在 36% 的阳性克隆中保持完整，而 PEI-DNA 在 100% 的阳性克隆中保持完整。PEI 是一种比 PLL 更好的缩合试剂，可保护 DNA 免受剪切和内体降解，并有助于将高达 2.3Mb 的酵母人工染色体完整地输送到人体细胞中（Marschall et al., 1999）。

4.2.4 醋酸锂转移法

4.2.4.1 醋酸锂转移法的概念与原理

PEG 介导的醋酸锂转移法是酵母常用的遗传操作转移方法，其基本原理是对数生长期细胞在碱性的锂离子环境中易形成其感受态细胞。同时带正电荷的锂离子能够中和细胞壁上的负电荷，转移混合物中的单链DNA结合在细胞壁上，利用热激造成细胞内外压力差，在细胞壁上形成小孔使待转移物质进入。温度下降后，细胞壁恢复，即可完成转移。

4.2.4.2 醋酸锂转移法的操作规程

4.2.4.2.1 主要试剂

① 1mol/L醋酸锂：称取10.201g（$CH_3COOLi \cdot 2H_2O$）溶于100mL蒸馏水中，高温高压灭菌，常温保存。

② 0.1mol/L醋酸锂：称取2.04g（$CH_3COOLi \cdot 2H_2O$）溶于200mL蒸馏水中，高温高压灭菌，常温保存。

③ ssDNA溶液：称取250mg鲑鱼精DNA溶于25mL蒸馏水中完全溶解。随后将溶解完全的ssDNA分装至无菌1.5mL EP管中。将分装好的ssDNA于101℃金属浴中加热12min，立刻置于冰上。

④ 50% PEG 3350：称取10g PEG 3350，溶于20mL蒸馏水中。高温高压灭菌，常温保存。

⑤ 5mmol/L氯化钙：称取2.22g氯化钙，溶于400mL蒸馏水中，高温高压灭菌，常温保存。

4.2.4.2.2 主要设备

精密电子天平、高速离心机、恒温生化培养箱、金属浴、电热恒温水浴锅。

4.2.4.2.3 实验材料

酿酒酵母BY4742为常见的表达宿主菌。

4.2.4.2.4 实验步骤

（1）表达载体的构建

根据实验目的构建所用的表达载体。

（2）酿酒酵母感受态的制备

① 首先在平板上活化冻存于−80℃的酿酒酵母BY4742甘油菌，30℃培养至单菌落出现。

② 挑单菌落转接于5mL YPD培养基中，30℃培养箱中过夜培养。

③ 取100μL菌液转接，继续培养4h左右。

④ 取1.5mL菌液，4000r/min离心弃上清液。

⑤ 用1.5mL无菌水悬浮清洗菌体一次，离心去上清液，然后重悬于1.0mL 0.1mol/L醋酸锂中，再次离心去上清液，剩余约100μL悬起细胞沉淀，置于冰上备用。

⑥ 将先前配制好的ssDNA于100℃金属浴煮沸10min，并迅速置于冰上。

（3）酿酒酵母的转移

① 准备转移体系：吸取620μL的50% PEG 3350于干净EP管中，加入40μL煮沸后的ssDNA，振荡15s充分混匀。再加入90μL 1mol/L醋酸锂，振荡混匀。最后加入待转移物质，

并用无菌水将总体积补齐至 750μL。

② 将 0.1mol/L 醋酸锂重悬的菌体 4000r/min 离心 1min 收集，并用 100μL 0.1mol/L 醋酸锂重悬。

③ 将配制好的转移体系加入感受态细胞中，吹吸混匀。

④ 30℃培养箱孵育 30min。

⑤ 加入 90mL 二甲基亚砜，涡旋混匀。

⑥ 42℃热激 18min。

⑦ 4000r/min 离心 1min 收集菌体。

⑧ 吸出上清液，加入 400μL 5mmol/L 氯化钙，重悬细胞，静置 10min。

⑨ 4000r/min 离心 1min 收集菌体，用 100mL 无菌水重悬后涂布于相应的筛选平板。

4.2.5 其他方法

磷酸钙共沉淀转移法指将 DNA 与磷酸钙形成复合物，与受体细胞混合时，磷酸钙 -DNA 复合物会黏附在细胞表面，细胞通过胞吞或膜脂的空隙进入细胞内。影响递送效率的因素包括复合物中 DNA 的含量、与细胞的黏附时间以及是否使用二甲基亚砜辅助等。综合而言，磷酸钙共沉淀转移法需要较高的 DNA 含量（1 ～ 50ng）以及较长的复合物，且与细胞的黏附时间 30min 以上。使用二甲基亚砜类的转化辅助试剂冲击可明显提升某些细胞的转化效率。

4.3 生物法

4.3.1 生物法转移技术的概念与原理

生物法转移技术与化学法和物理法转移技术有较大区别，它不依赖或少依赖于外界手段的刺激，更多凭借细胞本身的生物学特性来完成大片段 DNA 转移的过程。如接合转移依赖细胞内特殊的接合元件来完成，酵母交配转移法基于不同交配型的酵母响应交配信息素，完成酵母细胞融合。生物法转移技术的开发或基于天然的生物现象加以改造，或基于细胞的生物特性拓展应用。

4.3.2 接合转移

4.3.2.1 接合转移的概念与原理

接合转移最早在大肠杆菌中发现，是细菌之间通过性菌毛、偶联毛或黏附素等的直接接触在供体菌和受体菌间转移质粒或转座子的过程。接合转移依赖独立复制的遗传元件完成，包括接合质粒或存在于染色体上的整合性接合元件（图 4-3）。这些接合元件编码的蛋白质有助于自身的转移，也可将其他缺乏接合质粒或整合元件的细菌胞内 DNA 转移到受体菌中。

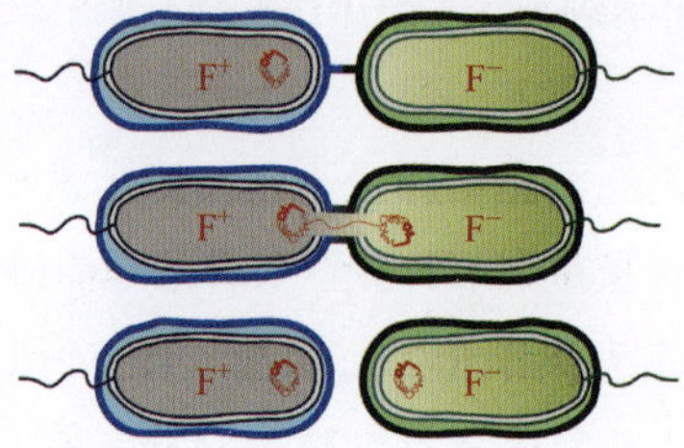

图 4-3　接合转移介导的大片段 DNA 转移

接合转移非常普遍，在许多细菌中均能发生，包括多种革兰氏阴性菌及革兰氏阳性菌，细菌和植物之间也存在接合转移的范例。

4.3.2.2　接合转移的操作规程

下面将以链霉菌和大肠杆菌间接合转移为例详述操作规程。

4.3.2.2.1　主要试剂

① BHI 培养基：称取脑心浸出液肉汤（BHI）培养基粉末 38.5g 溶解并定容至 1.0L 蒸馏水中，高温高压灭菌，常温储存。

② TSB 培养基：称取胰酪大豆胨（TSB）培养基粉末 30.0g 溶解并定容至 1.0L 蒸馏水中，高温高压灭菌，常温储存。

③ MS 培养基：称取 20.0g D- 甘露醇、20.0g 熟黄豆粉和 20.0g 琼脂粉，加入 1.0L 蒸馏水，115℃灭菌 15min，取出后摇匀再次灭菌 15min。制作平板培养基时每升中额外补加 0.4mL 的 2.5mol/L 氯化镁。

④ 2×YT 肉汤培养基：称取 16.0g 蛋白胨、10.0g 酵母抽提物、5.0g 氯化钠，溶解并定容至 1.0L 蒸馏水中，高温高压灭菌，常温储存。

⑤ TES 缓冲液（pH 8.0）：称取 11.5g 三羟甲基甲胺基乙磺酸（TES）粉末溶解并定容至 1.0L，同时调整 pH 至 8.0，过滤除菌后 4℃储存。

⑥ 2.5mol/L 氯化镁溶液：称取 25.4g 六水合氯化镁溶解并定容至 50.0mL 蒸馏水中，过膜除菌后常温存储。

4.3.2.2.2　主要设备

精密电子天平、冷冻离心机、高压灭菌锅、生化培养箱。

4.3.2.2.3　实验材料

大肠杆菌（*E. coli* GM2929, Δ*dam*, Δ*dcm*），含接合转移辅助质粒 pUZ8002，该质粒携带

接合转移相关元件，表现为氯霉素和卡那霉素抗性。链霉菌为 *Streptomyces albus* J1074，是天然产物异源表达常用的底盘菌株。

4.3.2.2.4 实验步骤

（1）大肠杆菌供体菌的制备

① 带有接合转移元件 oriT 的质粒构建完成后，转化至携带 pUZ8002 质粒的 *E. coli* GM2929 中，筛选出阳性转化子。

② 挑正确转化子接种至 10mL 含有卡那霉素和氯霉素的 LB 培养基中，培养至 OD_{600} 为 0.4～0.6。

③ 菌液离心去上清液，并用 LB 培养基洗涤一次。

④ 用 500μL 无菌水重悬所得菌液沉淀，即得供体菌悬液。

（2）链霉菌受体菌的制备

① 吸取 5mL 无菌水加至产孢的链霉菌平板中，吹吸获得孢子悬液。

② 将孢子悬液以 5000r/min 离心后弃去上清液，并用 5mL TES 缓冲液洗涤，最后用 5mL TES 缓冲液重悬。

③ 将 TES 孢子悬液置于 50℃水浴锅中热激 10min，随后立即冰浴 5min。

④ 冰浴完成后加入 5mL 的 2×YT 培养基，30℃孵育 3h，使孢子萌发。

⑤ 将萌发的孢子悬液离心去上清液，用 300μL 无菌水重悬，即得受体菌悬液。

（3）接合转移及接合子的纯化与鉴定

① 供体菌和受体菌按 5∶1 的比例混合均匀，静置孵育 30min，涂于 MS 平板，30℃培养至接合子生成。

② 挑取接合子划线于含有供体菌质粒抗性和萘啶酮酸的 BHI 平板上，30℃培养至单菌落生成。

③ 挑取单菌落，划线于新的 BHI 平板上培养。

④ 挑取新长出的菌落，接种至含有供体菌质粒抗性和甲氧苄啶的 TSB 培养基中，30℃培养，得到纯化的接合子菌丝体。

⑤ 吸取 100μL 菌液离心弃去上清液，无菌水重悬，沸水浴 10min 裂解菌体。离心取上清液为模板进行菌落 PCR，筛选正确的接合子。

4.3.2.3 经典案例分析

克隆程序通常依赖于 PCR 扩增以及 DNA 片段限制消化、恢复和连接，但越来越多的程序正在被开发组装大型合成 DNA。Miyazaki 等利用整合性接合元件（ICE）的整合酶活性开发了一种新的基因传递系统。基于整合酶传递的优点是，它可以稳定地将一个大的 DNA 片段（至少 75kb）引入目标染色体上的一个或多个特定位点（靶向甘氨酸 tRNA 的基因）。通过使用合成的杂交启动子，使大肠杆菌中的整合酶重组活性保持在较低水平，在最终的目标宿主中表达启动子，整合构建物。在构建完成之后，系统再次沉默。因此产生了两种具有不同遗传特征的变体，一种是大肠杆菌中的克隆载体，另一种是微型转座元件。通过它，在大肠杆菌中组装的大型 DNA 构建物可以用整合酶基因标记。该系统能够成功地将大肠杆菌的黏粒和细菌人工染色体 DNA 以位点特异性的方式导入恶臭假单胞菌的染色体。整合酶传递系统与现有的载体系统协同工作，因此可以成为在各种宿主细菌中合成新的代谢途径的强大工具（Miyazaki et al., 2013）。

改造微生物以促进人类或植物健康将需要操纵能够在严酷、竞争环境中生存的健壮细菌。未驯化细菌的基因工程由于无法将 DNA 转移到细胞中而受到限制。美国麻省理工学院生物工程系合成生物学中心开发了一种基于枯草芽孢杆菌（*Bacillus subtilis*, ICEBs1）的结合偶联元件的方法来克服这一问题。研究人员建立了一个供体菌株（XPORT），将小型化的整合性接合元件（mini-ICEBs1）转移到未驯化的细菌。该菌株被改造为能够诱导控制偶联，将传递的 DNA 整合到受体的染色体中，通过Ⅳ型分泌系统与转移的 DNA 分离来限制异源 DNA 的传播，并通过 D- 丙氨酸缺陷来实现简单的工程细菌分离。使用 35 个从人类（皮肤和肠道）和土壤分离的革兰氏阳性菌株证明了高效的 DNA 转移（每个供体 10^{-1} 到 10^{-7} 个偶联事件）。利用 mini-ICEBs1 在数十株菌株中快速表征 IPTG 诱导报告剂的性能，并将固氮基因转移到 4 种芽孢杆菌中。最后，将 XPORT 引入土壤，验证非理想条件下的 DNA 转移（Brophy et al., 2018）。

4.3.3 细胞原生质体融合转移法

4.3.3.1 细胞原生质体融合转移法的概念与原理

细胞原生质体融合转移法一般基于聚乙二醇（PEG）。PEG 是一种高分子的聚合物，带有负电荷，可以与带有正电荷的物质形成氢键，形成分子桥。将细胞去壁后制备成原生质体，细胞膜表面的物质通过 PEG 连接成分子桥，连接原生质体。当使用高浓度的钙离子洗脱 PEG 后，原生质体间的正电荷和负电荷基团连接，从而使不同的原生质体融合（图 4-4）。

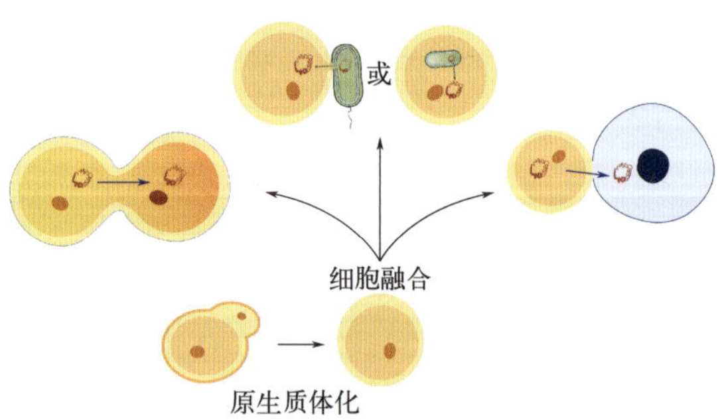

图 4-4　原生质体融合介导的大片段 DNA 转移

4.3.3.2 细胞原生质体融合转移法的操作规程

4.3.3.2.1 主要试剂

① 25g/L 溶菌酶：称取 0.25g 溶菌酶溶解并定容至 10mL 蒸馏水中，过膜除菌，分装后

于 −20℃冻存。

② 1mol/LD- 山梨醇：称取 182.17g D- 山梨醇溶解并定容至 1L 蒸馏水中，高温高压灭菌，室温保存。

③ SPEM 溶液：称取 182.17g D- 山梨醇、20mL 0.5mol/L 的 EDTA（pH 8）、2.08g $Na_2HPO_4 \cdot 7H_2O$、0.32g $NaH_2PO_4 \cdot H_2O$ 溶于 1L 蒸馏水中，过 0.22μm 滤膜除菌，室温保存。

④ 50%（体积分数）甘油：将 500mL 甘油溶解在蒸馏水中并定容至 1L，高温高压灭菌，室温保存。

⑤ Zymolyase 溶液：称取 200mg Zymolyase、1mL 1mol/L Tris-HCl、10mL 50%（体积分数）甘油和 9mL 蒸馏水，充分溶解后过 0.22μm 滤膜除菌。50μL 每管分装，−20℃冻存。

⑥ STC 溶液：称取 182.17g D- 山梨醇、10mL 1mol/L Tris-HCl（pH 7.5）、0.147g 氯化钙、0.238g 氯化镁，溶于 1L 蒸馏水中，过 0.22μm 滤膜除菌，室温保存。

⑦ PEG-8000 溶液 200g/L：称取 200g PEG-8000、10mL 1mol/L Tris-HCl(pH 8.0)、0.147g 氯化钙、0.238g 氯化镁，溶解并定容至 1L 蒸馏水中，调 pH 至 8.0，过 0.22μm 滤膜除菌，室温保存。

⑧ SOS 培养基：称取 182.17g D- 山梨醇、0.67g 氯化钙、2.5g 酵母提取物、5g 蛋白胨，溶解并定容至 1L 蒸馏水中，过 0.22μm 滤膜除菌，室温保存。

⑨ 悬浮缓冲液：称取 171.15g 蔗糖、10mL pH 为 7.5 的 1mol/L Tris-HCl 溶液、0.147g 氯化钙和 0.238g 的氯化镁，溶解并定容至 1L 蒸馏水中，用 NaOH 调整 pH 为 7.5，过滤除菌，室温存储。

4.3.3.2.2 主要设备

精密电子天平、高速离心机、恒温生化培养箱、分光光度计。

4.3.3.2.3 实验材料

酿酒酵母 BY4741，基因型为 *MATa his3Δ1 leu2Δ0 met15Δ0 ura3Δ0*。丝状支原体（*Mycoplasma mycoides* YCpMmyc1.1），山羊支原体（*Mycoplasma capricolum* California Kid, ATCC 27343），流感嗜血杆菌（*Haemophilus influenzae* Rd, KW20 ATCC 51907）。人胚肾细胞 HEK293（ATCC CRL-3216）。

4.3.3.2.4 实验步骤

（1）酵母与酵母之间的原生质体融合实验

① 酿酒酵母的培养　制作酵母原生质体的前一天在 2×YPD 培养基中接种酿酒酵母，过夜培养，第二天转接至新鲜的 2×YPD 培养基中，培养至 OD_{600} 为 2.5 ～ 3.0。

② 酿酒酵母原生质体的制备

a．将培养至 OD_{600} 为 2.5 ～ 3.0 的新鲜菌体在 4000r/min 离心收集菌体沉淀，去上清液。

b．用 20mL 无菌水重悬菌体，再加入 20mL 无菌水倒置混合，4000r/min 离心收集菌体沉淀，去上清液。

c．用 20mL 1mol/L D- 山梨醇溶液重悬菌体，再加入 20mL 1mol/L D- 山梨醇溶液倒置混合，4000r/min 下离心 5min 收集菌体，弃去上清液。

d．用 20mL SPEM 溶液重悬菌体，加入 30μL β- 巯基乙醇和 40μL Zymolyase 溶液，30℃孵育培养 30min 起，以 75r/min 恒定振动。

e. Zymolyase 处理 30min 后，将 0.2mL Zymolyase 处理后的培养物分别与 0.8mL 1mol/L D- 山梨醇（混合物 a）和 0.8mL H_2O 混合（混合物 b）。

f．如果 OD_{600} 比值（混合物 a/ 混合物 b）在 1.8 和 2.0 之间，则原生质体已经制备完成。如果混合物 a/ 混合物 b 比值低于 1.8，则进一步孵育，同时每 5min 检查一次 OD_{600} 比值。

g．向制备好的原生质体中加入 30mL 1mol/L D- 山梨醇，轻轻翻转混合。4000r/min 下离心 5min 收集菌体，弃去上清液。

h．将原生质体沉淀用 2mL 的 STC 溶液重悬，室温下孵育 10 ～ 20min，至此得到制备完成的原生质体细胞。

③ PEG 介导原生质体融合

a．将 200μL 的受体酵母原生质体悬液和 50μL 供体酵母原生质体悬液混合，轻柔吹吸，室温孵育 5min。

b．加入 1mL 在 30℃预热的 PEG-8000 溶液，轻柔翻转 6 ～ 8 次，室温下孵育 15 ～ 20min，4000r/min 下离心 5min 收集菌体，弃去上清液。

c．用 800μL SOS 培养基重悬沉淀混合物，在 30℃孵育 30min。孵育期间准备待涂布的平板琼脂，在 50 ～ 60℃预热。

d．将孵育完成的 SOS 培养基混合液和预热的琼脂混合，翻转 3 ～ 5 次，倒于平板上，静置 5min 凝固后转移到 30℃培养箱中培养至长出单菌落。

e．加入 SOS 培养基，4000r/min 下离心 5min，留 100μL 重悬，涂布于相应的平板，30℃培养箱中培养至长出单菌落。

④ 基因组转移菌落鉴定

a．涂布培养 2 ～ 6d 后，用无菌牙签挑取单菌落，划线到新鲜的平板上，30℃培养箱中培养 1 ～ 2d。

b．重复操作一次，以消除未转化的酵母细胞、残留的游离细菌细胞和溶解细胞中的 DNA。

c．在被转移基因组的多处选择扩增长度为 800 ～ 1000bp 的片段进行 PCR 反应，后续可通过脉冲场凝胶电泳和全基因组测序进一步确定。

（2）支原体或细菌与酵母之间的原生质体融合实验

① 酵母的培养和原生质体的制备　如前所述。

② 支原体或细菌的培养　在酵母正在培养时，根据所选择的支原体或细菌，选择不同的培养方式来准备培养物。

培养无细胞壁、生长缓慢的支原体：

a．在制备酵母原生质体前 7h，将支原体接种至 50mL SP-4 培养基中，37℃静置培养，得到处于对数生长期的培养物。

b．向培养物中加入氯霉素，最终浓度为 100mg/L，再孵育 1h。

c．将培养物在 10℃、10000*g* 下离心 5min，弃去上清液。

d．用 50mL 重悬缓冲液将细胞沉淀悬起，在 10℃下 10000*g* 离心 5min，弃去上清液。

e．用 500μL 重悬缓冲液将细胞悬浮。

f．在与酵母原生质体混合前，*M. mycoides* YCpMmyc1.1 在 49℃下孵育 15min，*M. capricolum* California Kid 在 49℃下孵育 15min。

培养快速生长的革兰氏阴性细菌：

a．在制备酵母原生质体前 5h，将 *H. influenzae* Rd 接种至 50mL BHI 培养基中，添加 4mg/L 的烟酰胺腺嘌呤二核苷酸和 10mg/L 的血红素。在 37℃、200r/min 的转速下培养至 OD_{600} 为 0.4，即刻加入 100μg/mL 的嘌呤霉素。若细菌对嘌呤霉素耐药，则可选择添加其他抑制蛋白质合成的抗生素，如四环素或氯霉素。在 37℃、200r/min 培养 30min，在 10℃下 7000*g* 离心 5min，弃去上清液。

b．用 9mL 重悬缓冲液将细胞重悬，再加入 500μL 0.5mol/L 的 EDTA（pH 8.0）和 500μL 25mg/mL 的溶菌酶，37℃水浴孵育 30min。

c．在 10℃下 7000*g* 离心 5min，弃去上清液。

d．用 1mL 重悬缓冲液轻柔吹打起细胞沉淀，再加入 39mL 重悬缓冲液，倒置混合。在 10℃下 7000*g* 离心 5min，弃去上清液。

e．用 500μL 重悬缓冲液将细胞悬浮。

③ PEG 介导原生质体融合

将 200μL 的受体酵母原生质体悬液和 50μL 支原体或细菌悬液混合，其余步骤与酵母与酵母间的原生质体融合相同。

④ 基因组转移菌落鉴定　如前所述。

（3）酵母与哺乳动物细胞之间的原生质体融合实验

① 酵母的培养和原生质体的制备　如前所述。

② 哺乳动物细胞的培养及融合前处理

a．在 75mL 的培养瓶中培养 HEK293 细胞至生长到 70% ～ 80% 的汇合度。

b．在与酵母融合反应前的两小时，将含有 6μL/mL HBSS 的 KaryoMAX Colcemid™ 溶液加入 HEK293 细胞培养液中。

c．200*g* 离心去除培养基，PBS 缓冲液清洗。

d．使用 0.25% 的胰蛋白酶 -EDTA 消化细胞，在 37℃下孵育 10min。

e．用血细胞计数板计数 HEK293 细胞数量，取 10^6 个 HEK293 细胞在 1.5mL 离心管中以 200*g* 离心 1min，用 pH 为 7.4 的 PBS 缓冲液清洗。去除上清液后用 500μL 缓冲液重悬细胞。

③ PEG 介导原生质体融合

a．将制成的酵母原生质体加入制备完成的 HEK293 细胞悬液中，保持酵母细胞与

HEK293 为 100∶1 的比例，室温孵育 2min。

b．200g 离心 5min，去除上清液，加入 450μL 预热的 DMSO 和 50μL PEG-8000，轻柔翻转 6 ～ 8 次。

c．离心去除上清液，加入 1mL 无血清 HEK293 培养基，置于 6 孔组织培养板中，培养 12h 后更换培养基，去除多余的酵母细胞。

④ 基因组转移细胞鉴定

a．将融合的 HEK293 细胞用胰蛋白酶消化，使用 70μm 的过滤器过滤，洗涤并重悬于 PBS 缓冲液中。

b．制备的细胞悬液使用流式细胞仪确定转移基因组的荧光信号，结合 PCR 确定基因组通过细胞融合完成转移。

4.3.3.3 常见问题与解决方案

① 酵母细胞原生质体制备的常见问题见第 3 章 3.2.2.3。

② 哺乳动物细胞融合时，通过干扰细胞同步融合和哺乳动物细胞 M 期能有效提升融合效率。

4.3.3.4 经典案例分析

大尺度 DNA 载体（＞ 100000bp）的递送仍然是哺乳动物细胞工程和人类人工染色体（HAC）发育的限制步骤。酵母通常用于组装巨型碱基大小范围内的遗传构建体，并且以前已用于将构建体直接转移到培养的细胞中。J. Craig Venter 研究中心的科研人员试图提高大型 DNA 构建体酵母着丝粒质粒的递送率。在哺乳动物细胞的遗传转化实验中，有许多细胞屏障阻止 DNA 构建体成功递送到哺乳动物细胞核。当哺乳动物细胞核膜被破坏时，在细胞周期的 M 期阻止受体哺乳动物细胞，从而使载体更容易扩散到细胞核重新形成的地方。研究人员使用了三种不同的拮抗有丝分裂的药物，秋水仙胺和诺考达唑能干扰微管聚合，STLC 通过抑制驱动蛋白 5 来使细胞同步。此外，他们采用了实验设计方法来系统地评估和筛选被认为在酵母着丝粒质粒递送中起作用的众多因素。最终以类似于 1kb 酵母着丝粒质粒的速率有效地将 1.12Mb 大小的合成酵母着丝粒质粒递送到 HEK293 细胞系。有丝分裂中同步细胞将递送效率提高了 10 倍，并采用实验统计设计方法将载体递送率提高了近 300 倍。采用这种方法，将酵母中克隆的 152kb 单纯疱疹病毒基因组快速递送到哺乳动物细胞中以产生传染性病毒（Brown et al., 2017）。

4.3.4 酵母交配转移法

4.3.4.1 酵母交配转移法的概念与原理

酿酒酵母间的交配是自然界中典型的细胞融合事件。酿酒酵母单倍体具有 a 和 α 两种交配型，各自分泌信息素 a 因子和 α 因子，开始交配时信息素和细胞质膜的 G 蛋白偶联受体结合，激活有丝分裂的蛋白激酶通路。细胞向交配伴侣的方向上延伸交配突起，相互接触后细胞开始融合，包括细胞壁的重塑和随后的接触点降解。在降解的细胞壁处质膜融合，细胞内容物和单倍体细胞核随之融合，待交配完成后二倍体的子代细胞便会从两个亲本细胞的连接处萌芽（图 4-5）。

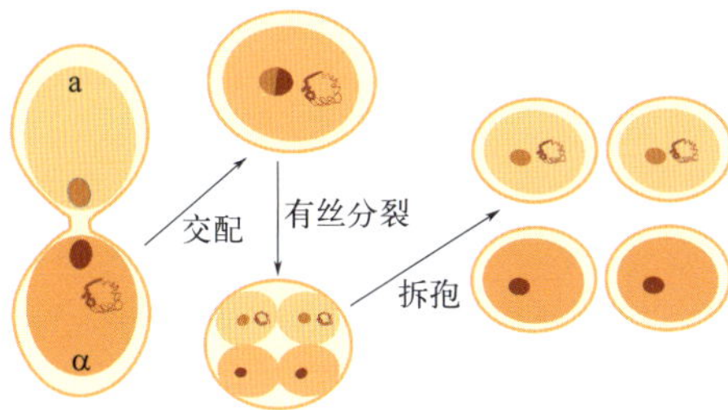

图 4-5　酵母交配介导的大片段 DNA 转移

4.3.4.2　酵母交配转移法的操作规程

4.3.4.2.1　主要试剂

① 预生孢培养基：乙酸钾 10g/L，酵母提取物 10g/L，蛋白胨 20g/L，高温高压灭菌后常温保存。

② 生孢培养基：乙酸钾 10g/L，酵母提取物 1g/L，组氨酸 100mg/L，尿嘧啶 50mg/L，色氨酸 100mg/L，亮氨酸 100mg/L，葡萄糖 0.5g/L，腺嘌呤 50mg/L，根据需要可以省去相应氨基酸组分，高温高压灭菌，常温保存。

③ 软化缓冲液：1.54g/L 二硫苏糖醇，100mmol/L Tris-SO_4，调整 pH 为 9.4，过膜除菌。

④ 原生质体缓冲溶液：382.6g/L 山梨醇，2.12g/L 磷酸钾，调 pH 为 7.2，过膜除菌。

⑤ 200mg/mL 蜗牛酶：称取 0.5g 蜗牛酶溶解并定容于 5mL 蒸馏水中，过膜除菌，分装冻存。

⑥ 0.5%（体积分数）Triton X-100：取 5mL Triton X-100 溶解至蒸馏水并定容至 1L，高温高压灭菌。

4.3.4.2.2　主要设备

精密电子天平、高速离心机、恒温生化培养箱、分光光度计、酵母显微操作仪。

4.3.4.2.3　实验材料

酿酒酵母 BY4741，基因型为 *MATa his3Δ1 leu2Δ0 met15Δ0 ura3Δ0*。酿酒酵母 BY4742，基因型为 *MATαhis3Δ1 leu2Δ0 lys2Δ0 ura3Δ0*。

4.3.4.2.4 实验步骤

以酿酒酵母的交配实验为例介绍酵母交配转移法。

（1）酵母交配型的验证

酿酒酵母的交配型是基因决定的。其 3 号染色体的 *MAT* 基因座左右各有一个 *MATα* 和 *MATa* 基因座，通过对特定序列设计引物进行 PCR 验证即可快速确定酿酒酵母的交配型。

（2）酵母杂交

① 于 YPD 培养基中活化单倍体酵母，取等量活化好的单倍体酵母菌液，离心去上清液，用 50μL 无菌水重悬，并混合均匀，涂布于 YPD 平板，30℃培养至单菌落出现。

② 用无菌牙签挑取单菌落，划线至另一 YPD 平板，30℃培养。

③ PCR 验证二倍体酵母。

（3）酵母高效生孢

① 将二倍体酵母培养至对数生长期。

② 离心去上清液，无菌水悬浮洗涤菌体三次，用 5mL 预生孢培养基悬浮细胞沉淀，并培养 12h。

③ 离心去上清液，无菌水悬浮洗涤菌体三次，用 5mL 高效液体生孢培养基悬浮细胞沉淀，培养 5 天。

（4）孢子纯化

① 500r/min 离心酵母生孢培养液，去上清液，用软化缓冲液重悬沉淀，控制 OD_{600} 为 5 左右，30℃孵育 10min。

② 500r/min 离心，去上清液，用原生质体缓冲溶液重悬沉淀，控制 OD_{600} 为 25。随后加入蜗牛酶至终浓度为 12.5mg/mL，30℃孵育 10min。

③ 500r/min 离心，去上清液，用等体积的 Triton X-100 洗涤细胞，去上清液，再用等体积的 Triton X-100 悬浮沉淀，至孢子悬液为总体积的 1/4，超声使孢子分散，4℃保存。

4.3.4.3 经典案例分析

偏向遗传是一种独特的自然现象，它允许遗传元件以比正常孟德尔遗传更高的频率传递给后代。转座子和归巢内切酶等自私的基因元件可以在物种中控制自己的传播以增加它们自己的丰度。基因驱动是一种著名的系统，利用归巢内切酶或 CRISPR-Cas9 在种群中产生偏向遗传。Wu 的团队开发了一种减数分裂驱动策略，称为“染色体驱动”，利用染色体作为驱动单元，在酵母中实现大规模遗传片段的偏遗传。首先在酵母中开发了基于 CRISPR-Cas9 的染色体删除系统，将 gRNA 表达质粒和 Cas9 表达质粒分配到不同交配型的酵母中，CRISPR 系统将会在两种酵母交配完成后触发，造成酿酒酵母染色体着丝粒周围的一个双链断裂，从而实现染色体的完整删除。作为概念验证，酵母中合成型十号染色体被 CRISPR-Cas9 完整删除，带有绿色荧光蛋白基因或者紫色杆菌素代谢路径的野生型十号染色体发生了内复制，使其减数分裂子代都带有相同的十号染色体。利用染色体驱动技术，研究还实现了对酵母中特定染色体结构和复杂遗传特征的偏向性遗传。通过在染色体尺度上的偏向性遗传，染色体驱动技术促进了基因组工程的发展以及染色体尺度的遗传性状操纵，并拓展了自繁殖驱动的应用（Xu et al., 2020）。

合成酵母染色体的研究和应用大多局限在组装的宿主本身。KAR1 的突变体阻止了酵母交配过程中的核融合，偶尔可以将单条染色体从一个亲本的细胞核转移到另一个亲本。利用 *kar1* 突变体方法，Guo 等（2022）将 Sc2.0 的四条合成酵母染色体（syn Ⅲ、syn Ⅴ、syn Ⅹ、syn Ⅻ）分别转移到野生型酵母中。syn Ⅲ 也被转移到工业菌株 Y12 中，从而提高了其耐温性。此外，通过结合流产交配和基于 CRISPR-Cas9 的染色体消除技术，Guo 等（2022）开发了一个巩固多个合成酵母染色体的策略。与之前使用内切复制回交的金字塔策略相比，新方法是一个独立于减数分裂的线性过程，为加速 Sc2.0 染色体的整合提供了便捷的路径。总的来说，通过流产交配和染色体消除来转移和巩固合成酵母染色体的方法，实现了大尺度 DNA 在供体酵母中组装，然后在体内直接转移到受体酵母，丰富了合成基因组学的操作工具。

4.3.5 病毒载体转染法

4.3.5.1 病毒载体转染法的概念与原理

病毒载体，是指利用基因工程技术对病毒进行改造，成为外源基因运送的载体，其通过感染细胞，将外源基因带入细胞，并进行长期的基因表达（图 4-6）。工具病毒载体具有转染效率高且外源基因表达水平高等优点，广泛应用于基础研究、基因疗法或疫苗制备等领域。目前常见的大片段 DNA 病毒载体主要为腺病毒和疱疹病毒。

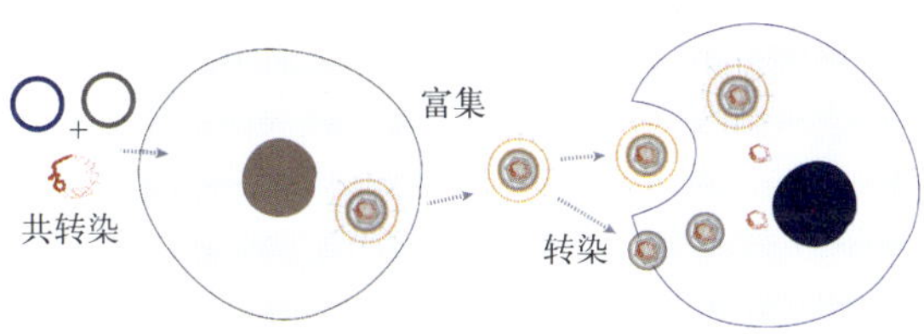

图 4-6 病毒载体介导的大片段 DNA 转移

疱疹病毒包含 α、β、γ 和其他种类，具有代表性的是 α 疱疹病毒中能感染人类的单纯疱疹病毒（HSV-1/2）。由于单纯疱疹病毒家族天然具有较大的基因组，因此具有较大的 DNA 承载潜力，目前的大片段 DNA 的研究工作也都集中在这些家族成员中。在人类疱疹病毒家族中的一些病毒，如 HSV-1 和 Epstein-Barr 病毒（EBV），可以被用于承载和稳定大片段 DNA，目前已有研究利用 HSV-1/EBV 完成几百千碱基对（kb）以上的大片段 DNA 操作。

4.3.5.2 病毒载体转染法的操作规程

4.3.5.2.1 主要试剂

① DMEM 培养基：$CaCl_2$ 200mg/L，$FeNO_3 \cdot 9H_2O$ 0.1mg/L，KCl 400mg/L，$MgSO_4$ 97.67mg/L，

NaCl 6400mg/L，NaH_2PO_4 125mg/L，L-精氨酸盐酸盐 84mg/L，L-胱氨酸二盐酸盐 63mg/L，L-谷氨酰胺 584mg/L，甘氨酸 30mg/L，L-组氨酸盐酸盐 42mg/L，L-异亮氨酸 105mg/L，L-亮氨酸 105mg/L，L-赖氨酸盐酸盐 146mg/L，L-甲硫氨酸 30mg/L，L-苯丙氨酸 66mg/L，L-丝氨酸 42mg/L，L-苏氨酸 95mg/L，L-色氨酸 16mg/L，L-酪氨酸二钠盐水合物 104mg/L，L-缬氨酸 94mg/L，D-泛酸钙 4mg/L，氯化胆碱 4mg/L，叶酸 4mg/L，肌醇 7.2mg/L，烟酰胺 4mg/L，核黄素 0.4mg/L，盐酸硫铵 4mg/L，盐酸吡哆辛 4mg/L，葡萄糖 1000mg/L，丙酮酸钠 110mg/L，酚红 15mg/L。

② PBS 溶液：称取 NaCl 8g、KCl 0.2g、Na_2HPO_4 1.42g、KH_2PO_4 0.27g，溶于 1L 蒸馏水中，并调整 pH 至 7.4。高温高压灭菌，常温保存。

③ FBS-DMEM 培养基：DMEM 培养基中补加 10% FBS（164210-50），1% P/S，1% 谷氨酰胺。

④ F12 培养基混合物：F12 培养基中补加 10% FBS（164210-50），1% P/S，20mmol/L 谷氨酰胺。

4.3.5.2.2 主要设备

精密电子天平、高速离心机、恒温生化培养箱、CO_2 培养箱、Centricon Plus-20 离心过滤装置。

4.3.5.2.3 实验材料

选用 Vero2-2 细胞（Vero 非洲绿猴肾细胞衍生物，组成型表达 HSV-1 ICP27 蛋白）组装疱疹病毒。CHO 细胞用于病毒转染实验。

4.3.5.2.4 实验步骤

以疱疹病毒 HSV-1 转染 CHO 细胞为例详述病毒载体转染法的操作规程。

（1）构建转染用质粒

根据实验目的，设计并构建所需的大片段 DNA 及质粒。

（2）复苏 Vero2-2 细胞冻存液

① 取 Vero2-2 细胞于 37℃水浴加热。

② 用 1mL 的 DMEM 洗涤离心细胞一次，再用其重悬。

③ 将悬液转接于 FBS-DMEM 培养基中，添加 500μg/mL 的 G418，5% CO_2、37℃过夜培养，24h 后更换新鲜培养基。

（3）细胞传代

① 复苏的 Vero2-2 细胞密度为 80% 以上时进行传代，吸出培养液，用 PBS 溶液清洗两次并去除上清液。

② 吸取 1mL 胰酶加入培养瓶中，静置 2min，使 Vero2-2 细胞脱落。

③ 加入 FBS-DMEM 培养基，将消化下来的细胞移至离心管中，离心去除上清液。

④ 用 2mL FBS-DMEM 培养基重悬，转接至培养瓶中。

（4）病毒组装

① Vero2-2 细胞融合度在 80% 时进行病毒组装，用无血清培养基悬浮 Vero2-2 细胞，使用 HSV-1 辅助无病毒系统生产 HSV-1 病毒扩增子。

② 将病毒扩增子元件质粒、目标大片段 DNA 电穿孔转入无血清培养基中的 Vero2-2 细胞，37℃培养 6 ～ 8h 后更换新鲜培养基，收集培养 3d 的细胞，4℃保存。

（5）病毒液浓缩

① 离心收集 3d 的病毒液，4.5μm 滤膜过滤，再次离心一个半小时，弃去上清液。

② 用 100μL 预冷的 PBS 缓冲液悬浮沉淀，−80℃冻存备用。

（6）病毒滴度测定

① 96 孔板内进行病毒滴度实验，按照病毒滴度加入 100μL 的病毒悬液，37℃、5% CO_2 培养 48h，再加入 100μL 新鲜培养基。

② 培养 48h 后检测荧光表达情况，将荧光细胞数除以各自稀释的倍数即可得到病毒原液的滴度。

（7）转染 CHO 细胞

① 转染前 24h，用血细胞计数器计数 CHO 细胞，以每孔 1×10^6 个转接至含有 F12 培养基混合液的六孔板，培养 24h。

② 更换新鲜的 F12 培养基，设置 1、5、10、15、20、25 的 MOI 值加入病毒原液，并添加 1μg/mL 的聚凝胺培养 24h。

③ 二次加入病毒原液，继续感染 24h，同时每天观察细胞荧光情况，达到最佳水平时选取最佳 MOI 值进行后续细胞感染实验。

④ 转染 48h 后，Centricon Plus-20 离心过滤装置进行病毒的过滤和浓缩。按照疱疹病毒滴定试剂盒进行测试。

4.3.6 微细胞介导染色体转移法

4.3.6.1 微细胞介导染色体转移法的概念与原理

微细胞介导的染色体转移技术（MMCT）是细胞融合技术的进一步发展，通过微细胞将外源染色体转移到受体细胞中。MMCT 过程可以分为三步：①核化，用有丝分裂抑制剂如秋水仙素等处理染色体供体细胞，将细胞周期同步至 M 期，以阻止纺锤体的形成。②核去除，长期的秋水仙素处理诱导了大量的微核，每个微核包含一个到几个染色体。通过细胞松弛素 B 破坏细胞骨架，微细胞在肌动蛋白聚合抑制剂的存在下通过梯度离心分离微核细胞，制备单染色体的微核细胞。③融合，由于微细胞的质膜保持完整，微细胞与靶细胞的融合允许将染色体引入靶细胞。融合的手段包括 PEG、电融合和仙台病毒介导，然后通过药物筛选分离杂交无性系。

4.3.6.2 微细胞介导染色体转移法的操作规程

下面以哺乳动物细胞间的染色体转移为例详述 MMCT 的操作流程。

4.3.6.2.1 主要试剂

① 10μg/mL 秋水仙胺：称取 100μg 的秋水仙胺溶于 10mL 0.9% 的氯化钠溶液，−20℃冻存。

② 100μg/mL 植物凝集素 P：称取 1mg 植物凝集素 P 固体粉末溶于 10mL 无血清 αMEM 中，过滤除菌，−20℃冻存。

③ 细胞松弛素 B：称取 10mg 固体粉末溶于 6mL 二甲基亚砜中，过滤除菌。

④ 脱核培养基：10μg/mL 的细胞松弛素B 溶于 500mL DMEM 培养基中。

⑤ 50% PEG 细胞融合液：将 PEG 于 65℃水浴融化，1 ～ 2mL 体积分装，使用前融化并加入同样体积的无血清 αMEM 培养基，过滤除菌，并在 37℃预热至使用。

⑥ DMEM 培养基（高糖）：称取 10.4g DMEM，10 万 U 青霉素和 100mg 链霉素溶解并定容于 1L 蒸馏水中，用碳酸氢钠溶液控制 pH 在 7.2，过滤除菌。

⑦ 磷酸盐缓冲液（PBS）：A 液，称取 40g 氯化钠、1g 氯化钾、5.75g 磷酸氢二钠、1g 磷酸二氢钾，溶解并定容于 500mL 蒸馏水中。B 液，称取 5g 二水氯化钙溶解并定容于 1L 蒸馏水中。C 液，称取 5g 六水氯化镁溶解并定容于 1L 蒸馏水中，高温高压灭菌。

PBS^{2+} 溶液：取 100mL A 液、10mL B 液和 10mL C 液共溶于 880mL 无菌蒸馏水中。

PBS^{2-} 溶液：取 100mL A 液溶于 900mL 无菌蒸馏水中。

⑧ 50mg/mL G418：取 1g Geneticin（遗传霉素）溶于 20mL 无钙镁 PBS 缓冲液，过滤除菌后冻存于 −20℃。

⑨ 选择培养基：180mL DMEM 培养基、20mL 胎牛血清、3.2mL 50mg/mL G418、2mL 100×HAT 混合均匀。

4.3.6.2.2 主要设备

精密电子天平、高速离心机、CO_2 培养箱、T25 Nunc 直颈培养瓶、异丙醇细胞冻存容器。

4.3.6.2.3 实验材料

供体细胞 A9（neo8）：含人 8 号染色体的小鼠成纤维细胞，被随机标记 neo 抗性基因。

受体细胞：大鼠肝癌转移细胞系 C5F。

4.3.6.2.4 实验步骤

（1）染色体供体细胞的微核化

① 将生长在 T25 Nunc 直颈培养瓶中的 A9（neo8）细胞用胰酶消化传代至 DMEM（含 10% FBS 和 800μg/mL G418）培养基中。

② 细胞长满后，消化细胞并用血细胞计数板计数，按 5×10^5 个细胞接种至 T25 Nunc 直

颈培养瓶中。

③ 细胞长满 80% 的瓶底时加入终浓度为 0.05μg/mL 的秋水仙胺，继续培养 48h。

（2）微细胞出核及纯化

① 倒去细胞培养液，5mL PBS 缓冲液轻柔清洗两次。

② 加入 37℃预热的脱核培养基，并孵育 30min 左右。

③ 在 Hitachi Himac CR21G 离心机的 R12A3 转头中加入 150mL 37℃温水缓冲，培养瓶对准离心轴，37℃下 8000r/min 离心 75min。

（3）微细胞纯化及与受体细胞融合

① 离心后小心倒去脱核培养基，加入 5mL 预热的无抗 DMEM 培养基，轻柔重悬细胞沉淀，将其置于冰上。

② 将 DMEM 细胞悬液经 8.0μm、5.0μm、5.0μm 聚碳酸酯滤膜过滤，去除多余的细胞壁碎片和细胞。

③ 过滤后的细胞在 4℃下 1500r/min 离心 15min。用 2mL 含有 100μg/mL PHA-P 的 DMEM 溶液重悬并冰浴。

④ 用胰酶消化培养好的受体细胞 C5F，制备单细胞悬液，用 DMEM 培养基洗去残留的血清，并进行细胞计数，按 1∶10 的比例用于细胞融合。

⑤ 1000r/min 离心受体细胞，用前述制备好的含微细胞悬液的 PHA-P 溶液重悬受体细胞，37℃孵育 15min。

⑥ 孵育好的细胞混合液室温下 2000r/min 离心 10min，去上清液。用 37℃预热的 50% PEG 悬浮细胞，室温静置 1min。

⑦ 静置完成后立即加入含有 5% DMSO 的 DMEM 培养基，1000r/min 离心 2min，弃去上清液。

⑧ 加入 2mL 含 10% FBS 的 DMEM 培养基，离心弃上清液，并重复操作一次。

⑨ 用含 10% FBS 的 DMEM 培养基重悬细胞沉淀，37℃孵育两天恢复细胞活力。

（4）微细胞杂交克隆筛选　将活化后的细胞转移至含有 20% FBS、1×HAT 和 800μg/mL G418 的 DMEM 培养基中，三天更换一次新鲜培养基。

（5）分离单细胞克隆

① 胰酶消化带有 HAT 和 G418 抗性的细胞，得到单细胞悬液。

② 血细胞计数板计数后取 50 ～ 100 个细胞加入培养皿中，用移液枪挑取单细胞。

③ 将单个细胞加入 96 孔板中，每个孔中加入 0.1mL 含有 20% FBS、1×HAT 和 800μg/mL G418 的 DMEM 培养基，培养 200h 后，转移增殖良好的单细胞克隆至 24 孔板培养。

④ 培养两周后，胰酶消化扩增细胞并转移至培养瓶，经 PCR 或荧光原位杂交方法验证人 8 号染色体的转移。

4.3.6.3 经典案例分析

为了将巨大的人类染色体引入细胞或动物体中，有研究者开发了一种染色体克隆系统，在该系统中，定义的人类染色体区域可以在发生同源重组的鸡 DT40 细胞中克隆到稳定的人类小染色体载体中，并通过 MMCT 技术转移到 CHO 细胞系中，进一步经由 MMCT 技术转移到小鼠胚胎干（ES）细胞中。稳定的小染色体载体允许一个 10Mb 大小的有丝分裂不稳定的人类 22 号染色体区域稳定地维持在小鼠 ES 细胞和小鼠中。此外，在小鼠中证明了人类基因在人工染色体中的功能性表达。这项研究描述了一个稳定的克隆和表达系统的超过兆碱基对大小的区域人类染色体（Kurazono et al., 2000）。

4.3.7 其他方法

农杆菌是一种革兰氏阴性菌，常见于土壤中，因能够感染双子叶和裸子植物的受伤部位导致冠瘿瘤或毛状根的生成，并将细胞中特有的 Ti 或 Ri 质粒上的 T-DNA 转移到植物的基因组中进行传代而受到广泛关注。研究人员依据此特点，对 T-DNA 区域进行改造，将外源基因插入此区域，通过农杆菌介导植物的转基因工程。

农杆菌进行基因转移依赖于重组质粒 T-DNA 区域和辅助质粒 Vir 区域，具体原理为植物在受损后分泌酚类物质诱导农杆菌吸附。农杆菌细胞膜上的 VirA 蛋白受到植物信号的刺激，随之激活 VirG 蛋白。VirG 蛋白是 Ti 质粒和 Vir 区域的转录因子，VirD 基因转录翻译出 VirD1/2 形成 VirD 复合物，是 T-DNA 两端 25bp 重复序列的解旋酶，使得 T-DNA 一端能够连接在 Vir2 蛋白上，带着单链的 T-DNA 脱离 Ti 质粒，并转移到植物中，靶向或随机整合到植物基因组中。T-DNA 区域的基因表达调控与植物的基因表达调控系统类似，因此在植物中可以正常表达。

农杆菌转移法具有很多优点：该转移系统是依据天然转移系统开发出来的植物基因转化系统，研究机理清晰，方法成熟，操作简单。并且被转移基因通常以单拷贝的形式插入植物基因组中，遗传稳定性良好，大部分转移植株的性状符合孟德尔遗传定律。

4.4 物理法

4.4.1 物理法转移技术的概念与原理

物理法转移技术是指通过物理的手段将外源大片段 DNA 导入细胞内。相比化学法和生物法转移技术，它常依赖于精密的设备或仪器，应用对象和应用范围非常广泛。常见的物理法转移技术包括显微注射法、电击法和基因枪法等。

4.4.2 显微注射法

4.4.2.1 显微注射法的概念与原理

显微注射法指利用尖端极细的注射针将外源 DNA 注射到细胞或原核胚胎内部或旁边的技术（图 4-7），由于细胞膜的流动性，注射针的插入和抽出并不影响细胞的完整性，细胞可以继续正常生长。根据不同细胞的直径不同，可以针对性地选择不同管径的注射针对受体细胞进行精确注射，已有研究将数百千碱基对（kb）的 DNA 转移至受体细胞中。

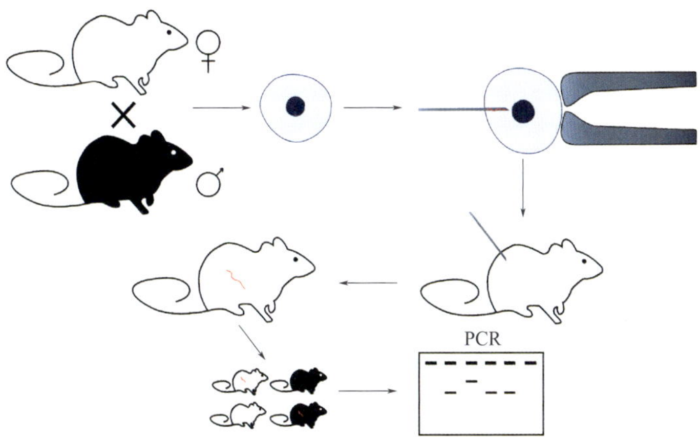

图 4-7 显微注射法介导的大片段 DNA 转移

4.4.2.2 显微注射法的操作规程

下面以转基因小鼠模型为例，讲解显微注射法的操作规程。

4.4.2.2.1 主要试剂

① M16 溶液：0.5534g 氯化钠，0.0356g 氯化钾，0.0162g 磷酸二氢钾，0.0294g 七水硫酸镁，0.0252g 二水氯化钙，0.3200mL 乳酸钠（60% 糖浆），0.0036g 丙酮酸钠，0.1000g D- 葡萄糖，0.0010g 酚红，0.2106g 碳酸氢钠，溶解并定容至 100mL 蒸馏水中，过滤除菌，使用前加入 4mg/mL 的牛血清蛋白。

② M2 液：0.5534g 氯化钠，0.0356g 氯化钾，0.0162g 磷酸二氢钾，0.0294g 七水硫酸镁，0.0252g 二水氯化钙，0.3200mL 乳酸钠（60% 糖浆），0.0036g 丙酮酸钠，0.1000g D- 葡萄糖，0.0010g 酚红，0.0337g 碳酸氢钠，0.5000g 4- 羟乙基哌嗪乙磺酸，溶解并定容至 100mL 蒸馏水中，过滤除菌。用 4- 羟乙基哌嗪乙磺酸调节 pH 约 7.2 ～ 7.4，使用前加入 4mg/mL 的牛血清蛋白。

③ 工作液：无丙酮酸钠的高糖（4500mg/mL）DMEM。

④ 注射缓冲液：终浓度为 10mmol/L 的 Tris-HCl 和 0.1mmol/L 的 EDTA 混合液，pH 调为 7.5。

4.4.2.2.2 主要设备

巴氏移液管、特制吸管、凹形载玻片、注射器、倒置立体相差显微镜、显微操纵器、持卵管、注射针等。

4.4.2.2.3 实验材料

受体母鼠控制在 5 周龄左右，输卵管转移前晚上进行交配，次日早可见精栓。

4.4.2.2.4 实验步骤

（1）小鼠受精卵的收集

小鼠受精卵经自然排卵、激素诱导或体外受精等方式获得。得到的受精卵用工作液清洗 3 次后，转移至 M16 溶液中孵育。

（2）显微注射材料的准备

① 外源 DNA：通常为线性片段或表达载体，浓度为 1 ～ 5ng/mL。

② 注射 DNA 准备：用注射针钝性头吸取待注射的 DNA。

（3）显微注射受精卵

① 将承载受精卵的凹形载玻片放在显微注射仪下，调节视野至持卵管、注射针和受精卵清晰可见。

② 用持卵管末端吸住受精卵，使之固定，轻微压迫注射针，确定 DNA 液流的存在。

③ 注射针针头靠近受精卵，并调整至与细胞原核处于同一平面上，注射针针头刺入细胞核膜内，轻轻压迫 DNA 流入细胞器前核中。

（4）受精卵的输卵管注射

注射完成后的受精卵转移到工作液中，经输卵管注射手术转移到小鼠输卵管中。

（5）转基因小鼠的鉴定

① 转基因整合检测，取小鼠尾尖提取基因组 DNA，经 PCR 或 Southern 杂交确定基因组整合结果。

② 转基因表达检测包括检测 RNA 和蛋白质的表达，以确定被转移基因的表达情况。

4.4.2.3 常见问题与解决方案

① 受精卵固定吸管的问题：固定吸管直径是影响显微注射实验成败的关键因素，吸管的内径太大会导致受精卵受到伤害，影响后续实验，内径太小则难以固定受精卵。

② 注射针的问题：注射针的直径过大会导致 DNA 注射太多，造成细胞裂解，直径太小则容易堵塞，难以完成显微注射实验。

4.4.2.4 经典案例分析

酵母人工染色体 DNA 通常经过脉冲场凝胶与天然酵母染色体分离，并用琼脂酶处理离心，即可用于显微注射。在这些过程中，100mmol/L NaCl 可以保护 DNA 免受剪切。将 590kb 酵母人工染色体（yGART2）注射到中国仓鼠卵巢细胞中，产生表达酵母人工染色体携带的 40kb 人类 *GART* 基因的细胞。在分析的 12 个细胞系中，有 9 个细胞系在 *GART* 基因周围含有至少 110kb 的酵母人工染色体 DNA，有 1 个细胞系包含了 480kb 的酵母人工染色体 DNA，但都不是完整的 590kb 的酵母人工染色体。

Gnirke 等通过脉冲场凝胶将酵母人工染色体从天然染色体中分离出来，用琼脂酶处理并离心，得到了显微注射的酵母人工染色体的 DNA。在这个过程中，100mmol/L 浓度的 NaCl 被用于保护 DNA 免受剪切。将分离得到的 590kb 大小的酵母人工染色体通过 MMCT 技术注射到中国仓鼠卵巢细胞中，产生表达酵母人工染色体携带的 40kb 人类 *GART* 基因的转基因细胞。在所分析的 12 个细胞系中，有 9 个细胞系在 *GART* 基因周围包含至少 110kb 的完整酵母人工染色体 DNA 片段，一个细胞系包含至少 480kb 的完整酵母人工染色体 DNA 片段，但不是完整的 590kb。小鼠 L A- 9 细胞同样经 MMCT 技术注射含有人类 β- 球蛋白基因簇和哺乳动物选择性标记的 230kb 酵母人工染色体的 DNA。由此产生的 10 个细胞系中有 7 个既包含 YAC 载体，又包含横跨 β- 珠蛋白基因的完整的 140kb SfiI 片段。通过 RecA 辅助限制性内切酶切割分析了三个细胞系，发现它们包含完整的 210kb YAC 插入物。通过脂质体转染将类似制备的 DNA 引入哺乳动物细胞，产生了具有多个酵母人工染色体片段的细胞系，这些细胞系通常比微注射细胞系中的酵母人工染色体片段短。结果表明，将凝胶纯化的酵母人工染色体 DNA 微量注射到哺乳动物细胞中是一种将数百千碱基对大小的 DNA 片段转移到哺乳动物细胞中的有效方法（Gnirke et al., 1993）。

4.4.3 电击法

4.4.3.1 电击法的概念与原理

电击法又称为电穿孔或电转染，在电场的作用下，在细胞膜表面施加瞬时强大的电压，增加细胞膜的通透性，将外源的 DNA 等物质递送到细胞内部（图 4-8）。由于细胞膜的磷脂双分子层具有较高的电阻，电场所产生的电流被细胞膜吸收，难以穿透到细胞内部，对细胞的毒性很小，这也是电击法递送遗传物质的理论基础。

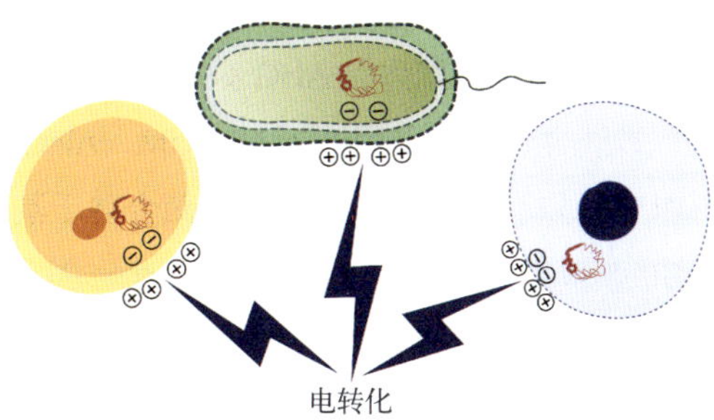

图 4-8　电击法介导的大片段 DNA 转移

4.4.3.2 电击法的操作规程

下面以枯草芽孢杆菌的电转移为例，详细讲解其操作规程。

4.4.3.2.1 主要试剂

① LB 培养基：取 10g 蛋白胨、10g 氯化钠、5g 酵母提取物，溶于 1L 蒸馏水中，高温高压灭菌。

② 高渗 LB 培养基（GM）：LB 培养基中补入 0.5mol/L 的山梨醇。

③ 电击洗液（ETM）：取 189.15g 海藻糖、91.09g 山梨醇、91.09g 甘露醇和 10% 甘油溶于 1L 蒸馏水中，高温高压灭菌。

④ 电击复苏液（RM）：LB 培养基中补入 0.5mol/L 的山梨醇和 0.38mol/L 的甘露醇。

4.4.3.2.2 主要设备

Eppendorf 电转移仪。

4.4.3.2.3 实验材料

所用转移受体菌为枯草芽孢杆菌 WB600，是常见的蛋白质表达模式菌株。

4.4.3.2.4 实验步骤

（1）表达载体的构建

根据实验目的构建所用的表达载体。

（2）枯草芽孢杆菌感受态的制备

① 首先在平板上活化冻存于−80℃的枯草芽孢杆菌 WB600 甘油菌，37℃培养至单菌落出现。

② 挑取单菌落于 LB 培养基中培养 12h。

③ 转接 1mL 菌液至 50mL GM 培养基中，培养 3 ～ 4h。

④ 将菌液冰浴 10min，离心弃上清液。

⑤ 用 40mL 预冷 ETM 重悬菌株，4℃离心收集菌体。如此操作漂洗 3 次。

⑥ 用 500μL 的 ETM 重悬沉淀，即得感受态。

（3）枯草芽孢杆菌的电转移

① 将质粒或基因与感受态混合均匀，冰浴 5min 后加入预冷的 2mm 电转杯中。Eppendorf 电转移仪设置为：2.5kV、25μF、200Ω，进行电击，电击时间应为 4.5 ～ 5ms。

② 电击完毕后立即加入 1mL 37℃预热的 RM 培养基，将电转杯中的混合液体全部吸出至离心管中，37℃、200r/min 孵育 3h。

③ 5000r/min 离心 2min，100μL 蒸馏水重悬菌体，涂布于相应的抗性筛选平板，培养至长出单菌落。

④ 菌落 PCR 验证阳性转化。

4.4.3.3 常见问题与解决方案

① 电场：电场强度直接影响电击法的效率，过高造成细胞死亡，过低则不能造成电穿孔，递送效率过低。因此针对不同细胞需要确定最佳的电压来维持电场强度。

② 细胞：进行电击法的细胞应选择对数生长期的细胞，此时细胞形态和生理活性均一，细胞膜通透性较好，且电击后的恢复能力较强，具有较好的吸收外源 DNA 的能力。

③ DNA 浓度：DNA 浓度是影响电击递送效率的关键因素，过高造成细胞毒性，过低则无法有效达到转移所需的量，同时需要根据被转移 DNA 的大小综合确定。

4.4.4 基因枪法

4.4.4.1 基因枪法的概念与原理

基因枪法的原理是用压缩气体（氦气或氮气等）造成一股冷气体冲击波进入轰击室，将带有 DNA 的金粉颗粒打向细胞核（图 4-9）。由于基因枪法的实验过程特殊，只有小部分的细胞能够进行基因枪递送 DNA 的操作。

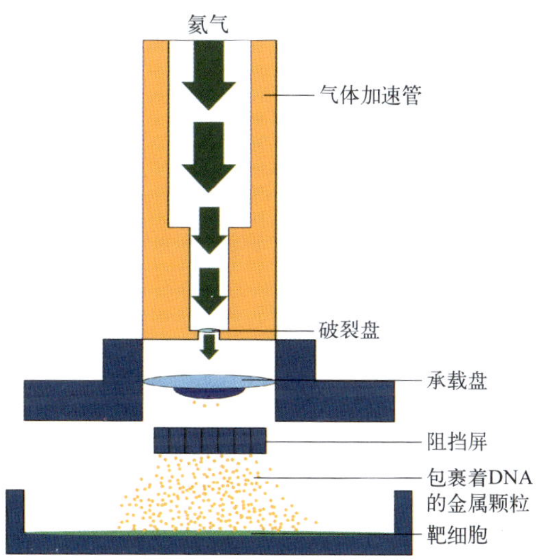

图 4-9 基因枪法介导的大片段 DNA 转移

4.4.4.2 基因枪法的操作规程

下面以转基因小麦为例，讲解基因枪法的操作规程。

4.4.4.2.1 主要试剂

① CTAB 缓冲液：称取 90g 氯化钠、22g 十六烷基三甲基溴化铵、27.5g D- 山梨醇、110mL

0.5mol/L EDTA（pH 8.0）、220mL 1mol/L Tris-HCl（pH 8.0）、11g PVPP 溶于超纯水中，定容至 1L。

② 5mol/L 醋酸钾：490.8g 醋酸钾，溶于超纯水中并定容至 1000mL。

③ 3mol/L 醋酸钠：40.8g 三水醋酸钠，溶于 40mL 超纯水中，醋酸调 pH 为 5.2，定容至 100mL，高温高压灭菌，室温保存。

④ TE 缓冲液 [10mmol/L Tris-HCl（pH 8.0），1mmol/L EDTA（pH 8.0）]：1mL 的 1mol/L Tris-HCl（pH 8.0），200μL 的 0.5mol/L EDTA（pH 8.0），加超纯水至 100mL。

⑤ CI（氯仿 - 异戊醇，体积比 24∶1）：取 240mL 氯仿和 10mL 异戊醇，混匀后 4℃避光贮存。

⑥ 20% SDS 裂解液：称取 40g SDS 固体，溶于 100mL 蒸馏水中，加浓盐酸调 pH 至 7.2 后定容至 200mL，高温高压灭菌。

⑦ E 缓冲液：取 11.68g 氯化钠固体溶于 150mL 蒸馏水中，加 0.5mol/L EDTA 40mL、1mol/L Tris-HCl 40mL，浓盐酸调 pH 至 7.5 后定容至 400mL，高温高压灭菌。

⑧ 诱导培养基：Murashige & Skoog（MS）培养基中加入 2mg/L 的 2,4- 二氯苯氧乙酸、20g/L 的蔗糖和 3g/L 的植物凝胶，调整 pH 为 5.8。

⑨ 高渗培养基：Murashige & Skoog 培养基中加入 30g/L 的蔗糖、36.5g/L 甘露醇、36.5g/L 山梨醇、0.5g/L 谷氨酰胺、0.1g/L 水解酪蛋白和 3g/L 的植物凝胶，调整 pH 为 5.8。

⑩ 恢复培养基：Murashige & Skoog 培养基中加入 2mg/L 的 2,4- 二氯苯氧乙酸、30g/L 的蔗糖和 3g/L 的植物凝胶，调整 pH 为 5.8。

⑪ 第一轮分化筛选培养基：Murashige & Skoog 培养基中加入 1mg/L 的 6- 苄基氨基嘌呤、0.2mg/L 的吲哚 -3- 乙酸、10g/L 甘露糖、5g/L 麦芽糖和 3g/L 的植物凝胶，调整 pH 为 5.8。

⑫ 第二轮分化筛选培养基：Murashige & Skoog 培养基中加入 1mg/L 的 6- 苄基氨基嘌呤、0.2mg/L 的吲哚 -3- 乙酸、5g/L 甘露糖、10g/L 麦芽糖和 3g/L 的植物凝胶，调整 pH 为 5.8。

⑬ 生根筛选培养基：1/2 的 Murashige & Skoog 培养基中加入 0.5mg/L 的 1- 萘乙酸、15g/L 甘露糖和 3g/L 的植物凝胶，调整 pH 为 5.8。

⑭ 壮苗培养基：1/2 的 Murashige & Skoog 培养基中加入 0.5mg/L 的 1- 萘乙酸、20g/L 蔗糖和 3g/L 的植物凝胶，调整 pH 为 5.8。

4.4.4.2.2 主要设备

基因枪：氦气或氮气作为动力源。

4.4.4.2.3 实验材料

受体物种选择小麦。

4.4.4.2.4 实验步骤

（1）基因表达框的制备

首先按照实验目的制备将要转移的基因片段。

（2）受体转移前的处理

取适龄麦穗得到小麦幼嫩种子制备愈伤组织。

（3）基因枪轰击

① 金粉颗粒的制备：称取 30mg 直径为 1μm 的金粉颗粒，加入无水乙醇超声清洗 3 次，再加入 1mL 无菌水超声清洗 3 次，离心去除上清液。用 500μL 无菌水悬浮金粉颗粒，控制终浓度约 50μg/μL，−20℃冻存。

② 金粉加载 DNA：取分装好的金粉颗粒，加入目的 DNA 片段，混合均匀。加入 50μL 2.5mol/L 氯化钙，涡旋混匀后加入 20μL 0.1mol/L 亚精胺，涡旋 3min 充分混合均匀，冰浴 20min。随后离心去上清液，加入 300μL 70% 乙醇，悬浮清洗，冰浴 20min 用移液器轻柔吸去上清液。加入 110μL 无水乙醇吹打混匀，置于冰上。

③ 基因枪轰击：选择真空度 28cmHg（37kPa），6cm 或 9cm 的轰击距离，可裂圆片承受压力 1100psi（7.6×10^6Pa），使用基因枪轰击小麦幼胚愈伤组织，轰击后于 25℃培养箱黑暗培养 16 ～ 18h。

（4）后期培养

① 取出培养 16 ～ 18h 的愈伤组织，转移到 Murashige & Skoog 恢复培养基中，25℃培养箱黑暗恢复培养 21 天左右。

② 恢复培养 21 天后，将愈伤组织转移到第一轮筛选培养基中，光照培养两周；选择长出绿点的愈伤组织，转移到第二轮分化筛选培养基中，光照培养两周，转入生根筛选培养基中。

③ 选择长出新根的小麦幼苗，转移到壮苗培养基中，长至 15cm 后于 4℃春化 10 天，后移栽温室中，可做转基因小麦的鉴定。

（5）转基因小麦的 PCR 鉴定

CTAB 或 SDS 裂解法提取小麦基因组 DNA，用作 PCR 的模板，经 PCR 筛选正确的转基因小麦。

参考文献

Brophy J A N, Triassi A J, Adams B L, et al, 2018. Engineered integrative and conjugative elements for efficient and inducible DNA transfer to undomesticated bacteria[J]. Nat Microbiol, 3(9): 1043-1053.

Brown D M, Chan Y A, Desai P J, et al, 2017. Efficient size-independent chromosome delivery from yeast to cultured cell lines[J]. Nucleic Acids Res, 45(7): e50.

Gnirke A, Huxley C, Peterson K, et al, 1993. Microinjection of intact 200- to 500-kb fragments of YAC DNA into mammalian cells[J]. Genomics, 15(3): 659-667.

Guo Z, Yin H, Ma L, et al, 2022. Direct transfer and consolidation of synthetic yeast chromosomes by abortive mating and chromosome elimination[J]. ACS Synth Biol, 11(10): 3264-3272.

Kurazono H, Yamamoto S, Nakano M, et al, 2000. Characterization of a putative virulence island in the chromosome of uropathogenic *Escherichia coli* possessing a gene encoding a uropathogenic-specific protein[J]. Microb Pathog, 28(3): 183-189.

Marschall P, Malik N, Larin Z, 1999. Transfer of YACs up to 2.3 Mb intact into human cells with polyethylenimine[J]. Gene Ther, 6(9): 1634-1637.

Miyazaki R, van der Meer J R, 2013. A new large-DNA-fragment delivery system based on integrase activity from an integrative and conjugative element[J]. Appl Environ Microbiol, 79(14): 4440-4447.

Tagwerker C, Dupont C L, Karas B J, et al, 2012. Sequence analysis of a complete 1.66 Mb *Prochlorococcus marinus* MED4 genome cloned in yeast[J]. Nucleic Acids Res, 40(20): 10375-10383.

Xu H, Han M, Zhou S, et al, 2020. Chromosome drives via CRISPR-Cas9 in yeast[J]. Nat Commun, 11(1): 4344.

第 5 章
合成基因组的功能化应用技术

5.1
合成基因组学疫苗技术

5.1.1 技术概念与发展

5.1.1.1 疫苗的概念及分类

疫苗是公共卫生的重要组成部分，有助于降低疾病的发病率和死亡率。注射疫苗，使人体对病原体作出强有力的反应而不引起严重疾病需要两个主要步骤：选择靶标抗原和将其输送到体内（Benn et al., 2020）。目前的疫苗主要包括完整的（灭活的或减毒活的）微生物和通过各种方法引入体内的选定成分两种。遗传学、生物化学、结构生物学和生物信息学方面的大量创新使得疫苗在设计和生产方面取得重大进展。在此，我们回顾了一些相关研究进展与挑战，并讨论合成生物学如何帮助解决这些问题。本章将重点介绍以大规模核酸操作为核心的合成生物学方法和技术，这些方法和技术已成功应用于获批准或目前正在临床试验的疫苗的制备，包括减毒疫苗、病毒样颗粒疫苗、病毒载体疫苗以及基于 DNA 和 mRNA 的核酸疫苗（Tan et al., 2021），相关对比如表 5-1 所示。

表5-1　疫苗的种类、免疫原及其涉及的合成基因组学技术和优劣势对比

疫苗种类	免疫原	合成基因组学技术	优势	不足
减毒疫苗	全病毒	密码子对去优化、DNA 重组	免疫原性强、保护时间持久、无需全面了解病毒生物学功能	存在毒力恢复风险、普适性差、保存要求高
病毒样颗粒	全病毒	DNA 重组	免疫原性强、无复制风险、可多抗原免疫	制备效率较低、保存要求较高
病毒载体疫苗	病毒抗原	基因敲除、基因插入、密码子优化	普适性强、可复制、无需额外佐剂	载体存在免疫原性、保存要求较高
DNA 疫苗	病毒抗原	基因合成、DNA 重组	普适性强、稳定性好、可快速设计与制备、作用时间长	存在整合风险、递送难度大、靶标选择需深入了解病毒生物学功能
mRNA 疫苗	病毒抗原	体外转录、非天然碱基插入	普适性强、无整合风险、可快速设计与制备、可设计自我复制	稳定性差、靶标选择需深入了解病毒生物学功能、需多次免疫

5.1.1.2 疫苗开发中合成基因组学技术的发展

5.1.1.2.1 减毒疫苗

大规模 DNA 合成技术的发展促进了合成生物学的发展。2002 年，这一技术的发展实现了利用 DNA 合成拯救传染性脊髓灰质炎病毒。在接下来的几年里，研究集中在结合合成生物学和反向遗传学，设计和拯救需要针对性改造的病毒。其中一个典型案例便是在 2008 年，通过密码子对去优化（CPD）策略拯救了脊髓灰质炎病毒株（Baichoo et al., 2014）。该方法采用同义密码子替换策略，即病原体的一个或多个 ORF 在核酸水平被同义替换，而不改变氨基酸水平的编码。随后，该方法被广泛应用于降低病原体毒力，并用于构建潜在的减毒活疫苗。

同义密码子去优化策略为病毒疫苗设计提供了几个优势。编码病毒的基因组可能在一个或几个 ORF 中包含多达数千个同义密码子核苷酸突变。多个同义密码子的替换有助于毒力减弱，且这一数量的突变对毒力逆转形成重大障碍。原则上，可以通过调整引入突变的数量来调节衰减水平。编码的候选疫苗与野生型毒株具有相同氨基酸序列，因此能诱导针对相同表位的先天性、体液性和细胞介导的免疫应答。减毒疫苗中还可能含有 CpG 和 UpA RNA 二核苷酸，这些二核苷酸可以增强宿主免疫反应并提供更大的效力（Tulloch et al., 2014）。CPD 呼吸道合胞病毒（RSV）候选疫苗的临床前评估表明，非洲绿猴对 CPD RSV 的免疫水平与对目前正在婴幼儿临床试验中的两种减毒 RSV 候选活疫苗相似（Le Nouen et al., 2014）。同义编码提供了一种快速发展已知或新出现病原体的减毒毒株的方法。同义密码子替换已应用于两种具有负义 RNA 基因组的重要人类呼吸道病毒，即 RSV 和甲型流感病毒（IAV）（Mueller et al., 2010; Le Nouen et al., 2014）。在大多数情况下，候选疫苗在体外毒力减弱，在动物模型中毒力也能减弱。虽然这种方法具有许多优点，但去优化的潜在机制和结果仍需进一步探索。

病毒对去优化的耐受程度因病毒种类而异。尽管 RSV 的广泛 CPD（11 个 ORF CPD 中的 9 个）易产生复制病毒，但其他病毒可能并非如此。密码子去优化策略对病毒基因的影响很难预测，这意味着，任何情况下表型都必须通过实验进行评估。因此，密码子（对）优化以及某些情况下 CpG 和 UpA 含量的增加导致了编码病毒的特异感染性降低，这种影响因病毒和去优化的基因而异，必须根据具体情况仔细评估。

尽管体内复制受到限制，但去优化的病毒通常在接种疫苗的动物中诱导强烈的免疫反应，通常接近感染野生病毒观察到的水平。在病毒复制过程中产生大量的病毒 mRNA 或双链中间体，这些 mRNA 或双链中间体可能被先天免疫传感器识别。编码的病毒中 CpG 和 UpA 含量的增加导致病毒 mRNA 和 / 或双链中间体的免疫原性增加。用这些病毒刺激后对免疫细胞（树突状细胞、$CD4^+$ 和 $CD8^+$ T 细胞）活化和 / 或增殖的综合评估将有助于阐明这种强免疫原性的基础。此外，对非人类灵长类动物的免疫反应进行全面评估也将提供一部分信息。

总体而言，目前数据鼓励在临床试验中进一步评估这些减毒候选疫苗。然而，需要对不同的去优化策略所赋予的减毒机制有更全面的理解。减毒疫苗毒力恢复似乎很少见，这表明这些病毒在基因上相对来说是稳定的。然而，这是因为去优化的病毒通常没有受到强烈的选择压力（有利于毒力恢复的条件）。在对 CPD RSV 施加强选择压力时，9 个 CPD ORF 的病毒是稳定的。然而，对只含有 CPD L ORF（Min L）的减毒病毒施加选择压力时有意外的发现，CPD ORF 外的去减毒突变，可能抑制 CPD 基因的低表达。因此，需要进一步研究以了解 CPD 所施加限制的逃避机制。

5.1.1.2.2 病毒样颗粒

许多病毒结构蛋白具有自组装成病毒样颗粒（VLP）的内在能力。在结构上，VLP 与其野生型病毒类似，因此，VLP 与真病毒的抗原性高度相似，且具有高度免疫刺激性的物理特征，可以作为有效的疫苗或疫苗平台（Frietze et al., 2016）。VLP 是重组产生的病毒结构，表现出天然病毒的免疫保护特性，但不具有传染性。VLP 可以被用来设计安全地呈现来自与所选载体 VLP 无关的多种病原体的异源抗原。由于这种设计的多功能性，VLP 为通过合理的生物工程实现疫苗供应的现代化提供了技术可能。

常见 VLP 的大小范围为 20 ～ 100nm，该尺寸允许其自由进入淋巴管。通过被引流至淋巴结包膜下区域，最终被特异抗原呈递细胞所摄取。通过 VLP 与天然 IgM 抗体之间的特异性相互作用，可促进 VLP 向 B 细胞滤泡运输。VLP 具有一定的几何结构，这有助于进一步激活 B 细胞。VLP 的多种抗原呈递、高拷贝重复及刚性结构上的表位可以交叉连接 B 细胞受体，可对 B 细胞产生刺激，并诱导强烈、持久的抗体应答。因此，这两个特征，即尺寸和几何结构，对于 VLP 有效激活 B 细胞并引发强烈而持久的抗体反应的能力具有重要作用，并且对其作为疫苗的效用至关重要（Tariq et al., 2021）。在过去几十年中，人们越发认识到，VLP 的这些结构特征可以促进使用 VLP 作为疫苗平台。该技术可用于显著提高异源抗原的免疫原性。工程技术增强了颗粒稳定性、VLP 表面上可显示的抗原多样性以及微调免疫反应的能力。鉴定新型靶向特异性抗原的技术可用于 VLP 的功能理性设计（例如，呈现结构多样的抗原、增强抗原免疫原性和提高疫苗稳定性），对 VLP 疫苗的发展具有重要作用。合成生物学技术，即新的人工生物有机体、途径或过程的重新设计和构建，正在革新疫苗生产。利用合成生物学技术可以对病毒衣壳的组成和组装进行更精确和可预测的控制。因此，疫苗可用于预防或治疗手段，以匹配特定病毒株或产生多价或广泛交叉保护疫苗。

5.1.1.2.3 病毒载体疫苗

大约 40 年前，重组病毒载体首次被用作疫苗递送系统——将乙型肝炎表面抗原基因插入修饰的痘苗病毒中（McCann et al., 2022）。此后，此类疫苗载体已在兽医学中广泛使用，但在 2020 年之前，只有五种载体疫苗通过临床试验获得许可并在人体中使用。由于 SARS-CoV-2 大流行，病毒载体疫苗的使用有所扩大，全球数十亿人接种了疫苗。其中，腺病毒（Ad）疫苗技术应用最为广泛。Ad 是 20 世纪 50 年代首次发现的直径在 80 ～ 100nm 之间的二十面体衣壳的无包膜双链 DNA 病毒。整个 Ad 基因组已被测序，组装和复制的机制也相对清晰。对 Ad 生物学的理解为 Ad 在体内基因表达载体研究方面奠定了基础。Ad 可以有效地递送目标基因，Ad 载体具有高度的免疫原性，并在引入宿主后引发炎症性先天反应，导致对 Ad 的适应性免疫应答，从而阻止了递送基因的长期表达（McCann et al., 2022）。

与亚单位疫苗相比，因转载基因的表达和 Ad 病毒片段的固有免疫原性，不需要额外的佐剂，这使 Ad 成为一个有前途的疫苗平台。Ad 载体已被广泛用于多种不同病毒的疫苗平台构建，包括 HIV、埃博拉病毒、寨卡病毒和 SARS-CoV-2 等（Travieso et al., 2022）。这些疫苗中使用了不同的 Ad 血清型，从人类 Ad5 到不太流行的黑猩猩腺病毒（ChAd）或恒河猴腺病毒（RhAd）。Ad 载体疫苗利用 Ad 的固有传染性促进靶疫苗抗原的体内表达，是通过删除关键的病毒复制基因，特别是 *E1* 和 *E3* 基因，并插入疫苗抗原的编码序列，使载体在保持基因组原始大小的同时无法复制而实现的（Travieso et al., 2022）。Ad 载体疫苗诱导与疫苗抗原表达相关的先天免疫应答，导致 Ad 载体自身和疫苗抗原的适应性 T 细胞和 B 细胞应答。先天免疫反应主要由胞质 DNA 传感器［如 Toll 样受体 9（TLR9）和环鸟苷酸 - 腺苷酸合酶（cGAS）］对宿主细胞中 Ad 基因组的识别驱动。这些传感器触发炎症级联反应，包括干扰素（IFN）和其他细胞因子的产生，以及免疫细胞向给药部位的募集。

抗载体免疫可能对 Ad 疫苗策略提出挑战。大多数关于 Ad 载体的工作都集中在 Ad5 上，鉴于 Ad5 在人类中普遍存在，世界上许多人都接触过 Ad5，并有 Ad5 抗体。针对所用载体血清型的高滴度抗体可降低病毒载体的传染性，从而损害疫苗转基因的表达和所需的抗疫苗免疫应答。尽管 Ad5 载体至今仍在使用，但规避这一预先存在的免疫问题的主要策略是使用罕见的 Ad 血清型或非人类 Ad（Elkashif et al., 2021）。研究者们在这一方面已经开展了大量的工作，以表征作为载体的各种血清型 Ad 的免疫原性，Ad26 成为另一种有效的候选载体。鉴于其模块化性质，Ad 疫苗平台可以很好地适应几乎任何目标抗原，这对于应对 SARS-CoV-2 等所致疾病大流行的快速疫苗开发至关重要。

5.1.1.2.4 DNA疫苗进展

核酸免疫在新一代疫苗领域得到了广泛的关注。DNA 疫苗的概念首次被提出是在 1990 年，通过向小鼠骨骼肌注射 RNA 或 DNA 分子，可以表达氯霉素乙酰转移酶、荧光素酶和 β-半乳糖苷酶，并在体内表达报告基因，且感染后最多两个月内可检测到报告基因（Lee et al., 2018a; Smith et al., 2020）。简而言之，DNA 疫苗可递送基因或其片段，通过使用 DNA 质粒作为载体，编码免疫原性抗原。该方法可有效地诱导体液和细胞介导的免疫应答。DNA 疫苗需要将病原体遗传物质 DNA 转移到宿主的细胞核。进入细胞核后，载体结构中的哺乳动物启动子被激活，通过宿主的细胞机制实现疫苗基因的转录。抗原呈递细胞（APC）是接收遗传物质的主要靶细胞。基因翻译成蛋白质或蛋白质片段后，蛋白质或蛋白质片段被进一步加工成与主要组织相容性复合体（MHC）Ⅰ或Ⅱ类结合的肽。APC 以外的细胞（如心肌细胞）使用 MHC-Ⅰ进行抗原呈递，而 APC［如树突状细胞（DC）］可以使用 MHC-Ⅱ，导致交叉启动和抗原呈递至 $CD4^+$ 和 $CD8^+$ T 细胞。

此外，质粒 DNA 的固有元素，如 CpG 非甲基化序列，可以激活先天免疫应答，从而增强针对表达抗原的适应性免疫应答。尽管在人类中使用 DNA 疫苗的临床试验诱导了细胞和体液反应，但这些反应通常不足以引发显著的临床益处。因此，DNA 疫苗仅被许可用于动物。目前研究者专注于 DNA 疫苗的优化和递送，包括启动子设计、密码子和佐剂的优化、电穿孔的使用、引物 / 增强免疫或用于精细疫苗设计的“组学”方法（Silveira et al., 2021）。

与传统的活疫苗或减毒疫苗相比，DNA 疫苗具有几个优点，例如：诱导广泛的免疫反应而不会有任何微生物复制相关的风险；能刺激细胞免疫和体液免疫；在单个疫苗中构建编码不同抗原的载体；高效、大规模、低成本生产；高储存稳定性。在疫苗学领域，储存是一个关键因素，为保持疫苗的高质量，稳定性是必要的。冷藏对于确保活疫苗的活性和保存其内容物至关重要。DNA 疫苗高度稳定，对冷藏的需求较少，在流行地区或资源匮乏地区可能非常实用。

S 蛋白目前正在被用作临床试验中测试的 DNA 疫苗的抗原。其中一个名为 AG0301-COVID19（ClinicalTrials.gov，编号 NCT04463472），采用两种免疫方案，第一种低剂量（1.0mg），第二种高剂量（2.0mg）。两次注射均在两周内进行肌内注射。目前，正在招募年龄在 20 ～ 65 岁之间的健康个体来评估这种疫苗的免疫原性。生物技术公司（INOVIO Pharmaceuticals，美国宾夕法尼亚州）开发了针对 MERS-CoV 的实验疫苗（INO-4700），设计了用于编码 SARS-CoV-2 S 蛋白的质粒 pGX9501（INO-4800）。在临床前试验期间，INO-4800 疫苗在小鼠和豚鼠单次免疫后几天内观察到细胞和体液免疫反应。因此，该公司开始了临床 Ⅰ 期研究以评估 INO-4800 的安全性、耐受性和免疫原性。该疫苗通过电穿孔皮内注射后，INO-4800 诱导了中和抗体，阻断了 SARS-CoV-2 S 蛋白与宿主受体 ACE2 的结合（Silveira et al., 2021），验证了该疫苗的可行性。

5.1.1.2.5　mRNA疫苗

第一批开发的病毒疫苗是基于减毒活病毒，这些病毒已经减弱了在宿主体内复制的能力，但仍然能够诱导强烈的免疫反应。尽管这些疫苗显示出高度有效和持久的诱导免疫应答的能力，但它们存在突变回其毒力基因型并导致接种者患病的风险。因此，研究者们开发了灭活疫苗。它们通过使用化学技术或物理技术破坏其复制能力。尽管灭活疫苗在安全性方面更具优势，但它们产生免疫反应的持续时间比之前提到的减毒疫苗诱导得更短。亚单位疫苗是另一种常用于预防传染病的疫苗。它们只由一种或几种传染性病原体的抗原组成，而不是整个生物体。免疫系统通过产生针对这些特定抗原的抗体作出反应，因此，识别最有效的抗原或抗原组合至关重要。亚单位疫苗需要佐剂和 / 或多次接种或加强剂量。在过去的几十年中，重组病毒载体已成为有前途的疫苗平台，因为它们可以诱导有效的抗原特异性细胞和体液免疫应答，且不需要额外的佐剂。它们基于插入病毒载体基因组中的病毒抗原递送，该病毒载体保持或失去了复制能力。与上述疫苗相关的所有这些担忧和风险需要进行安全性研究而影响临床试验，尤其大流行期间影响更大。因此，仍然需要更安全、更有效、可扩展和快速设计的疫苗。

信使核糖核酸（mRNA）自 1989 年以来被广泛探索，作为各种疾病的潜在治疗剂。研究者对 mRNA 的兴趣源于其生产简单而廉价、其在人体内的瞬时活性和自然降解，以及与

DNA 疗法相比的安全性优势，因为它不整合人类基因组，避免了插入突变的风险，并且易于在细胞质中转化为蛋白质（Karam et al., 2022）。因此，mRNA 已被用于癌症免疫治疗、体内蛋白质替代或补充、基因组工程和基因重组以及传染病疫苗。mRNA 疫苗由编码感兴趣抗原的单链 mRNA 组成。它们可以以裸 mRNA 形式递送或包裹在递送系统中，以促进其内化到细胞中。mRNA 一旦进入细胞质，就会被细胞的自然翻译机制翻译成蛋白质，然后再经过翻译后修饰，产生一种功能完整的蛋白质。在细胞表面表达后，它激活免疫反应并产生保护性免疫（Zhang et al., 2022）。

合成生物学和生物化学方法已被用于提高疫苗 RNA 的细胞内稳定性、降低细胞毒性和提高蛋白质产量。增强 RNA 稳定性和翻译效率的合成生物学方法广泛涉及工程 RNA 结构或碱基组成。一种常见的结构改变是在体外转录过程中向 RNA 中添加了完整的 5′Cap1[m7G(5′)ppp(5′)G]，这是通过避免未加帽的 RNA 被细胞核酸酶降解来增强 mRNA 稳定性。RNA 结构的其他工程改变包括通过添加高通量功能筛选鉴定模块化 5′ 非翻译区（UTR）和 3′UTR，以稳定 mRNA 并增加蛋白质翻译。在编码区的 5′UTR 和前 30nt 中设计低二级结构，但在这些区域之后添加高二级结构区域也可以促进 mRNA 翻译。

mRNA 碱基组成的修饰可抑制先天免疫识别，降低细胞毒性，并使抗原产量增加（Karam et al., 2022）。例如，Moderna 和 BioNTech 使用修饰的核苷，如假尿苷、*N*-1- 甲基假尿苷、5- 甲氧基尿苷或 5- 甲基胞苷，以产生逃避先天免疫的 mRNA。相比之下，CureVac 未采用核苷修饰，而是将完整的开放阅读框（ORF）密码子替换为最大化 GC 含量的同源密码子，当与优化的 5′UTR 和 3′UTR 匹配时，可显著提高蛋白质产量。

另一种提高 mRNA 疫苗抗原产量的方法是使用合成的自扩增 mRNA（saRNA）。在 saRNA 中，编码 α- 病毒 RNA 依赖性 RNA 聚合酶（RDRP）的 7kb ORF 与亚基因组启动子和复制识别序列一起被置于疫苗抗原 ORF 的上游。一旦正链 saRNA 进入细胞，宿主机器翻译 RDRP，其复制全长负链 mRNA，作为复制更多正链全长 mRNA 和抗原编码亚基因组部分的模板，从而导致抗原表达量增加。这种方法将小鼠流感疫苗每单位疫苗的免疫原性提高了 64 倍（Vogel et al., 2018）。

5.1.2 合成基因组学疫苗技术的应用原理

5.1.2.1 密码子去优化策略在减毒疫苗中的应用原理

减毒活病毒能产生高效的疫苗，提供持久的保护。然而，大多数传染病都不存在合适的低毒力毒株，通过连续培养的方法需要多年的时间来减弱毒力，且难以产生安全的毒株。灭活病毒更容易产生，但其保护期短。因此，迫切需要产生有效减毒活病毒的替代方法，以避免长时间培养并最大限度地减少病毒毒性的逆转。

低成本核酸合成技术的出现使得合成生物学家可以利用大规模的同义密码子突变重新设计整个病毒基因组。这种减毒疫苗开发的方法是利用三联体密码子的简并性，以及特定密码子、密码子对和二核苷酸的非随机频率（Tulloch et al., 2014）。该方法有目的地使用不具代表性的密码子和密码子对来弱化人类细胞中病毒蛋白产生的能力，从而快速可靠地构建减毒病毒，不需要详细了解病毒的生物学功能。这一原理首先被用于构建脊髓灰质炎病毒的弱毒毒株，其中衣壳编码区的数百个同义密码子突变可以实现对病毒复制的抑制，抑制程度超过 60 倍（Le Nouen et al., 2014）。减毒病毒毒性严重减弱，但仍然具有传染性，绝大多数减毒病毒可在 25 次传代中保持稳定。类似的技术产生了减毒活流感病毒、呼吸道合胞病毒和登革病毒（Mueller et al., 2010; Le Nouen et al., 2014; Le Nouen et al., 2019）。

使用密码子去优化策略构建减毒疫苗有多个优势。速度是成功应对传染病暴发的关键，这项技术的一个优势是不需要详细了解病毒功能即可构建减毒疫苗。计算技术可以从基因组数据中预测蛋白质编码区和密码子偏好特性。一个去优化的基因组需要 3 ～ 5 天的时间来设计，48 天就可以完成基因组合成、细胞系测试和临床生产交接。另一个优势是减毒活病毒通常会诱导与野生型病毒相同的强大免疫反应。单次剂量可能足以产生持久的保护性免疫，而且数百种突变使毒力逆转可能性极小。

5.1.2.2 合成基因组学在病毒样颗粒疫苗开发中的应用原理

VLP 是由一种或多种病毒结构蛋白自组装而成的纳米颗粒，是高度结构化的中空颗粒，直径 20 ～ 200nm，在结构上与天然病毒颗粒相同或相似，通过将一个或多个编码病毒结构蛋白的基因插入表达载体中，然后将其转移到异源表达系统（如原核细胞或真核细胞）中而形成，用于自组装（Frietze et al., 2016）。VLP 疫苗与常规疫苗相似，唯一的区别是 VLP 不含病毒核酸，因此不能复制。这也意味着 VLP 疫苗没有传染性，安全性更高。VLP 技术为开发针对烈性传染病的有效疫苗提供了一个有利平台。VLP 通过 $CD4^+$ T 细胞和 $CD8^+$ T 细胞的增殖诱导细胞免疫应答，并诱导 B 细胞介导的体液免疫应答（Tariq et al., 2021）。与其他亚单位疫苗相比，VLP 更具免疫原性。它们是有效的免疫刺激分子，可以在其表面显示重复的抗原表位，触发有效的 T 细胞和 B 细胞免疫反应。

VLP 已成为一种强大和多功能的生产平台，不仅被用作未修饰的病毒组件对抗亲代病毒的疫苗，还被用作显示异源抗原的支架。鉴定新型靶向特异性抗原的技术及其对 VLP 功能合理工程的有用性（例如，呈现结构多样的抗原、增强抗原免疫原性和提高疫苗稳定性）同样对 VLP 疫苗的发展具有重要作用。合成生物学技术有望实现对病毒衣壳的组成和组装进行更精确和可预测的控制。机器学习算法可以用于表位预测和基于结构的模块化设计。与合成基因组学相辅相成，这些信息将为设计 VLP 功能和开发通用 VLP 平台提供基础。这些技术具有巨大的潜力，可以减少疫苗开发时间和与当前疫苗平台相关的生产成本。

5.1.2.3 合成基因组学在病毒载体疫苗开发中的应用原理

重组病毒载体通常是通过删除对宿主产生有害感染的基因，然后插入编码目标抗原的基因来制备。病毒载体的基本运行机制是携带目标病原体的遗传信息。通过这种方式，异源基因在其增殖周期中与载体基因一起表达，导致目标细胞内产生免疫原性表位，类似于“特洛伊木马”。因此，任何病毒载体的目标都是在宿主对自身的免疫应答方面实现某种程度的隐形表型，但同时诱导针对重组靶抗原的强烈免疫应答。为了实现必要的隐蔽性和安全性，病毒载体的一些非必需基因被删除，并被所需的重组基因取代，以输送到宿主细胞中（Travieso et al., 2022）。

在 SARS-CoV-2 疫苗中，应用腺病毒（Ad）载体疫苗较多。除腺病毒载体外，还可以使用多种其他病毒平台，提供多种基因组，可适应不同的插入大小且具有表达任何外源抗原的能力。载体的选择取决于在何处、如何以及何时表达所需基因的特征。表达免疫原性蛋白、表位或多表位的腺病毒疫苗载体可诱导细胞和体液免疫应答，从而进一步激活针对表达的转载基因的体液和细胞免疫反应。由此产生的免疫反应，特别是细胞免疫反应，对清除细胞内病毒感染至关重要。基于 HAd5 载体的递送系统是研究最广泛的基因递送平台。由于其广泛流行，某些特殊人群对 HAd5 病毒载体的现有免疫力可达到 90% 以上；因此，引发的免疫应答和疫苗效力可能受到负面影响（McCann et al., 2022）。为了克服这一限制，使用了其他罕见的人类 Ad 类型，包括 HAd26、HAd35 和 HAd11，以及非人类 Ad（黑猩猩 Ad、牛 Ad、犬 Ad 和猪 Ad），这些 Ad 是基于人类缺乏交叉中和的 Ad 免疫而选择的。

5.1.2.4 合成基因组技术在DNA疫苗开发中的应用原理

核酸疫苗的作用机制是将编码病毒成分的 DNA 或 RNA 导入人体细胞，这些细胞在自然感染过程中产生病毒抗原，以诱导强大的细胞和体液免疫。核酸疫苗的优势包括设计快速和生产流程简单等。几乎任何蛋白质表位都可以被靶向，但尺寸的增大会增加生产成本和复杂性，并降低了交付效率，大多数疫苗的基因组在 5 ～ 12kb 范围内。SARS-CoV-2 基因组大小为 30kb，因此病毒的生物学功能研究需要进一步探究用于选择表位。一旦获得基因组序列，核酸疫苗就可以在几周内设计、制造并开始试验。

与早期 RNA 制剂相比，DNA 疫苗因其更好的稳定性和引发更弱的非特异性炎症而受到青睐。DNA 疫苗的一个优点是相对较高的热稳定性。另一个优点是作用时间长，啮齿动物肌内注射后抗原表达延长至 1.5 年。然而，相对较弱的免疫原性、体内电穿孔的核内传递的要求以及不良基因组整合风险限制了 DNA 疫苗的应用。现代 DNA 疫苗通过密码子优化、免疫刺激细胞因子的共同管理、流线型质粒和无质粒双链 DNA 设计以及无针肌内注射而提高了免疫原性。密码子优化常会考虑密码子使用偏差、GC 含量、CpG 二核苷酸含量、mRNA 二级结构、隐性剪接位点、polyA 位点、内部 chi 位点和核糖体结合位点、负 CpG 岛、RNA 不稳定区域（ARE）、重复序列（直接重复、反向重复和二元重复）以及可能干扰克隆的限制性位点。此外，为了提高翻译的激活效率和性能，会将 Kozak 和 Shine-Dalgarno 序列插入合成基因中。为了提高翻译终止的效率，在 cDNA 末端插入了两个连续的终止密码子。

5.1.2.5 序列元件改造策略在mRNA疫苗开发中的应用原理

在过去几十年中，合成 mRNA 一直被认为是一种新兴的生物治疗剂。新冠疫情的暴发使得合成 mRNA 首次被应用于临床。合成 mRNA，即体外转录（IVT）mRNA，是 mRNA

疫苗的关键组成部分。它通过在结构上类似于天然 mRNA 的方式翻译细胞质中的蛋白质，并根据其工程化方式表现出不同的蛋白质表达模式。mRNA 能编码抗原并诱导细胞免疫和体液免疫，因此被认为是一种强大的疫苗系统。RNA 疫苗具有 DNA 疫苗的许多优点，如快速设计和易于制造，且不存在 DNA 疫苗潜在的基因组整合问题。RNA 疫苗不需要电穿孔，因为它们只需要穿过一个脂质双层进入细胞质进行翻译即可产生抗原。因为 RNA 不如 DNA 稳定，且易被环境中和细胞内普遍存在的核酶快速降解，其主要挑战是如何将完整的转录物输送到人体细胞中。大多数疫苗制造商使用材料化学和脂质纳米颗粒来浓缩、保护和增强 RNA 的细胞内传递。人类细胞有几种防御机制，可识别外源 RNA 并诱导 RNA 降解和炎症反应，从而减缓翻译并导致细胞毒性，所有这些都会抑制抗原产生和靶向免疫。

鉴于 mRNA 的 5′UTR 和 3′UTR 可显著影响转录物的翻译速率和半衰期，优化 UTR 对 mRNA 疫苗设计很有意义。使用基于细胞培养的系统选择过程来识别新的 UTR，可显著增加 mRNA 的蛋白质表达。mRNA 碱基组成的修饰可抑制先天免疫识别，降低细胞毒性，并使抗原产量增加（Karam et al., 2022）。使用合成的自扩增 mRNA（saRNA）可以提高 mRNA 疫苗的抗原产量。在 saRNA 中，编码 α- 病毒 RNA 依赖性 RNA 聚合酶（RDRP）的 7kb ORF 与亚基因组启动子和复制识别序列一起被置于疫苗抗原 ORF 的上游。正链 saRNA 进入细胞，宿主机器翻译 RDRP，其复制全长负链 mRNA，作为复制更多正链全长 mRNA 和抗原编码亚基因组部分的模板，从而诱导高度扩增的抗原表达（Vogel et al., 2018）。

5.1.3 合成基因组学疫苗技术的操作规程

5.1.3.1 减毒疫苗中密码子去优化的操作规程

RSV 疫苗和抗病毒药物正处在临床前和临床开发中；然而，没有适合于常规使用的 RSV 疫苗或抗病毒药物。Le Nouen 等人使用密码子对去优化（CPD）策略设计和产生 RSV 的新候选疫苗（Le Nouen et al., 2014）。这种策略是通过重新排列、替换病毒中的一个或多个 ORF 现有的同义密码子，以增加 ORF 中出现频率低的密码子对。CPD 可以在不改变氨基酸序列的情况下进行，主要机制是造成翻译效率的降低。由于 CPD 涉及数百或数千个核苷酸替换，因此被认为不太可能出现毒力恢复。由于氨基酸编码不受影响，CPD 菌株提供了与野生型病毒相同的表位，可用于诱导细胞和体液免疫。最近，CPD 方法已成功用于减弱脊髓灰质炎病毒、甲型流感病毒、肺炎链球菌和 Ⅰ 型艾滋病毒（Le Nouen et al., 2014）。

如图 5-1 所示，在本工作中，通过反向遗传学设计、合成了四个 CPD RSV 基因组。CPD 重组（r）RSV 在体外被减毒并对温度敏感。此外，研究者证明了 CPD rRSV 在小鼠和非洲绿猴（AGM）中毒力减弱并具有免疫原性。在 AGM 模型中，CPD rRSV 的复制水平与两种小儿 RSV 候选疫苗相当，目前正在婴儿和幼儿的临床 Ⅰ 期研究中进行测试。因此，CPD 策略可用于构建新的 RSV 减毒活疫苗候选疫苗。

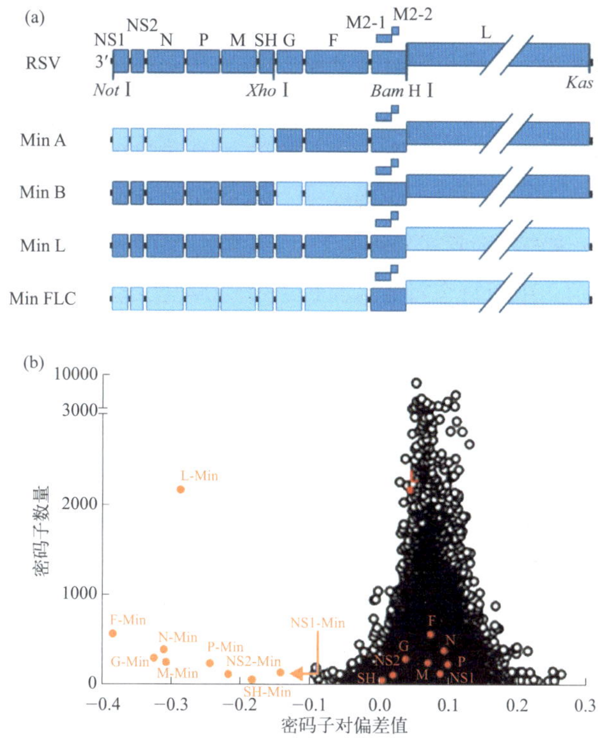

图 5-1　密码子对去优化策略构建 RSV 减毒疫苗

5.1.3.1.1　材料

Lipofectamine 2000 购自 Life Technologies。RNeasy mini 试剂盒购自 Qiagen，用于 RNA 提取。1× 蛋白酶抑制剂购自 Roche。L- 谷氨酰胺、2% MEM 氨基酸购自 Gibco-Life Technologies。FBS 购自 HyClone。

5.1.3.1.2　细胞

非洲绿猴（AGM）肾细胞（Vero）、人 HEp-2 细胞（ATCC CCL23）、BSR T7/5 细胞［表达 T7 RNA 聚合酶的幼仓鼠肾 21（BHK-21）细胞］。

5.1.3.1.3　呼吸道合胞病毒（RSV）基因的编码

① 给定的氨基酸对可以由多达 36 个不同的密码子对（例如 Arg-Leu 对）编码。使用计算机算法，对呼吸道合胞病毒（RSV）的 ORF 进行了计算编码，以包含大量在人类宿主中未充分表达的密码子对，同时保留了野生型密码子的使用和氨基酸序列。

② 计算机重新设计病毒基因组后重新化学合成，整个病毒通过反向遗传学再生。

5.1.3.1.4　CPD重组RSV cDNA的构建

① 通过反向遗传学，使用抗原组 cDNA D46/6120 构建重组 RSV（rRSV），该抗原组 cDNA 是 rA2 cDNA 质粒的衍生物，在 rA2 cDNA 质粒的基础上敲除了其 *SH* 基因下游非编

码区的 112nt 片段，并对 *SH* ORF 的最后三个密码子进行了同义密码子替换。进行这些改变是为了在大肠杆菌中提高生长期间的稳定性，并且不会影响体外或小鼠中病毒复制的效率。采用的序列位置编号是基于生物衍生菌株 A2 的完整序列（GenBank 登录号：M74568）。

② 构建四个全长 cDNA 质粒，分别命名为 Min A、Min B、Min L 和 Min FLC。Min A 包含 NS1、NS2、N、P、M 和 SH 的 CPD ORF。将具有这六个 CPD ORF 的合成 RSV cDNA 的 4508bp *Not* Ⅰ-*Xho* Ⅰ片段克隆到类似切割的 D46/6120 中。Min B 含有 CPD G 和 F ORF，将含有合成 CPD ORF 的 3907 bp *Xho* Ⅰ-*Bam* HⅠ cDNA 片段克隆到类似切割的 D46/6120 中。Min L 含有 6750bp 的 *Bam* HⅠ-*Kas* Ⅰ片段，该片段克隆到类似切割的 D46/6120 中的 CPD L ORF。Min FLC[全长克隆（FLC）] 包含除 M2 之外的全部基因的 CPD ORF。

③ 通过将所有三个合成的 CPD 片段（*Not* Ⅰ-*Xho* Ⅰ、*Xho* Ⅰ-*Bam* HⅠ和 *Bam* HⅠ-*Kas* Ⅰ）依次克隆到 D46/6120 中产生 Min FLC。

④ 通过对质粒中包含的 RSV 抗原组的序列进行分析，确认了野生型和所有四个 CPD 质粒的序列。Min A、Min B、Min L 和 Min FLC 全长核苷酸序列的 GenBank 登录号分别为 KJ817798、KJ817799、KK817800 和 KJ817801。

5.1.3.1.5　rRSV的制备

① 在六孔板中，BSR T7/5 细胞生长至汇合度约为 95%，用含有 3% FBS、1mmol/L L-谷氨酰胺和 2% MEM 氨基酸的 GMEM 洗涤两次，并使用 Lipofectamine 2000 和 5μg 全长质粒、2μg pTM1-N 和 2μg pTM1-P 以及 1μg pTM 1-M2-1 和 1μg pTM2-L 的质粒混合物进行转染。

② 在 37℃下孵育过夜后，将转染的细胞刮入培养基中，加入单层 Vero 细胞中，32℃下培养。在转染后第 11 ～ 14 天收集拯救的野生型病毒、Min A rRSV、Min B rRSV、Min L rRSV 和 Min FLC rRSV。

5.1.3.1.6　病毒生长和滴定

① 拯救病毒后，在 32℃条件下，在含有 2% FBS 的培养基中生长的 Vero 细胞里加入野生型 RSV 和 CPD rRSV。

② 通过将感染的细胞刮入培养基中，然后涡旋 30s，离心澄清上清液，并添加 10×SPG [2.18mol/L 蔗糖、0.038mol/L KH_2PO_4、0.072mol/L K_2HPO_4、0.06mol/L L- 谷氨酰胺（pH 7.1）]。将病毒等分试样快速冷冻并储存在 −80℃。用 0.8% 甲基纤维素覆盖物对 Vero 细胞进行菌斑试验，测定病毒滴度，滴度以每毫升斑块形成单位（PFU）表示。

③ 在 32℃下孵育 10 ～ 12 天后，用 80% 冷甲醇固定平板，用三种 RSV 特异性单克隆抗体的混合物进行免疫染色，观察结果。从所有病毒中分离病毒 RNA，并用 RT-PCR 对病毒基因组进行序列分析，确认重组病毒的基因组序列正确且无不定突变。

5.1.3.1.7　体外CPD rRSV复制动力学

① 在六孔板中的 Vero 细胞的融合单层中进行多周期和单周期复制实验。在多周期复制

实验中，以每个细胞 0.01PFU 的感染复数（MOI）感染三次，并在 32℃或 37℃下孵育。

② 从第 1 天到第 14 天每天采集病毒（除了 Min B，Min B 从第 1 天到第 12 天在 32℃下测定，其病毒滴度低），方法是将感染细胞刮入培养基，然后涡旋 30s，并通过低速离心进行分离。每个样品 / 时间点分别重复三次。

③ 将病毒等分试样快速冷冻并储存在 −80℃下，按照“病毒生长和滴定”部分所述对病毒进行滴度测定。接种后，通过在 32℃下滴定 Vero 细胞上的病毒来确认 MOI。

④ 在单周期复制实验中，用野生型 RSV、Min A、Min L 或 Min FLC 以每个细胞 1PFU 的 MOI 模拟感染，并在 32℃或 37℃下孵育。每 4h［从感染后 4h 到 24h（hpi）］，针对每个病毒 / 时间点采集一个单孔，并处理病毒，通过将细胞刮入培养基中收集。将该悬浮液分为两个等分试样，通过 300*g* 离心将细胞沉淀。按照说明书，使用 RNeasy mini 试剂盒（Qiagen）分离细胞相关 RNA，并用 DNase Ⅰ处理以去除残留的基因组 DNA。使用含有 1× 蛋白酶抑制剂（Roche）的非变性和非还原性细胞裂解缓冲液裂解另一等分细胞，并使用 QIAshredder（Qiagen）匀浆，通过蛋白质免疫印迹分析病毒相关蛋白。

5.1.3.1.8 CPD rRSV的特异性感染

① 使用病毒 RNA 提取试剂盒（Qiagen）提取来自 2×10^2PFU 的野生型 RSV、Min A、Min L、Min FLC 或 Min B 的病毒 RNA。

② 使用链特异性引物对 4μL RNA 提取液进行反转录。然后，每个 cDNA 反应的 10% 通过基因组特异性 qPCR 进行扩增。基因组 RNA 的定量结果用于表示与野生型 RSV 相比的倍数差异。

5.1.3.1.9 小鼠中CPD rRSV复制的评估

① 在小鼠的上呼吸道和下呼吸道（URT 和 LRT）中评估病毒复制。简言之，10 只 6 周龄雌性 BALB/c 小鼠在甲氧基氟烷麻醉下于第 0 天鼻内接种 4.5×10^5PFU 的野生型 RSV、Min A、Min L 或 Min FLC。

② 第 4 天和第 5 天，每组杀死 5 只小鼠（使其吸入 CO_2）。采集鼻甲和肺组织，分别在含有 1×SPG、2% L- 谷氨酰胺、0.06mg/mL 环丙沙星、0.06mg/mL 克林霉素磷酸酯、0.05mg/mL 庆大霉素和 0.0025mg/mL 两性霉素的 Leibovitz (L)-15 培养基中匀浆。病毒滴度按照“病毒生长和滴定”部分的描述，在 32℃温育的 Vero 细胞上测定。

5.1.3.1.10 非洲绿猴CPD rRSV复制和免疫原性评估

① 在四组 RSV 血清阴性非洲绿猴的鼻内和气管内接种 1mL Leibovitz (L)-15 培养基，每个位点含有 10^6PFU 的野生型 RSV、Min A、Min L 或 Min FLC，RSV cps2 或野生型 RSV，RSVVΔNS2Δ1313 I1314L 或野生型 RSV。

② 从第 0 天至第 10 天以及第 12 天或第 14 天采集鼻咽拭子，并将其置于 2mL Leibovitz (L)-15 培养基中，该培养基以 1×SP［2.18mol/L 蔗糖、0.038mol/L KH_2PO_4、0.072mol/L

K_2HPO_4（pH 7.1）] 作为稳定剂。

③ 从第0天至第12天或第14天每隔一天采集一次气管灌洗样本。用3mL PBS进行灌洗，将回收的液体与等体积的含有2×SP的Leibovitz (L)-15培养基混合。按照病毒生长和滴定中的描述，在32℃温育的Vero细胞上重复测定收集的鼻拭子和气管灌洗液样品中的病毒滴度。对气管灌洗液滴度进行调整，以校正上述两倍稀释。

④ 在第0天和第28天采集血清。使用rRSV中GFP在Vero细胞中的表达来测定60%斑块减少中和抗体滴度。

5.1.3.2 病毒样颗粒疫苗中的基因合成与改造的操作规程

需要开发一种有效、安全的人体免疫缺陷病毒（HIV）疫苗，以控制全球艾滋病大流行。目前，还没有批准用于临床的HIV疫苗。目前主要有三个因素阻碍了HIV-1疫苗的研发：病毒多样性、免疫系统逃避和缺乏合适的动物模型进行疫苗评估。用于克服病毒免疫逃避的一种主要方法是利用HIV-1蛋白的保守区域，例如，包膜糖蛋白gp120或包膜（跨膜）蛋白gp41。诱导产生广泛反应性的单克隆抗体可能会抵消HIV-1的多样性。因此，HIV-1疫苗的潜在解决方案可以通过开发预防性HIV-1类病毒疫苗（VLP）来实现。

HIV-1 VLP具有基于病毒gag蛋白的复杂结构，其自组装成大小和形态类似于未成熟HIV-1颗粒的特定结构。VLP作为非传染性、复制缺陷的颗粒，与化学灭活或减毒活病毒制成的传统疫苗相比，安全性更高。包膜VLP显示其表面具有适当折叠的全长蛋白质，并与天然包膜三聚体结构紧密相似。免疫系统对与未成熟HIV-1病毒相似的特定抗原反应良好。VLP抗原通过主要组织相容性复合体（MHC）Ⅱ类途径以及MHC Ⅰ类内源性途径进行处理并呈递抗原，诱导$CD4^+$和$CD8^+$ T细胞介导的免疫应答。因此，VLP可以有效地诱导体液和细胞免疫反应。VLP现在被认为是最有吸引力的HIV疫苗之一，目前正在研究多种基于VLP的HIV-1疫苗。然而，增强VLP免疫原性仍然是普遍需要的。在这项研究中，研究者报道了通过将两种质粒共转染HEK293细胞来构建VLP，以获得高效稳定表达HIV-1结构蛋白Gag、pol和Env的哺乳动物细胞系。VLP在免疫后诱导特异性体液和细胞免疫应答，无需任何佐剂（Zhang et al., 2011）。

5.1.3.2.1 材料

质粒pcDNA3.1(−)和Lipofectamine-2000购自Invitrogen（Carlsbad，美国）。质粒D-GPEi、pcDNA 3.1、EnvB/C、pNL4-3、Luc.R-E和HOS-CD4-CCR5细胞、HEK293细胞由该实验室制备。使用质粒Giga试剂盒（Qiagen，荷兰）纯化质粒，最终产物无内毒素（＜2.5U/mg）。HIV-1阳性血清从一名广西艾滋病患者体内获得。Anti-human-HRP-IgG购自Jackson ImmunoResearch Laboratories（West Grove，美国），G418购自Invitrogen。DMEM培养基购自HyClone Laboratories（Logan，美国）。CTL试剂盒购自Promega（Madison，美国），通过标准乳酸脱氢酶（LDH）测定总毒性。质粒D-GPEi由CMV启动子、卡那霉素抗性基因、原核细胞高拷贝因子和内含子组成。将一种常见的中国HIV-1毒株的主要结构蛋白Gag、pol

和 Env 克隆到该表达载体中，Gag 与 pol 的 N 端融合。

5.1.3.2.2 重组HEK293细胞和HIV-1 VLP的生产

① 通过共转染质粒 D-GPEi 和 pcDNA3.1 获得表达 HIV-1 结构蛋白 Gag 和 Env 的重组 HEK293 细胞。

② HEK293 细胞孵育在含有 10% 胎牛血清的 DMEM 培养基中。

③ D-GPEi 和 pcDNA3.1 使用 Lipofectamine-2000 将质粒共转染 293 细胞。

④ 将黏附的 G418 抗性细胞胰蛋白酶化，并在转染后 48h 连续稀释到含有 G418 的培养基中。

⑤ 将稳定的 293 细胞系保持在含 G418（1mg/mL）的标准生长培养基中。

⑥ 2 ～ 3 周后，4000r/min 离心收集上清液，并通过 0.22μm 过滤器。

⑦ VLP 置于 Beckman SW28 转子中在 4℃、26000r/min 下通过 30% 蔗糖缓冲液进行超速离心，纯化 1.5h。

⑧ 通过标准电子显微镜分析和 Western blot 分析确认其组装。

5.1.3.2.3 免疫实验

① 雌性 BALB/c 小鼠，由 6 只 6 ～ 8 周龄的动物组成，分别通过肌内注射给予 0.5μg、2.5μg、12.5μg 和 25μg 纯化 VLP 和 DNA（100g）。对照小鼠用无内毒素磷酸盐缓冲盐水处理。

② 免疫计划基于 3 剂方案，其中在初次免疫后第 3 周和第 5 周进行加强免疫。所有免疫方案均在两个独立的实验中进行，未添加佐剂。最后一次免疫后一周，通过每只动物的尾部出血采集血样。通过标准方法获得血清并储存于 −80℃。

5.1.3.2.4 细胞毒性T淋巴细胞（CTL）的检测

① 第四次免疫后两周收集免疫小鼠的脾脏。用浓度为 1mmol/L 的合成肽致敏约 1×10^6 个 P815/BALB 靶细胞，在 37℃下保持 2h。根据说明书，使用 CTL 试剂盒通过标准乳酸脱氢酶（LDH）测定总毒性。

② 硝酸纤维素底 96 孔板涂上 5g/mL 抗 IFN 抗体在 4℃下过夜，非特异性结合在 37℃下阻断 1h。纯化的脾细胞在预定的密度分为三份。

③ 洗涤平板，在 37℃下再加入生物素化检测抗体反应 1.5h。将稀释 1000 倍的辣根过氧化物酶 - 链霉亲和素添加到孔中并孵育 1h，之后添加辣根过氧化物 - 链霉抗生物素底物。30min 后，洗涤终止比色反应。干燥后对斑点进行计数。

5.1.3.2.5 中和试验

① 将质粒 pcDNA3.1EnvB/C 和 pNL4-3.Luc.R-E 共转染 293T 细胞。转染后 48h，在 37℃下以 1∶1、1∶2、1∶4 和 1∶8 的最终稀释度与血液孵育 1h，收集上清液。

② 该混合物通过 DEAE 感染 CD4-CXCR4 分泌的 HOS 细胞。根据说明书，在 72h 后使

用荧光素酶测定系统（Promega）收集、裂解和测试 HOS 细胞。

③ 在 Dynex MLX 光度计中定量荧光素酶的表达程度，并以相对光单位记录。通过线性回归分析计算抑制性中和浓度。

5.1.3.3 病毒载体疫苗中的基因合成与改造的操作规程

寨卡病毒（ZIKV）曾在美洲大暴发，造成新生儿小头畸形，可以在人与人之间传播，此事件表明需要一种有效的疫苗以提供持久的抗 ZIKV 免疫力。自从世界卫生组织宣布 ZIKV 为公共卫生紧急事件以来，已经取得了非凡的进展，包括 ZIKV 原子结构的描述、ZIKV 分离物的测序基因组的扩展。在小鼠中开发了临床前 ZIKV 感染模型和非人灵长类动物以及裸 DNA 疫苗、脂质体包裹的 RNA 疫苗和基于病毒载体的疫苗。

研究者利用临床验证的复制缺陷型黑猩猩腺病毒载体（ChAdOx1）作为疫苗平台，表达 ZIKV 的前膜（prM）和包膜基因。研究表明，免疫反应取决于靶标的调节，特别是包膜和 prM 的跨膜（TM）结构域。ChAdOx1 ZIKV 候选疫苗通过病毒载体表达 ZIKV prM 和包膜，并缺失 TM 结构域，可显著降低巴西 ZIKV 分离株感染小鼠的病毒血症水平。由于 ChAdOx1 平台在人体中具有良好的安全性和免疫原性，且适用于按照生产规范进行大规模生产，ChAdOx1-ZIKV 疫苗是进一步临床评估的有力候选疫苗（Lopez-Camacho et al., 2018）。

5.1.3.3.1 材料

小鼠 BALB/c（H-2d）和 CD1（ICR）购自 Envigo（英国）和 Charles River（美国）。合成基因盒 prME 由 GeneArt® 生产。删除囊膜蛋白 TM 域的 prME（prMEΔTM）、完整囊膜蛋白（Env）、删除 TM 的囊膜蛋白（EnvΔTM）均由实验室制备。抗兔 HRP 复合物购自 Abcam。TMB 底物购买于 Sigma 公司。

5.1.3.3.2 动物来源

使用雌性近交系 BALB/c（H-2d）和近交系 CD1（ICR）小鼠（6 ～ 8 周）评估免疫原性（n=6 只 / 组）。对 BALB/c 小鼠（n=5 只 / 组）进行 ZIKV 感染。对于腺病毒疫苗，小鼠接种单剂量的编码 ZIKV 抗原的黑猩猩腺病毒载体疫苗（ChA-dOx1），剂量为 1×10^8 个感染单位。所有病毒载体疫苗均肌内注射并在无内毒素 PBS 中稀释。空 DNA 疫苗和表达无关疟疾抗原（cCSP）的 ChAdOx1 用作对照疫苗。

5.1.3.3.3 ZIKV基因组和蛋白质的生物信息学分析

① 储存在 GenBank 中的完整 ZIKV 基因组（不少于 10.5kb）用于构建系统发育树，研究者可以进一步识别和设计研究者的疫苗转基因候选基因。

② 核苷酸和蛋白质序列的比对分析、共识分析和系统发育树是通过结构和非结构编码序列而产生的。

③ 使用 Geneious 软件生成系统发育树。寨卡病毒、登革病毒和黄热病毒蛋白之间的序列比对使研究者能够使用以下特征——起始密码子、跨膜结构域和已知黄热病毒酶切位点产生的 ZIKV 保守序列。

5.1.3.3.4 转基因设计

① 对来自亚洲 ZIKV 保守序列的 prM 和囊膜编码序列（翻译为 670 个氨基酸）进行了密码子优化，并在 prM 的 5′ 端之前添加了 tPA 前导核苷酸序列。为了改善翻译的起始，在 tPA 的 5′ 端之前加入了 Kozak 保守序列。

② 转载基因设计包括所需的酶限制位点，以能够克隆在巨细胞病毒（CMV）启动子与穿梭表达载体（pMono）中包含的 polyA 序列之间的转载基因。合成基因盒由 GeneArt® 生产，命名为 prME。

③ GeneArt®prME 质粒用作模板，通过 PCR 亚克隆进一步生成以下版本，包括限制位点、终止密码子或其他特征，如下所示。

a．删除囊膜蛋白 TM 域的 prME（prMEΔTM）

正向引物：AGAGAGGATGAAGCTTGCCATCACCAGAAGAGGCA GCG

反向引物：GCATGCTCGAGCGGCCGCTCATCACATTCTCTTGGCTCCCCGC

b．完整囊膜蛋白（Env）

正向引物：GAAACCGTAAGCTTATGCGGTGTATCGGTGTCC

反向引物：ACCGGTCAGACGTACTCGA

c．删除 TM 的囊膜蛋白（EnvΔTM）

正向引物：GAAACCGTAAGCTTATGCGGTGTATCGGTGTCC

反向引物：CACCAATGCGCGCCTCCGAGCTATTACAGAGTTCAGGGCTCCG

5.1.3.3.5 腺病毒寨卡疫苗生产

① 使用独特的 *Kpn* Ⅰ和 *Not* Ⅰ位点将合成转基因插入腺病毒穿梭质粒。将转基因置于 BGH polyA 转录终止序列的上游，并在 CMV 启动子的控制下，使用体外 Gateway 反应（LR Clonase Ⅱ系统，Invitrogen）将含有 attL 区序列的进入质粒与目的载体 ChAdOx1 中包含的 attR 区重组。

② 使用侧翼引物（启动子正向引物和 polyA 反向引物）通过 DNA 测序验证了成功重组的 ChAdOx1-ZIKV 质粒。参照标准细胞生物学和病毒学技术以产生非复制性腺病毒载体。

5.1.3.3.6 细胞培养

① HEK-293 和 Vero 细胞（ATCC，分别为 CRL-1573™ 和 CCL81™）在添加了 10% 胎牛血清、1% L- 谷氨酰胺和 1% 非必需氨基酸的 DMEM 培养基中生长。

② 使用 Countess 自动细胞计数器通过锥虫蓝染色计算细胞数量和生存能力。两种细胞系均在 NCBI 生物样本数据库中进行了描述。

5.1.3.3.7 ZIKV感染模型

① 在免疫后第4周，用10^5个ZIKV-BR病毒颗粒（10^2PFU）通过静脉途径感染未接种的BALB/c小鼠（*n*=5只/组）。

② ZIKV感染后的病毒载量在第1天、第2天、第3天、第4天和第7天通过RT-PCR定量。确定样本大小达到80%，以检测保护效力的显著差异。

③ 在盲实验中接种疫苗。开展在ZIKV感染和激发前的ELISA实验，对样本结果进行记录。

5.1.3.3.8 夹心ELISA评估ZIKV传染性

① Immulon 2HB（Thermo Scientific™）96孔板涂有3μg/孔PBS中纯化的黄病毒MAb D1-4G2-4-15（ATCC，HB112™），并在室温下孵育过夜。

② 去除抗体，在室温下用含0.02%吐温-20（PBS）的2%脱脂奶粉封闭孔2h。用PBST洗涤后，加入ZIKV感染的细胞裂解物，并在室温下孵育1h。用PBST清洗孔，在室温下用6μg/mL的R34IgG在PBST中孵育1h，然后再次洗涤。

③ 使用抗兔HRP复合物（Abcam）和TMB底物（Sigma）检测与ZIKV包膜蛋白结合的抗体。在微板读取器中测量450nm处的吸光度。

5.1.3.4 DNA疫苗中密码子优化的操作规程

基于DNA的疫苗平台在安全性和易生产性方面展现出非常大的优势。先前的研究表明，基于DNA疫苗的SARS和MERS-CoV疫苗可诱导中和抗体反应，并在侵染模型中提供保护。此外，在Ⅰ期研究中，用编码MERS-CoV S蛋白的DNA疫苗免疫的受试者显示出持久的中和抗体反应和T细胞应答，血清转化率为96%。SARS-CoV-2 S蛋白在序列和结构上与SARS-CoV S最相似，并与MERS-CoV-S蛋白具有类似的蛋白折叠结构。S蛋白的受体结合位点是抗体的主要靶点。针对S蛋白受体结合域（RBD）的抗MERS抗体往往比针对其他表位的抗体具有更大的中和效力。有研究表明，恢复期患者血清中抗RBD抗体的消耗导致对SARS-CoV-2的中和活性丧失90%以上，表明SARS-CoV-2 RBD是疫苗开发的关键靶点。

如图5-2所示，意大利Takis Biotech公司的Aurisicchio团队构建了SARS-CoV-2的DNA疫苗的方法（Conforti et al., 2022）。DNA疫苗具有温度稳定和无冷链的特点，这与经批准的RNA和载体疫苗相比具有明显优势，可用于资源有限的场景。此外，合成DNA疫苗有利于加快开发时间，因为多个候选疫苗可以相对简单地设计、临床前测试、大量生产，并通过既定的监管途径进入临床。将DNA质粒注射到骨骼肌中，随后进行称为电基因转移（EGT）或电穿孔（EP）的短电刺激，改善抗原表达，局部和短暂组织损伤有利于注射部位炎性细胞募集和细胞因子产生。基于骨骼肌中质粒DNA的EP产生疫苗方面的经验，研究者们生产并筛选了几种表达SARS-CoV-2 S蛋白不同部分的构建体，并选出了一种DNA质粒疫苗——COVID-eVax，可编码 SARS-CoV-2 S 蛋白 RBD 分泌单体形式，用于进一步临床开发。COVID-eVax 具有良好的安全性，它可以诱导有效的抗 SARS-CoV-2 nAb 反应和 T 细胞反应，也可以对抗当前最常见的变异毒株（VOCs），并且对 SARS-CoV-2 感染的人类血管紧张素转换酶 2（hACE2）转基因小鼠和雪貂具有显著的保护作用。

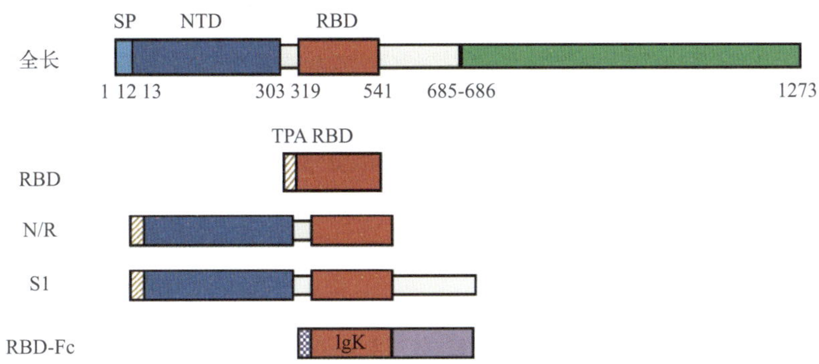

图 5-2　SARS-CoV-2 的 DNA 疫苗构建（Conforti et al., 2022）

5.1.3.4.1　材料

小鼠、大鼠和雪貂。Lipofectamine 2000 转染试剂、放射免疫沉淀分析（RIPA）缓冲液、ExpiFectamine 293 脂质阳离子转染试剂购自 Thermo Fisher Scientific。SARS-CoV-2 S1 亚单位一抗购自 Sino Biological。RBD-Fc 和 RBD-6×His 蛋白由实验室制备。RBD-Fc 蛋白通过含蛋白 A 柱（TOYOSCREEN AF-RPROTEIN a HC-650F；Tosoh Bioscience）AktaPure 系统进行亲和色谱分析和纯化。RBD-6×HIS 蛋白通过带有 HisPur-Ni-NTA 色谱盒（Thermo Fisher）的 AktaPure 系统进行离子色谱分析。

5.1.3.4.2　动物

小鼠 BALB/c（$H-2^d$）和 C57BL/6（$H-2^b$）在特定的无菌条件下饲养，杂合型小鼠在 6 ～ 10 周龄时使用；16 只 7 周大的雌性 Sprague-Dawley 大鼠，体重范围为 140 ～ 155g，均购自 Envigo（意大利）。小鼠 B6.Cg-Tg（K18-ACE2）$^{2Prlmn/J}$ 购自 The Jackson Loboratory。16 只 7 个月大的雌性雪貂（*Mustela putorius furo*）是从英国内政部认可的供应商（Haymen Farm）获得的。动物在英国危险病原体咨询委员会（ACDP）的 3 级控制中成对饲养。笼子符合英国内政部《饲养、供应或用于科学手术的动物的住房和护理实施规程》要求。

5.1.3.4.3　合成基因和疫苗构建体

① 编码 SARS-CoV-2 S 蛋白的 cDNA 的设计和密码子优化分析在 GenScript（中国）上进行。所有构建体都是合成的，并针对密码子进行了优化。密码子优化变体考虑了密码子使用偏差、GC 含量、CpG 二核苷酸含量、mRNA 二级结构、隐性剪接位点、polyA 位点、内

部 chi 位点和核糖体结合位点、负 CpG 岛、RNA 不稳定区域（ARE）、重复序列（直接重复、反向重复和二元重复）以及可能干扰克隆的限制性位点。

② 为了提高翻译的激活效率和性能，将 Kozak 和 Shine-Dalgarno 序列插入合成基因中。为了提高翻译终止的效率，在 cDNA 末端插入了两个连续的终止密码子。

③ 通过将密码子适应指数（CAI）提高到 0.94，人类密码子使用偏好性增加。优化 GC 含量和不利峰值以减少 mRNA 的降解。

④ 除去影响 mRNA 稳定性、核糖体结合等的茎环结构。此外，优化过程筛选并成功地修饰了这些负顺式作用位点。对于 RBD、N/R 和 S1 构建体的构建，使用序列特异性引物通过 PCR 扩增每个区域对应的 cDNA，并通过 *Pac* Ⅰ /*Not* Ⅰ酶切限制性定向克隆到线性化的 pTK1-ATPA 载体中。

⑤ 全长表达载体由 In-Fusion 克隆系统（Takara）生成，通过使用与合成基因和受体空载体 pTK1A 重叠的特异性引物扩增 cDNA。然后将全长构建体克隆到 pTK1A 的 *Bgl* Ⅱ限制性位点上。

5.1.3.4.4 重组SARS-CoV-2刺突蛋白的瞬时表达及蛋白质印迹验证

① 用 Lipofectamine 2000 转染试剂（Thermo Fisher Scientific）协助 SARS-CoV-2S 片段表达载体瞬时转染 HEK293 细胞。

② 两天后，通过 Amicon Ultra 离心过滤器（Sigma）收集上清液并浓缩，使细胞在放射免疫沉淀分析（RIPA）缓冲液（Thermo Fisher Scientific）中聚集并裂解。细胞裂解物和上清液通过 SDS-PAGE 分离并转移到硝酸纤维素膜上。

③ 用含用 5% 牛奶和 0.05% 吐温 20 的 PBS 稀释为 1∶1000 的 SARS-CoV-2 S1 亚单位一抗（Sino Biological）进行免疫印迹。

④ 使用 ECL Prime Western 印迹系统（Cytiva，Merck）进行化学发光检测，并由 ChemiDoc 成像系统（Bio-Rad）获取结果。

5.1.3.4.5 重组蛋白和肽

① 根据说明书，用 ExpiFectamine 293 脂质阳离子转染试剂（Thermo Fisher）瞬时转染 Expi293F 高密度细胞产生 RBD-Fc 和 RBD-6×His 蛋白。1 周后收集含有蛋白质的上清液，并通过离心和过滤进行分离。

② RBD-Fc 蛋白通过含蛋白 A 柱 AktaPure 系统进行亲和色谱分析和纯化。简言之，蛋白柱采用结合缓冲液（磷酸盐 0.1mol/L，pH 8）平衡，并在同一缓冲液中 1∶1 稀释。洗涤柱后，通过 0.1mol/L pH 3 柠檬酸盐缓冲液洗脱回收蛋白，再用 pH 9 的 Tris-HCl 中和，并在 1×PBS 中用 Slide-A- 分析仪（Thermo Fisher）进行透析。

③ 根据说明书，RBD-6×HIS 蛋白通过使用带有 HisPur-Ni-NTA 色谱盒（Thermo Fisher）的 AktaPure 系统进行离子色谱分析。简言之，柱子在 5mmol/L PBS- 咪唑中平衡，并加载在相同缓冲液中 1∶1 稀释的上清液。洗涤后，用 PBS- 咪唑（0.3mol/L，pH 7.4）洗脱蛋白质，

并用 Slide-A- 分析仪（Thermo Fisher）在 PBS 中透析。

④ 从透析中回收后，将 RBD-Fc 和 RBD-6×His 蛋白在分光光度计上测定 280nm 处的吸光度用于定量分析。通过 SDS-PAGE 和蛋白质印迹分析评估蛋白质纯度。

5.1.3.4.6 接种疫苗

① 针对小鼠实验，在小鼠股四头肌中注射 0.1 ～ 20mg 剂量的 DNA 疫苗并通过电刺激进行电转化。DNA 在 PBS 中配制，浓度为 0.2mg/mL。用 IGEA Cliniporator（Carpi，意大利）及针电极（电极 a-15-4B）制备 DNA 电转液。在不同的时间点，分析抗体和细胞介导的免疫应答。

② 针对大鼠实验，在适当的隔离期后，将动物分为三个不同的实验组（4 只雌性一组），并在每次接种疫苗时通过肌肉内电转进行免疫。针对雪貂实验，在右腿股四头肌肌内注射 400mg RBD 的 8 只雪貂在第 −4 天和第 −14 天进行两次免疫。另有 8 只雪貂未接种疫苗。

5.1.3.4.7 病毒和体内治疗

① 本研究使用 SARS-CoV-2 的 hCoV-19/Italy/LOM-UniSR-1/2020（GISAID 登录 ID：EP-I_ISL_413489）分离物。

② 病毒分离研究在 BSL-3 实验室进行，在 Vero E6 细胞中形成，这些细胞在 37℃、5%CO_2 的完全培养基（DMEM 含 10% 胎牛血清、1% 青霉素加链霉素、1% L- 谷氨酰胺）中培养。

③ 用菌斑减少试验（PRA，PFU/mL）和终点稀释试验（EDA，$TCID_{50}$/mL）滴定病毒含量。在 PRA 中，用 8 倍稀释的病毒原液感染单层 Vero E6 细胞。在 37℃下吸附 1h 后，去除无细胞病毒。然后将细胞在含有 2%FBS 和 0.5% 琼脂糖的 DMEM 中孵育 48h。固定细胞并染色，计数病毒斑。

④ 在 EDA 中，将 Vero E6 细胞接种到 96 孔板中，并用 10 倍稀释的病毒原液以 95% 的汇合率感染。在 37℃下吸附 1h 后，去除无细胞病毒，用 PBS 洗涤细胞，并向细胞中加入完整的培养基。

⑤ 48h 后，观察细胞以评估细胞病变效应（CPE）。然后通过应用 Reed-Muench 公式测定病毒的 $TCID_{50}$/mL。K18-hACE2 小鼠用 10mg COVID-eVax 或生理盐水溶液肌内注射免疫，21 天再次注射免疫。

⑥ 在 2% 异氟醚（#IsoVet250）麻醉下，通过鼻内使用每只小鼠 10^5TCID_{50}/mL 的浓度进行病毒感染，监测小鼠以记录体重、临床和呼吸参数。

⑦ 在右腿股四头肌肌内注射 400mg RBD 的 8 只雪貂在第 −4 天和第 −14 天进行两次免疫。另有 8 只雪貂未接种疫苗。

⑧ 第一次接种后 6 周，所有雪貂均接受 SARS-CoV-2 Victoria/01/202035 的感染。通过鼻内滴注（总共 1.0mL，每个鼻孔 0.5mL）感染病毒（5×10^6PFU/mL，在 PBS 中稀释）。

⑨ 在感染后的第 2、4、6 和 7 天，从所有雪貂身上取洗鼻液和咽拭子。通过用 2mL

PBS 冲洗鼻腔获得鼻腔冲洗液。对于咽拭子，用植绒拭子（MWE Medical Wire，Corsham，UK）轻轻地擦拭扁桃体区域的咽部后部。对收集的样品进行测试。每组 4 只动物在试验后第 3 天被安乐死，剩余的动物在试验后第 7 天被施以安乐死。

5.1.3.5 mRNA疫苗中序列元件改造的操作规程

mRNA 已成为一种有前景的疫苗形式，可以引发有效的免疫应答，同时不存在与某些活病毒疫苗相关的安全风险和抗载体免疫。与其他疫苗平台相比，mRNA 疫苗具有几个优势：①它是一种非整合的、非传染性的基因载体，可以很容易地设计，并高效表达任何蛋白质；②具有成本效益高、可扩展性强的制造潜力；③小剂量足以诱导保护性免疫应答。

宾夕法尼亚大学的 Drew Weissman 团队设计了一种有效的抗 ZIKV 疫苗，其中 ZIKV H/PF/2013 的前膜和包膜糖蛋白（prM-E）由含有修饰核苷 1- 甲基假尿苷（m1Ψ）的 mRNA 编码，这阻止了先天免疫感应并增加了活体中的 mRNA 翻译（Pardi et al., 2017）。核苷修饰的 ZIKV prM-E mRNA 通过脂质纳米颗粒（LNPs）的包封制备用于疫苗接种。对 ZIKV 和其他黄病毒的研究表明，膜前蛋白和包膜蛋白的共表达足以组装和分泌亚病毒颗粒。将 ZIKV prM-E 编码 mRNA 转染 HEK293T 细胞以及人和小鼠树突状细胞。ZIKV 包膜（E）蛋白可以产生并分泌到 HEK293T 细胞的上清液中。研究者们证明了用脂质纳米颗粒包封的核苷修饰的 mRNA（mRNA-LNP）进行单次低剂量皮内免疫，该 mRNA 编码 2013 年 ZIKV 暴发毒株的膜前糖蛋白和包膜糖蛋白，在小鼠和非人灵长类动物中引发了强而持久的中和抗体反应。用 30μg 核苷修饰的 ZIKV mRNA-LNP 可保护小鼠在接种后 2 周或 5 个月免受 ZIKV 攻击，50μg 的单剂量足以保护非人灵长类动物在接种后 5 周免受攻击。这些数据表明，核苷修饰的 mRNA-LNP 可引发快速持久的保护性免疫，因此是全球抗击 ZIKV 的一种新的、有前途的疫苗候选物。

5.1.3.5.1 试剂

抗 CD4 PerCP/Cy5.5（clone GK1.5）抗体购自 Biolegend，抗 CD3 APC-Cy7（clone 145-2C11）、抗 CD27 PE（clone LG.3A10）、抗 TNF PE-Cy7（无性系 MP6-XT22）、抗 IFN-γAF700（clone XMG1.2）以及抗 IL-2 APC（clone JES6-5H4）抗体均购自 BD Bioscience。水性死细胞染色试剂盒购自 Life Technologies。抗体山羊抗小鼠 IgG HRP（Sigma 4416）以及山羊抗猴 IgG HRP（Sigma 2054）购自 Sigma。ZIKV E 蛋白特异性单克隆抗体购自 BEI sources。重组 ZIKV E 蛋白（AZ 6312）购自 Aalto 生物试剂。胎牛血清购自 HyClone。L- 谷氨酰胺购自 Life Technologies。RIPA 缓冲液以及 poly C RNA 购自 Sigma 公司。TransIT mRNA 购自 Mirus Bio。4×LaemmLi 缓冲液以及预制聚丙烯酰胺标准 TGX 凝胶购自 Bio-Rad。QIAamp MinElute 病毒试剂盒购自 Qiagen，用于 RNA 分离。SensiFAST 探针 Lo-ROX 一步试剂盒（Bioline BIO-78005）购自 Bioline。

黄病毒小鼠单克隆抗体 4G2，克隆 D1-4G2-4-15 抗体（EMD Millipore MAB10216）用于通过蛋白质免疫印迹检测 ZIKV E 蛋白。以下抗体用于流式细胞术：抗 CD4 PerCP/Cy5.5（clone GK1.5，Biolegend）、抗 CD3 APC-Cy7(clone 145-2C11，BD Biosciences）、抗 CD27 PE(clone

LG.3A10，BD Bioscience）、抗 TNF PE-Cy7（无性系 MP6-XT22，BD Biosciences）、抗 IFN-γAF700（clone XMG1.2，BD Bioscience）、抗 IL-2 APC（clone JES6-5H4，BD Bioscience）。使用活 / 死可固定的水性死细胞染色试剂盒（Life Technologies）来区分死细胞和碎片。以下抗体用于 ELISA 测定：山羊抗小鼠 IgG HRP（Sigma 4416）、山羊抗猴 IgG HRP（Sigma 2054）和 ZIKV E 蛋白特异性单克隆抗体（BEI sources）。ZIKV 中和人单克隆抗体 Ab3594 由杜克大学、新加坡国立大学提供。在 ELISA 中使用纯化的重组 ZIKV E 蛋白（Aalto 生物试剂 AZ 6312）检测 E 蛋白特异性 IgG。

5.1.3.5.2 mRNA合成

① 使用 T7 RNA 聚合酶在线性化质粒（pTEV-ZIKVprM-E-A101）上产生 mRNA，该质粒编码密码子优化的 ZIKV 株 H/PF/2013（亚洲谱系，GenBank：KJ776791）prM-E 糖蛋白。

② mRNA 被转录以包含 101 个核苷酸的 polyA 尾巴。使用 *N*1- 甲基假尿苷 -5′- 三磷酸（TriLink）代替 UTP 生成修饰的含核苷 mRNA。

③ 使用带有 2′-*O*- 甲基转移酶的 m7G 试剂盒给 mRNA 加帽以获得 cap1，并通过快速蛋白质液相色谱（FPLC）方法纯化。通过琼脂糖凝胶电泳分析 mRNA，并在 −20℃冷冻保存。

5.1.3.5.3 细胞培养

① 将人胚胎肾（HEK）293T 细胞（ATCC）培养在含有 2mmol/L L- 谷氨酰胺和 10% 胎牛血清的 DMEM 培养基中。

② 在扩增和冷冻保存 HEK293T 细胞系之前，对其进行支原体污染测试。

③ 人树突状细胞由单核细胞产生，并在 RpMI1640 培养基中生长，该培养基含有 2mmol/L L- 谷氨酰胺和 10% 胎牛血清（HyClone），并含有 50μg/mL 重组人 GM-CSF 和 100μg/mL 重组人 IL-4。

④ 通过每 3 天加入含有 IL-4 和 GM-CSF 的新鲜培养基来维持细胞，并在第 7 天使用。

⑤ 从动物股骨获得骨髓细胞中产生小鼠树突状细胞，并在含 50μg/mL 小鼠 GM-CSF 的完整培养基中生长。通过每 3 天加入含有小鼠 GM-CSF 的新鲜培养基来维持细胞，并在第 7 天使用。

5.1.3.5.4 mRNA转染

① 根据说明书，用 TransIT mRNA 转染人和小鼠树突状细胞和 HEK293T 细胞：将 mRNA（0.3μg）与 TransIT mRNA 试剂（0.34μL）和增强试剂（0.22μL）在 17μL 无血清培养基中混合，并将复合物添加到 183μL 完整培养基中（含 2×10^5 个细胞）。

② 收集上清液，并在转染后 18h 将细胞在 RIPA 缓冲液（Sigma）中（冰上）裂解 1h。

5.1.3.5.5 囊膜蛋白的蛋白质印迹分析

① 通过非变性 SDS-PAGE Western Blot 检测转染 ZIKV prM-E 的细胞的全细胞裂解物和

上清液中的 ZIKV E 蛋白。将样品与 4×LaemmLi 缓冲液混合，并使用 4% ～ 15% 的预制聚丙烯酰胺标准 TGX 凝胶在 200V 下分离 45min。

② 使用半干式仪器（Ellard Instrumentation Ltd）在 10V 下将样品转移到 PVDF 膜上 1h。在含有 0.5% 吐温 -20 的 TBS 缓冲液中用 5% 的非脂肪干乳封闭膜。

③ 用 1∶10000 4G2 检测 E 蛋白 1h，然后用山羊抗小鼠 IgG HRP 1∶10000 检测 1h。在室温下在封闭缓冲液中进行抗体孵育。

④ 使用 Luminata Forte 底物（Millipore）和 Kodak X-OMAT 1000A 处理器进行印迹分析。

5.1.3.5.6 脂质纳米粒子包裹mRNA

① 使用自组装工艺将 FPLC 纯化的 mRNA 和 poly C RNA 封装在 LNP 中，其中 pH 4.0 的 mRNA 水溶液与溶解在乙醇中的脂质溶液快速混合。本方法中使用的 LNP 在组成上含有可电离阳离子脂质、磷脂酰胆碱、胆固醇和 PEG 脂质（物质的量之比为 50∶10∶38.5∶1.5），并以约 0.05（质量比）的 RNA 与总脂质的比例封装。

② 使用 Zetasizer Nano ZS 仪器（Malvern Instruments Ltd）通过动态光散射测量，LNP 的直径约为 80nm。RNA-LNP 制剂储存在 −80℃，RNA 浓度约为 1μg/μL。

5.1.3.5.7 小鼠和恒河猴递送RNA-LNP

① 从 Charles River Laboratories 购买 8 周龄的雌性 BALB/c 和 C57BL/6 小鼠，并将小鼠笼随机分配给各组。功率分析用于计算所有动物组的大小，以确保统计上的显著结果。

② RNA-LNP 在 PBS 中稀释，并用 0.3mL $29^{1/2}$G 胰岛素注射器（BD Biosciences）皮下注射到动物体内。在下背部四个注射部位（每个 30μL）注射。

③ 针对恒河猴，用氯胺酮麻醉动物，剃光背部被毛，注射 PBS 稀释的 mRNA-LNP。使用了 10 个注射点（每个 60μL）。将年龄和体重相似的动物分为一组。

5.1.3.5.8 寨卡病毒感染小鼠和恒河猴

① 针对小鼠，接种疫苗后 2 周或 20 周，给小鼠采血，然后静脉注射 200 PFU ZIKV PRVABC59（溶于 100μL PBS 中）。

② 感染后 3 天和 7 天采集血液，以测定血浆中的病毒载量（每毫升血浆 ZIKV RNA 拷贝数）。

③ 用氯胺酮麻醉恒河猴，并在后大腿皮下注射 10^4 $TCID_{50}$ ZIKV PRVABC59（溶于 1mL PBS 中）。

④ 感染后 1 天、3 天、5 天和 7 天采集血液，以测定血浆中的病毒载量（每毫升血浆 ZIKV RNA 拷贝数）。

5.1.3.5.9 病毒载量定量（qRT-PCR）

① 使用 QIAamp MinElute 病毒试剂盒从 200μL（恒河猴）或 50μL（小鼠）血浆中分离 RNA。

② 提取的 RNA 在 7500 real-time PCR 系统（Applied Biosystems）上使用 SensiFAST 探针 Lo-ROX 一步试剂盒（Bioline BIO-78005）进行扩增。

③ 设计引物和探针扩增 ZIKV BeH815744 衣壳基因的一个保守区，如下：

正向引物：5′-GGAAAAAAAGGCTATGGAAATAATAAAG-3′；

反向引物：5′-CTCTCCTAGCATTGATTATTCTCA-3′；

探针：5′-AGTTCCAAGAA AGATCTGGCTG-3′

使用终浓度为 2μmol/L 的引物和探针，并运行以下程序：48℃ 30min，95℃ 10min，然后 95℃ 15s 循环 40 次，60℃循环 1min。恒河猴的测定灵敏度为 50 拷贝 /mL，小鼠样品为 200 拷贝 /mL。

5.1.4 常见问题与解决方案

5.1.4.1 密码子去优化策略中的常见问题与解决方案

问题 1：为什么不在 M2 区域进行密码子去优化？

回答 1：因为 M2 区域是重叠（overlapping）区域，同时编码两个独立的蛋白，进行密码子优化可能会影响两个蛋白的编码。

问题 2：为什么 BSR T7/5 细胞生长的密度需约为 95%？

回答 2：细胞密度高一些，质粒转染的效率会更高。

问题 3：如何使鼻咽拭子的采集重现性受到的影响较小？

回答 3：采用多次、同一方向转动样品采集棒，在裂解液中充分搅拌、溶解。

问题 4：多个质粒转染如何提高转染效率？

回答 4：将多个质粒与转染试剂混合，孵育 10min，再进行转染。另外，在转染过程中，将培养基更换为非完全培养基（opti-MEM）可以提高转染效率。

5.1.4.2 病毒样颗粒疫苗策略的常见问题与解决方案

问题 1：如何采集免疫小鼠的血样和血清并保证样品质量？

回答 1：对免疫小鼠的尾部进行血样采集，获得血样后加入抗凝剂，快速转移至低温离心机，5000r/min，离心 10min，收集血清，储存于 −80℃。

问题 2：透射电子显微镜下如何观察病毒样颗粒？

回答 2：收集病毒样颗粒，采用磷钨酸或者乙酸双氧铀对病毒样颗粒进行负染，负染时间为 30 ～ 60s，不宜过长，快速清除负染液，洗涤超薄碳膜上的病毒样颗粒样本，对样本进行透射电镜观察。

问题 3：病毒样颗粒的免疫印迹分析有哪些需要注意的地方？

回答 3：尽可能除去细胞碎片等；一抗、二抗的稀释倍数、孵育时间等条件需要优化；显色液必须是新鲜配制，最后加入密封的过氧化氢溶液。

5.1.4.3 病毒载体疫苗策略的常见问题与解决方案

问题 1：如何调控载体病毒的复制能力？

回答 1：通过选择是否敲除载体病毒的复制基因，比如腺 Ad5 型病毒中的 *E1* 基因。

问题 2：在病毒制备过程中，如何保证细胞的存活率？

回答 2：选择合适的质粒转染浓度；实时观察细胞状态，选择合适的转染时间，及时更换新鲜培养基。

问题 3：如何提高病毒载体疫苗的产率？

回答 3：优化疫苗的启动子序列；添加合适的增强子序列；选择合适的转染量和细胞密度；选择合适的辅助质粒。

5.1.4.4 DNA疫苗开发中的常见问题与解决方案

问题 1：如何提高脂质体包装 DNA 的效率？

回答 1：首先，转染的 DNA 纯度需要得到保证，在转染前，对 DNA 进行纯化；控制转染 DNA 的长度；在脂质体转染试剂中添加辅助试剂，如磷脂酰胆碱、胆固醇和 PEG 脂质等。

问题 2：如何提高表达蛋白的纯度？

回答 2：加入核酸酶消化 DNA/RNA；通过色谱分析的方法除去样本中的 DNA/RNA 杂质；正常流程清洗纯化设备，减少样本污染。

问题 3：如何提高质粒 DNA 的纯度？

回答 3：可以通过以下方法实现。选择合适的细胞裂解液，加入氯化钙等试剂增强 DNA 沉淀能力，多次纯化。

5.1.4.5 mRNA疫苗开发中的常见问题与解决方案

问题 1：RNA 的转录效率和稳定性如何保证？

回答 1：为了提高 RNA 的制备效率，需要保证 T7 RNA 聚合酶的稳定性，比如操作中 T7 RNA 聚合酶需要放置在冰盒上，使用完毕快速转移至 −20℃；避免转录溶液中过高浓度的 EDTA 等螯合剂；在无 RNA 酶的环境下操作。在 RNA 的保存液中添加无水乙醇、减少反复冻融等方法可以提高 RNA 的保存稳定性。

问题 2：如何提高 mRNA 的转染效率？

回答 2：可以通过电穿孔，更改转染试剂，如阳离子聚合物等。

问题 3：mRNA 引起炎症反应问题如何解决？

回答 3：对 RNA 进行修饰，比如在合成 RNA 过程中添加一些核苷酸类似物。

问题 4：如何提高脂质体包装 mRNA 的效率？

回答 4：首先，转染的 mRNA 纯度需要得到保证，在转染前，对 RNA 进行纯化；在无 RNA 环境下操作，减少 RNA 酶的干扰；在脂质体转染试剂中添加辅助试剂，如磷脂酰胆碱、胆固醇和 PEG 脂质等。

5.1.5 相关案例与分析

5.1.5.1 密码子对去优化策略构建首个新冠减毒活疫苗

石溪大学的 Steffen Mueller 课题组构建了首个新冠病毒减毒活疫苗——COVI-VAC（Wang et al., 2021）。COVI-VAC 是通过密码子对去优化策略重新编码新冠病毒的刺突蛋白开发而成，该方法在刺突蛋白中引入 283 个点突变。为了增加疫苗株的安全性，从病毒基因组中删除了刺突蛋白内的弗林蛋白酶（Furin）位点。除弗林蛋白酶位点缺失外，COVI-VAC 和野生型 SARS-CoV-2 氨基酸序列相同，确保所有病毒蛋白都能与疫苗接受者的宿主免疫系统结合。COVI-VAC 在体外对温度敏感，但在最佳温度下仍能正常复制。与野生型（WT）病毒接种者相比，鼻内接种 COVI-VAC 的金黄仓鼠（*Mesocricetus auratus*）的组织病毒载量始终较低，肺部病理学较温和，体重减轻。接种 COVI-VAC 后产生的 IgG 抗体水平和中和滴度与接种 WT 病毒的仓鼠相似。在 WT 病毒攻击后，COVI-VAC 疫苗接种的志愿者肺部病毒滴度明显减少，在大脑中检测不到病毒，且能保护仓鼠免于 SARS-CoV-2 相关的体重减轻。在相关体内模型中，高度减毒的 COVI-VAC 在单次鼻内剂量下便具有保护作用。该方法具有大规模生产潜力，有望用于大规模疫苗接种计划中。

上述工作证明了合理设计和合成新冠减毒活疫苗用于应对新冠病毒疫情传播的可行性。

使用密码子对去优化病毒方法构建活的减毒疫苗可确保存在激活宿主免疫系统的所有组成部分，并能消除载体疫苗中载体序列对宿主的潜在影响。密码子对去优化的策略已经用于 HPV、流感病毒及呼吸道病毒等病毒的减毒活疫苗的开发，相关数据可以为开发安全的新冠减毒活疫苗提供重要参考（多个密码子的同义替换使得减毒疫苗的毒力难以逆转）。大规模病毒生长的简易性与单剂量鼻内给药的可能性相结合，使 COVI-VAC 成为可用于大规模免疫计划的临床试验中的有吸引力的候选药物。研究数据表明，COVI-VAC 可能是目前开发的用于动物和人类的潜在重要减毒活疫苗类的重要部分。与其他密码子对去优化疫苗一样，它呈现所有具有其天然氨基酸序列的病毒抗原，在单剂量小动物模型中安全有效，毒力难以逆转，且可以在允许的温度下复制到高滴度。该疫苗目前正在进行 I 期临床试验，以测试其在人体中的安全性和有效性。

5.1.5.2 基因组拆分策略构建单次侵染活性的病毒样颗粒

SARS-CoV-2 是继 SARS-CoV 和 MERS-CoV 之后，第三种引起大规模疫情的冠状病毒。这些烈性病毒的研究均需在生物安全防护三级（BSL-3）实验室进行，然而 BSL-3 实验室建造成本高昂、数量不足等问题对病毒的相关研究造成了很大的阻碍。此外，此前报道的假病毒蛋白或基因大量缺失，与真病毒差异大，相关研究深度受限，且难以反映病毒的真实情况。

如图 5-3 所示，中国科学院深圳先进技术研究院张先恩、戴俊彪与马英新团队构建了一个病毒基因组拆分（split-virus-genome，SVG）系统，将 SARS-CoV-2 的全基因组分为三个部分：分别为 ORF1ab 片段（含病毒包装信号）；S 片段（含刺突蛋白）；StruΔS 片段（含辅助

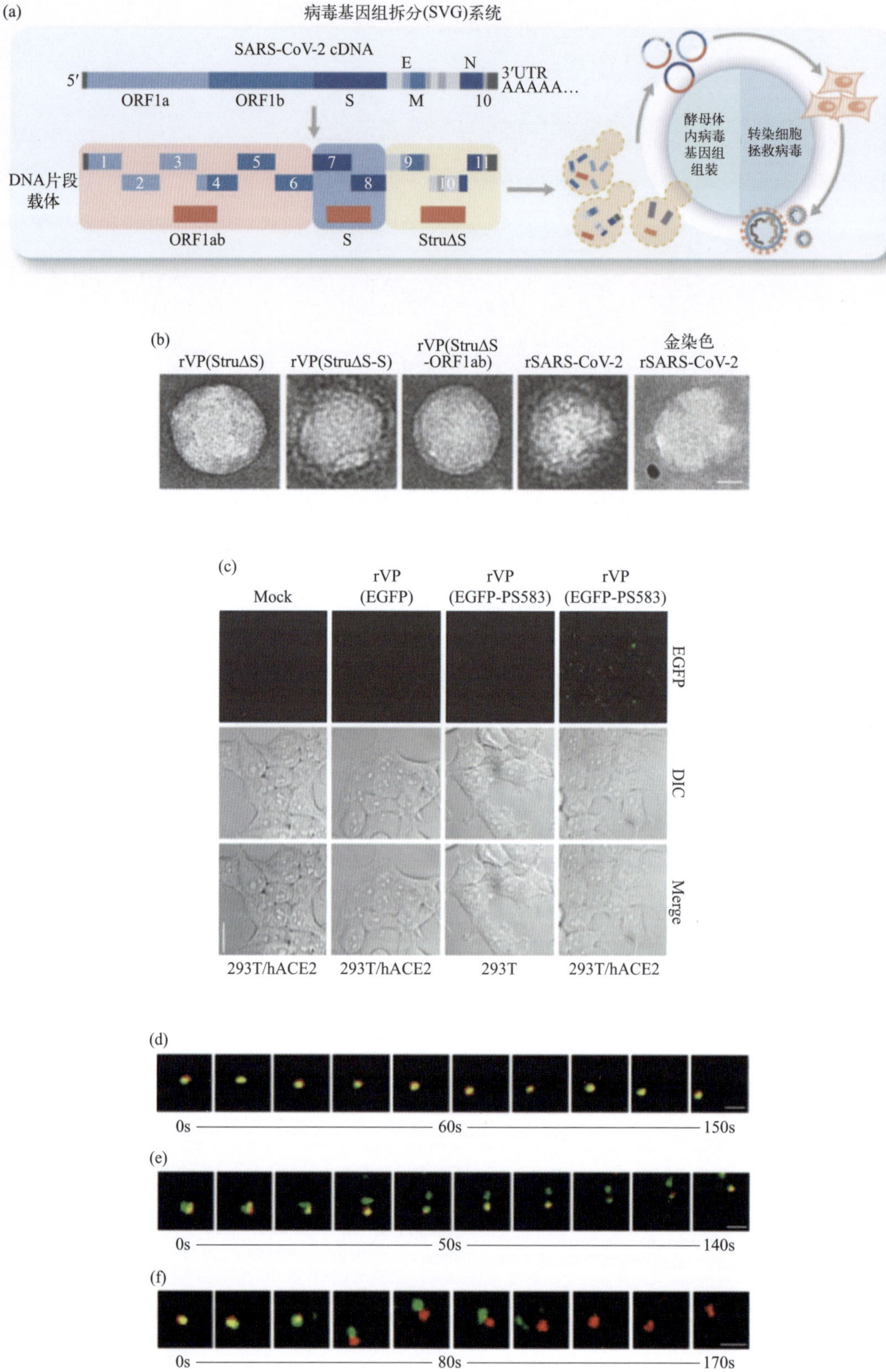
(a)
病毒基因组拆分(SVG)系统
SARS-CoV-2 cDNA
5′
E
N
3′UTR
AAAAA…
ORF1a
ORF1b
S
M
10
DNA片段
载体
1
2
3
4
5
6
7
8
9
10
11
ORF1ab
S
StruΔS
酵母体内病毒基因组组装
转染细胞拯救病毒
(b)
rVP(StruΔS)
rVP(StruΔS-S)
rVP(StruΔS-ORF1ab)
rSARS-CoV-2
金染色
rSARS-CoV-2
(c)
Mock
rVP (EGFP)
rVP (EGFP-PS583)
rVP (EGFP-PS583)
EGFP
DIC
Merge
293T/hACE2
293T/hACE2
293T
293T/hACE2
(d)
0s
60s
150s
(e)
0s
50s
140s
(f)
0s
80s
170s

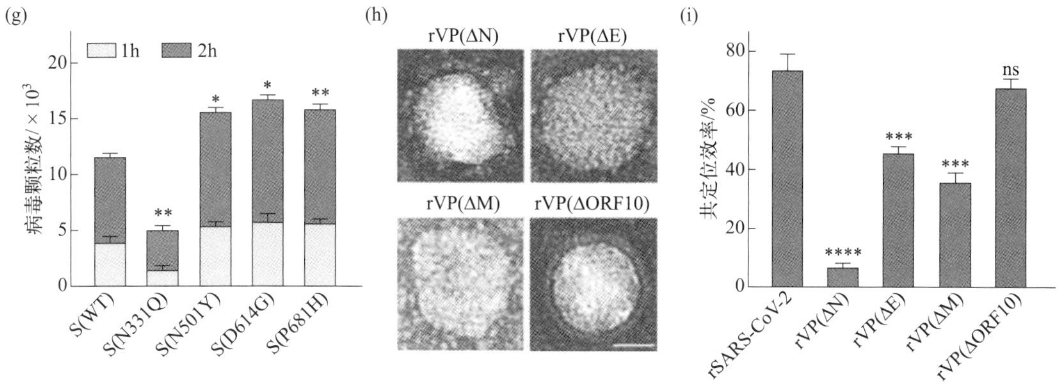

图 5-3　基因组拆分策略用于构建蛋白组分完整的病毒样颗粒（Ma et al., 2022）

ns，表示无显著差异

蛋白和其他结构蛋白）（Ma et al., 2022）。通过上述质粒组合转染，产生重组病毒颗粒（rSARS-CoV-2），该 rSARS-CoV-2 具有完整的蛋白组分，但基因组仅有 ORF1ab 片段。因此，rSARS-CoV-2 不能产生子代病毒，可在 BSL-2 实验室中安全操作。研究者们利用 SVG 系统，开展了多个 SARS-CoV-2 病毒学相关研究。首先，预测并验证了 SARS-CoV-2 的病毒包装信号。通过比对多种冠状病毒基因组，预测了潜在包装信号序列；借助 rSARS-CoV-2 进一步验证了包装序列的存在。然后，实现了对病毒侵染过程的实时动态示踪。研究者们利用亲脂性染料与纳米信标标记，分别标记了病毒的囊膜和基因组，构建了双色荧光标记的病毒颗粒。通过动态示踪研究发现 rSARS-CoV-2 采用内吞途径进入 293T/ACE2 细胞，而以膜融合的途径进入 293T/ACE2-TMPRSS2 细胞中的现象。最后，探究了病毒蛋白对病毒组装及侵染等的影响。该研究设计了四种 S 蛋白突变的 rSARS-CoV-2 突变体。研究发现 S 蛋白的突变与其侵染能力密切相关。接着研究了其他结构蛋白（E、M 和 N 蛋白）与 SARS-CoV-2 特殊的辅助蛋白 ORF10 的功能。通过构建四个蛋白缺失的病毒颗粒，表征结果显示 E、M 和 N 蛋白缺失的突变体均能产生病毒样颗粒，但病毒颗粒中基因组的包装能力明显下降，而 ORF10 的缺失没有明显变化。

该 SVG 系统为 SARS-CoV-2 在 BSL-2 实验室研究提供了有效研究工具，可作为 SARS-CoV-2 进入机制、基因功能研究、疫苗制备等病毒学研究的安全和通用平台。该系统也可以用于其他烈性病毒，为对其他烈性病毒的全面了解与机制解析研究提供重要平台。

5.1.5.3　黑猩猩腺病毒载体新冠疫苗构建

此前已对基于腺病毒（Ad）的冠状病毒疫苗进行了评估。单剂黑猩猩腺病毒载体疫苗编码 MERS-CoV 的 S 蛋白，可保护小鼠免受感染，减少病毒载量，提高骆驼的存活率，在Ⅰ期临床试验中对人类安全且具有免疫原性。表达 MERS S1-CD40L 融合蛋白的人腺病毒疫苗在小鼠中也具有保护作用。表达 S 蛋白的基于腺病毒载体的 SARS-CoV 疫苗可预防雪貂在被病毒攻击后的肺炎，并对恒河猴具有高度免疫原性。编码 SARS-CoV-2 S 蛋白（ChAdOx1-nCoV-19）的黑猩猩腺病毒载体目前正在人类中作为单次肌内注射疫苗进行评估（NCT04324606）。在恒河猴中，这种疫苗可以预防肺部感染和肺炎，但不能预防上呼吸道感染和病毒感染。

如图 5-4 所示，华盛顿大学医学院的 Michael S. Diamond 团队在表达人血管紧张素转换酶 2 受体的小鼠中评估了编码刺突蛋白的黑猩猩腺病毒载体疫苗（ChAd-SARS-CoV-2-S）对新冠病毒（SARS-CoV-2）的保护活性（Hassan et al., 2020）。肌内注射 ChAd-SARS-CoV-2-S 可诱导强大的全身体液和细胞介导的免疫应答，并可防止出现肺部感染、炎症和病理过程。SARS-CoV-2 感染后检测病毒 RNA 和核衣壳蛋白抗体可证明这一点。相比之下，单次鼻内接种 ChAd-SARS-CoV-2-S 可诱导高水平的中和抗体，促进全身黏膜免疫球蛋白 IgA 和 T 细胞反应，且可几乎完全防止上呼吸道和下呼吸道 SARS-CoV-2 感染。鼻内接种 ChAd-SARS-CoV-2-S 是预防 SARS-CoV-2 感染和传播以及遏制大流行传播的候选药物。

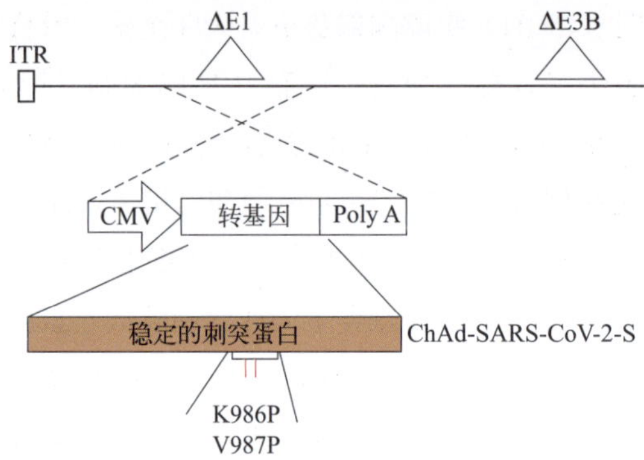

图 5-4　ChAd-SARS-CoV-2-S 的构建图（Hassan et al., 2020）

5.1.5.4　新冠病毒DNA疫苗

目前至少有 7 种已确定的感染人类的冠状病毒。从感染患者的呼吸道上皮细胞中分离出 SARS-CoV-2 并测序。疾病症状从轻微的流感到严重的肺炎甚至威胁生命。

为了防止 SARS-CoV-2 进一步传播，研究者采用了基于合成 DNA 的疫苗方法。通过合成 DNA 疫苗方法能够快速设计临床前测试的多种候选疫苗，可大规模生产该药物产品，并有可能利用已建立的监管途径进入临床，因此，合成 DNA 疫苗可以加速开发时间线。合成 DNA 具有温度稳定、无冷链的特点，是运送到资源有限环境的重要特征。特别是在开发新冠病毒候选疫苗时，研究者利用了以前开发 SARS-CoV 疫苗的经验，以及开发 MERS-CoV 疫苗（INO-4700）的经验，并利用了以前用于寨卡疫苗设计和制造的方法，在不到 7 个月的时间将其推进到临床。先前的研究表明，SARS 和 MERS 的 DNA 方法可以驱动中和抗体（nAb）反应，并在挑战模型中提供保护。研究者之前的研究表明，用编码 MERS-CoV 刺突（S）蛋白的 DNA 疫苗对小动物和大动物模型进行免疫，可以保护它们免受匹配病毒的疾病攻击。在用 MERS-CoV S 蛋白 DNA 疫苗免疫的受试者中，测量了持久中和抗体（nAbs）和 T 细胞免疫应答，观察到 96% 的血清转化率。

SARS-CoV-2 刺突蛋白在序列和结构上与 SARS-CoV 刺突蛋白最相似，并且与 MERS-CoV 刺突蛋白具有相似的蛋白折叠结构，可以在先前的疫苗构建体设计基础上构建。与 HIV 和流感病毒的糖蛋白不同，冠状病毒三聚体刺突的前体形式是构象动态的，很少充分暴露受体结合位点。受体结合位点是 nAbs 的靶点。事实上，针对受体结合域（RBD）的 MERS nAbs 往往比其他表位具有更大的中和效力。最近的一份报告表明，抗 SARS 抗体可以与 SARS-CoV-2 的 RBD 交叉反应。这些数据表明 SARS-CoV-2 RBD 是疫苗开发的重要目标。

Inovio 制药公司的 Kate E. Broderick 团队描述了新冠病毒合成 DNA 候选疫苗的设计和初步临床前测试（Smith et al., 2020）。SARS-CoV-2 S 抗原 RNA 和蛋白质在 COS-7 和 293T 细胞体外转染候选疫苗后表达。研究人员追踪了所选免疫原在小鼠和豚鼠中的免疫诱导，测量了血清和肺液中 SARS-CoV-2 S 蛋白特异性抗体水平，以及通过竞争性抑制 ACE2 结合、假病毒和活病毒神经化的抗体功能。新冠病毒合成 DNA 候选疫苗诱导细胞和体液宿主免疫反应，可在单次免疫后几天内观察到，包括对 SARS-CoV 的交叉反应。数据证明了针对 SARS-CoV-2 S 蛋白的新冠病毒合成 DNA 候选疫苗的免疫原性，支持进一步的转化研究，以促进该候选疫苗的开发，应对全球卫生危机。

5.1.5.5 自扩增RNA疫苗策略

目前的疫苗系统缺乏足够快速或灵活的重要功能，无法应对当今病原体控制方面的挑战，迫切需要新的系统，特别是针对流行病和大流行。由于全球化加快，新病原体的出现概率正在增加，迫切需要新的战略来加快疫苗从研发到应用的速度。基于核酸的疫苗是很有前途的候选疫苗，因为从病原体序列数据采集到疫苗生产的速度很快。此外，与灭活或减毒病毒相比，它们可能需要更少的监管测试，因为无论病原体如何，核酸都是不变的基础产物。已提出两种核酸平台用于疫苗接种，即 RNA 和 DNA。RNA 是有利的，因为与 DNA 疫苗不同，DNA 疫苗必须克服两个转录障碍，细胞和核膜抗原一进入细胞质就可以从 RNA 疫苗中转移。这提高了转染效率，因此应该对免疫原性产生敲除效应。RNA 疫苗进一步结合了安全性和快速、完全无细胞生产的特点；此外，它们诱导 B 细胞和 T 细胞反应。

使用编码目标蛋白的细胞样 mRNA（合成 mRNA），抗原可以立即翻译。尽管已显示出良好的抗病毒保护作用，但仍需要大量合成 mRNA 材料。在新出现的流行病和大流行性疾病的情况下，将小动物所需的材料数量扩大到人类可能会限制疫苗的可用性。因此，需要进一步发展这种方法。合成 mRNA 分子本身的修饰可能有助于免疫原性和抗原表达，例如开发新的 cap 类似物。然而，另一种单链 RNA 平台方法是可用的，它将修饰过程与增加的蛋白质翻译相结合。自扩增 RNA（saRNA）疫苗来源于 α 病毒（正链、非分段 RNA 病毒）。α 病毒基因组分为两个开放阅读框（ORF）：第一个 ORF 编码 RNA 依赖性 RNA 聚合酶（复制酶）的蛋白质，第二个 ORF 则编码结构蛋白。在 saRNA 疫苗构建体中，编码病毒结构蛋白的 ORF 被任何选择的抗原取代，而病毒复制体仍然是疫苗的一个组成部分，并在免疫后驱动 RNA 的细胞内扩增，如图 5-5 所示。

mRNA 已经被用于免疫小鼠、雪貂和猪，使其免受流感病毒的侵害，并且在 2013 年还引入了 saRNA，以保护其免受 H_1N_1 和新出现的 H_7N_9 亚型流感病毒的侵害。BioNTech RNA 制药有限公司的 Annette B. Vogel 团队探讨了用 RNA 疫苗替代基于蛋白质的季节性流感三价疫苗的可能性（Vogel et al., 2018）。第一个问题是哪种 RNA 疫苗平台最好，是合成 mRNA

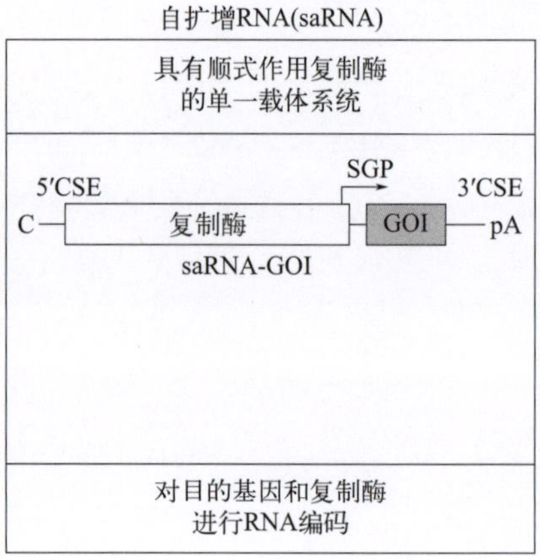

图 5-5 自扩增 RNA（saRNA）疫苗的构建原理（Vogel et al., 2018）

还是 saRNA。虽然它更具免疫原性，但由于构建体的长度，saRNA 产物的生产过程和稳定性更具挑战性。研究者比较了一种模型流感病毒株中编码血凝素（HA）基因的合成 mRNA 和 saRNA。结果显示，需要 80mg mRNA 才能达到与仅 0.05mg saRNA 同等的保护水平，实现完全存活。然后，研究者开发并测试了季节性流感病毒 A 和 B 株编码 HA 的 saRNA，并观察到它们单独和作为三价制剂都具有保护性。

5.2 代谢工程底盘快速进化技术

5.2.1 技术概念与发展

当前，微生物越来越多地应用于生物技术、医药、食品、化工等领域，在实验室中，借助快速进化手段来改良遗传育种以及提升微生物性能，已经成为一种非常重要的理性育种方法。一直以来，该方法发展迅速，应用广泛。然而，常见的菌株进化方法存在一定的缺点：不能进行连续突变并且有巨大的工作量。随着一些突变以及筛选技术的发展，快速进化技术也随之得到了巨大的改进，从而提高了效率。通过在微生物体内进行突变，将突变与筛选的过程结合在一起，能够施加比较少的人工干预，进化出我们需要的特定表型，大大加速了进化筛选过程（Way et al., 2014）。

从 20 世纪 60 年代起，连续进化技术就开始了其发展历程。1967 年，Spiegelman 课题组在外界筛选压力下连续传代了 74 代噬菌体 Q，产生了一个比亲本 RNA 基因组小 83% 的突变型个体，它的复制速度比亲本快了 15 倍（Mills et al., 1967）。随后，更多的研究者投入到对 RNA 连接酶和 RNA 聚合酶的研究中来，通过在体外突变试验中对其启动子的不断进化。

实现了功能上的提高，为后续的体内突变试验提供了指导（Breaker et al., 1994; Wright et al., 1997; Voytek et al., 2007）。

全基因组体内突变是一种通过基因操作技术来干预DNA的复制、修复以及重组的方法，能够建立该生物的大量全基因组突变文库。生物的高频基因组突变可以突破自然进化中突变率低和进化过程长的限制，从而提高基因组随机突变的效率。与过去的化学、物理诱导基因突变的技术相比，该方法可以实现基因组的连续突变和进化，大大加快了微生物的进化过程。其中又可以分为基因组突变以及基因组合成两种相关技术分支，本节以时间顺序简述基因组相关的代谢工程底盘快速进化技术。

（1）基因组突变

大肠杆菌作为常用的模式微生物，对其基因组突变的研究开始得最早。在1974年，Degnen等人从大肠杆菌中鉴定了一个功能基因*mutD5*，该基因能导致大肠杆菌的基因组突变率提高，可以达到每碱基$10^{-5}\sim10^{-4}$，从而高出正常情况$10^{5}\sim10^{6}$倍（Degnen et al., 1974）。1986年Takano等通过结构生物学的手段和技术，发现了*mutD5*的两个关键氨基酸位点——来自*mutD* (*danQ*) 上73位的亮氨酸以及164位的丙氨酸，并将这两个氨基酸分别突变为色氨酸以及缬氨酸（Takano et al., 1986）。*danQ*基因能够编码DNA聚合酶Ⅲ的3′外切酶-ε亚基，该亚基具有校正功能，能够保证染色体复制的保真度。基于这些研究结果，在温度敏感型质粒上构建*mutD5*基因，转化到大肠杆菌中可以使菌株的突变率暂时提高。在温度的筛选压力下，含有*mutD5*基因的菌株能够快速进化从而筛选得到新的表型。例如，研究人员快速提高底盘细胞对二甲基甲酰胺的耐受性（Selifonova et al., 2001）。获得具有新表型的微生物后，可以通过质粒丢失的方法，使菌株的突变率恢复正常水平，稳定获得的新表型。

2013年，Luan等构建了一种将突变和筛选相偶联的基因组复制工程辅助的连续进化系统（genome replication engineering assisted continuous evolution，GREACE）（Luan et al.，2013）。GREACE的原理是通过引入*dnaQ*基因，提高了目标微生物的突变率，从而在筛选的压力下加速进化产生随机突变。该方法结合了基因突变和筛选方法，从而可以使得连续定向具有一定的目的性。实验成功地提高了*E. coli*对Kan^{R}的抗性并且加快了其生长速度。此外，该实验通过在正丁醇中进行培养，成功筛选获得了进化菌株，该菌株可以在浓度为1.25%的正丁醇存在的条件下生长。说明GREACE可以有效提高微生物对外界环境的应激和耐受。DNA聚合酶关键研究中最直接的手段就是通过研究突变位点来提高基因组的突变率。除*mutD5*外，如大肠杆菌的*dnaQ49*（Tanabe et al., 1999）和酿酒酵母的*pol3-01*（Simon et al., 1991; Shimoda et al., 2006）也显著增加了基因组的突变率。除此之外，如枯草芽孢杆菌的高突变率菌株（*mutS*，*mutM*，*mutY*）（Endo et al., 2006）、酿酒酵母错配修复基因*PMS1*的敲除（Murphy，1991），这一类改造DNA的错配修复系统的技术，也可以提高菌株的突变率。

（2）基因组合成

2009年Wang等建立了多重自动化基因组工程（multiplex automated genome engineering，MAGE），该方法利用了噬菌体Red系统中的Beta蛋白。MAGE可以对大肠杆菌基因组上的多个位点进行同时修饰，同时通过构建寡聚核苷酸链的文库，将其重复转入大肠杆菌细胞中，以此增加基因组多样性的修饰。利用此技术，Wang 等对大肠杆菌中的萜类合成途径 MEP 中的 24 个基因位点进行同时修饰，优化了类异戊二烯番茄红素的合成途径，最终在 3d 之内，筛选出的菌株中番茄红素的产量增加了 5 倍（Wang et al., 2009）。根据 MAGE 的实验原理，将该技术应用在真核生物中也可以有效地实现基因组中多位点的修饰，从而实现真核生物的快速进化。2017 年，Barbieri 等在酿酒酵母体内构建了一个真核多重自动化基因组工程（eukaryotic MAGE，eMAGE），利用此技术经过 eMAGE 循环快速获得了具有不同 β- 胡萝卜素产量的菌落（Barbieri et al., 2017）。

近年来，在国际合成酵母（Sc2.0）项目中开发了一种完全不同的方法，可以通过在设计与合成酵母基因组的过程中加入 loxP 位点，只要表达 Cre 重组酶，就能实现 loxP 位点介导的合成染色体重排以及修饰的进化（synthetic chromosome rearrangement and modification by loxP-mediated evolution，SCRaMbLE），通过不同 loxPsym 位点之间的重组，介导序列发生删除、倒转、加倍、异位等不同方式的重排，从而实现菌株进化。研究人员开发了几种基于 SCRaMbLE 的新方法，包括使用高效选择的 SCRaM 细胞报告、多重 SCRaMbLE 迭代循环、二倍体 SCRaMbLE、SCRaMbLE-in、体外 SCRaMbLE 和 L-SCRaMbLE，这些方法探索了 SCRaMbLE 系统的各种应用（Jiang et al., 2019）。比如，Jia 等对酿酒酵母的木糖代谢途径进行了优化，提高了菌株类胡萝卜素的产量，达到了普通菌株产量的 1.5 倍。进一步开发了二倍体菌株的多重 SCRaMbLE 迭代循环（MuSIC）技术，经过 5 次 SCRaMbLE 循环迭代，又将类胡萝卜素的产量提高了 38.8 倍（Jia et al., 2018）。Luo 等通过 SCRaMbLE 技术提高了酵母菌株对温度、乙酸和乙醇的耐受程度（Luo et al., 2018a）。Blount 等实现了用酵母合成紫色杆菌素和青霉素，并且优化了木糖的代谢利用率从而提高了产物的产量（Blount et al., 2018）。Shen 等通过将野生型的单倍体菌株和半合成单倍体 Sc.2.0 菌株作为亲本，进行杂交，发现了杂合二倍体菌株，该菌株比单倍体菌株对 SCRaMbLE 后基因组改变的影响具有更好的耐受性，并且杂合二倍体也能够使用 SCRaMbLE 进行进化（Shen et al., 2018）。研究人员开发了 SCRaMbLE-in 的重组组合方法，使外源途径和底盘细胞能够同时得到优化。在 SCRaMbLE-in 应用案例中，研究人员通过重组 β- 胡萝卜素的合成途径使其产量提高了 1 倍（Liu et al., 2018）。

5.2.2 代谢工程底盘快速进化技术的原理

5.2.2.1 MAGE（*E. coli*）

MAGE 技术的核心是 λ 噬菌体 Red 重组酶的同源重组系统，Red 重组系统包含 Exo、Beta 和 Gam 等 3 种蛋白。其中，Exo 蛋白是核酸外切酶，能够结合在双链 DNA 的 5′ 端并向 3′ 端降解 DNA，从而产生 3′ 的突出端；Beta 蛋白是结合在单链 DNA 上并介导单链 DNA 互补退火的酶；Gam 蛋白能够结合 RecBCD 蛋白，抑制对外源 DNA 的降解。在内源性 λ 重组系统中，这三个基因的 *PL* 启动子会受到温度敏感型阻遏子 *CI857* 的抑制，该蛋白由 *cI* 基因表达。在 30 ～ 34℃条件下，*PL* 启动子的功能会受到阻遏，使其不能形成 λ-red 蛋白；而在 42℃ 条件下，该阻遏子被抑制，λ-red 蛋白正常表达。

因此，首先需要在 30℃下培养菌体，在生长达到对数期后，将温度降为 42℃。此时，CI857 阻遏蛋白被抑制，Exo、Beta 和 Gam 能够正常表达，之后在 4℃进行冷藏，防止上述生成的蛋白质被降解。将合成的能够靶定基因组上一段特定序列的寡核苷酸通过电击转化法转入细胞中，之后通过同源重组的方式替换靶定序列（Wang et al., 2009）。

5.2.2.2 eMAGE

利用 MAGE 技术在酿酒酵母体内构建了类似的基因组编辑技术（eukaryotic MAGE，eMAGE）。该技术通过过表达酵母同源重组蛋白削弱错配修复机制，并在染色体复制退火过程中将合成的单链 DNA 寡核苷酸链与后续链结合。该技术不需要破坏 DNA 双链，因此可以实现对多个位点的精确编辑或对多个位点的修饰。一次转化可以实现 12 个核苷酸链在基因组上的重组，通过多次迭代转化可以快速实现基因组的多样性。由于单链 DNA 寡核苷酸链在酵母中的同源重组效率较低，我们通过增加与同源重组相关的蛋白质的表达、减少错配修复来增强单链 DNA 寡核苷酸链的重组（Barbieri et al., 2017）。

5.2.2.3 HCAGE

基于 MAGE 技术，衍生出了分层共轭组装基因组工程（hierarchical conjugative assembly genome engineering, HCAGE），该技术是通过对细菌的基因组进行分区，分别对每个区域通过 MAGE 进行基因编辑，突变完成的菌株两两接合重组为两个区域的大片段基因组，将 32 株密码子修饰数为 10 的菌株合并，得到 16 株 20 修饰数的菌株。共分为五次，以可控的方式转移大小从 154kb 到 2.3Mb 不等的基因组片段，直到构建出一个始终缺乏 TAG 终止密码子的单一编码菌株。一旦所有的 TAG 密码子都转化为 TAA, *prfA* 基因将被删除以灭活 TAG 翻译终止。最终将所有菌株的区段基因组组合形成一个完整的重新编码菌株（Isaacs et al., 2011）。

5.2.2.4 SCRaMbLE

在含有人工合成的酵母基因组菌株中表达 Cre 重组酶，就能实现 loxP 位点介导的合成染色体重排以及修饰的进化（SCRaMbLE）。酿酒酵母基因组的人工再设计与全合成被称为第二代酿酒酵母基因组合成计化（*Saccharomyces cerevisiae* 2.0，Sc2.0），通过对酿酒酵母基因的重新设计，人工合成了基因组高度修饰的活性酵母菌株。在人工设计合成的酵母基因组中，将所有终止密码子替换为 TAA，删除内含子、端粒序列、重复序列和转座子，将 tRNA 设计成一条染色体，并插入许多 loxP 重组位点。其中一个 loxPsym 序列被引入到每个非必需基因的下游 3 个 bp 处。与天然 loxP 序列不同，loxPsym 促进了 Cre 重组酶在任何方向上的重组，这在很大程度上扩大了潜在重排的范围，并使利用 SCRaMbLE 进行全基因组工程成为可能。为了评估在缺乏 Cre 重组酶的情况下含有多个 loxPsym 位点的合成型菌株的基因组完整性，采用聚合酶链式反应标记分析测量了 loxPsym 位点侧边 50 个样本基因组片段的丢失频率。在 30 个独立的谱系中进行 125 代有丝分裂后，未观察到可检测到的片段损失。当 Cre 存在时，loxPsym 位点之间可能发生各种重组，包括缺失、倒位、重复和易位（Jiang et al., 2019）。

5.2.3 代谢工程底盘快速进化技术的操作规程

5.2.3.1 MAGE详细操作步骤

5.2.3.1.1 基本流程（Gallagher et al.，2014）

① 明确研究目标的基因表型。目标基因表型可能与一种酶或多个基因的功能有关，设计的基因组可能需要 10^2 ～ 10^3 次特定的基因突变。

② 选择靶标基因位置。现有的计算算法，如通量平衡分析（flux balance analysis）（Orth et al., 2010）或 OptKnock（Burgard et al., 2003），可以帮助识别相关的基因座。

③ 设计 MAGE 所需寡核苷酸（ssDNA）。

④ 预测 MAGE 所需的周期时间。MAGE 循环次数越多，等位基因替换的概率越高，种群多样性越丰富。

⑤ 进行 MAGE 循环。MAGE 循环包括诱导、电穿孔转化（带突变的 ssDNA 转入细胞，最后在细胞中 ssDNA 与染色体发生同源重组）。

⑥ 筛选所需的基因型或表型。MAGE 诱变产生的重组细胞可以用选择性培养基法、目视筛选法和测序筛选法进行检测。

5.2.3.1.2 实验材料

合适的菌株
合成的 ssDNA
合成的引物
无菌蒸馏水
色氨酸（American Bioanalytical, cat. no. AB02031）
酵母提取物（American Bioanalytical, cat. no. AB01208）
氯化钠（NaCl; American Bioanalytical, cat. no. AB01915）
琼脂（American Bioanalytical, cat. no. AB01185）
氢氧化钠（JT Baker, cat. no. 3722）
2×Kapa 2G fast multiplex readymix（KAPA Biosystems, cat. no. KK2602）
琼脂糖（American Bioanalytical, cat. no. AB00972）
DNA 梯状条带（New England BioLabs, cat. no. N3200S）
卡那霉素（American Bioanalytical, cat. no. AB01100）

羧苄青霉素（American Bioanalytical, cat. no. AB00285）

四环素（American Bioanalytical, cat. no. AB02024）

博来霉素（Life Technologies, cat. no. R25001）

大观霉素（MP Biomedicals, cat. no. 0215206701）

庆大霉素（MP Biomedicals, cat. no. 0219005705）

甘油（American Bioanalytical, cat. no. AB00751）

溴化乙锭（Invitrogen, cat. no. 15585011）

荧光染色剂 SYBR Gold（Invitrogen, cat. no. S-11494）或 GelGreen（Biotium, cat. no. 41004）

固定培养箱（Thermo Scientific, cat. no. 4359）

摇床（Thermo Scientific, cat. no. 4359）

振荡水浴锅（Thermo Scientific, cat. no. 4303）

固定水浴锅（Thermo Scientific, cat. no. 18002AQ）

隔热冰桶（Fisher Scientific, cat. no. 1167673）

微型离心机（Eppendorf, cat. no. 5415C）

电转化仪（Bio-Rad, cat. no. 1652662, 或 Harvard BTX, cat. no. 45–2006）

固定培养箱（Thermo Scientific, cat. no. 4359）

无菌冷冻管（Corning, cat. no. 420917）

牙签（VWR, cat. no. 500029-808）

玻璃珠（Sigma, cat. no. Z265942）

无菌 96 孔平底培养板（Corning, cat. no. 3596）

分光光度计（Biochrom, cat. no. 80-5000-00）

分光光度比色皿（Brand-Tech Scientific, cat. no. 759086D）

5.2.3.1.3 操作方法

① 对于每一次 MAGE 实验，需要使用添加适当抗生素的 3mL 细菌菌液，其中 1mL 用于 MAGE 实验，1mL 用于阴性对照（未添加 ssDNA），1mL 用于阳性对照（添加 Lacz_off 寡核苷酸）。通过含 X-Gal 和 IPTG 的培养基，在 $LacZ^+$ 菌株中检测 MAGE 的 ARF。Lacz_off 寡核苷酸能导致约 30% 的白斑，表明 MAGE 约有 30% 的 ARF。通过接种单个细菌菌落或加入 30μL 的融合液体培养物（1∶100 稀释）来培养细菌培养物，用于后续 MAGE 实验。

② 在培养箱中以 300r/min 的速度培养细菌。在 30 ～ 34℃下孵育 2 ～ 3h 直到细胞达到对数中期，OD_{600} 为 0.4 ～ 0.6（约 10^8 个 /mL）。

③ 准备实验用品，在冰上冷却 10mL 去离子水；解冻 50μmol/L 的寡核苷酸，将它们放在冰上，为每个样品和对照预冷两个微量离心管和一个 0.1cm 的电穿孔试管。每套试管应记好标签，将 49μL 无菌蒸馏水和 1μL 适当的 50μmol/L 寡核苷酸（阳性对照为 Lacz_off 寡核苷酸，阴性对照为水）添加到其中一个预先冷冻和标记的微量离心管中，并将其冰

冻，以制备寡聚溶液。还要为每个样品或对照（回收管）准备一个含有 3mL LB 的标记培养管。

④ 将步骤②中的培养管从 30 ～ 34℃培养箱快速转移到 42℃摇动水浴中。在 250r/min 下通过热休克诱导 *λ-Red* 基因表达 15min。

⑤ 诱导后，迅速将培养物从水浴转移到冰上。

⑥ 分别取 1mL 诱导培养物转移到每个相应的空预冷微量离心管中（来自步骤③），在 4℃ 下以最大速度（13000r/min 或 14000*g*）离心所有管子 30s，去除上清液。

⑦ 向细胞沉淀中加入 1mL 预冷的无菌去离子水，并用移液器吸头重悬细胞，不要涡旋。在 4℃下以最大速度（13000r/min 或 14000*g*）将混合物离心 30s，然后去除上清液。重复此步骤一次。

⑧ 第二次洗涤后，去除上清液。用移液器吸头将细胞沉淀重悬于 50μL 寡核苷酸溶液（来自第③步）中，并将其转移到相应的预冷电穿孔比色皿中。将其放在冰上待用。感受态细胞应在制备后 1h 内进行电穿孔。

⑨ 打开电穿孔器并将其设置为 1.8kV、25μF 电容和 200Ω 电阻，用于 0.1cm 间隙比色皿。0.2cm 间隙比色皿的设置如下：2.5kV、25μF 和 200Ω。

⑩ 擦干比色皿的外部。提供电压进行电穿孔。

⑪ 电穿孔后，立即从回收管（来自步骤③）中加入 1mL LB 到电穿孔比色皿中。上下移液以将电穿孔细胞（约 10% 的细胞在电穿孔后存活，即每毫升 1×10^7 个细胞）与 LB 混合，然后将其转移回回收管中至终体积为 3mL。

⑫ 在 30 ～ 34℃下以 300r/min 的速度孵育培养，恢复存活细胞的状态。根据后续实验目的和安排，选择适宜的步骤：如要执行后续的 MAGE 循环，请遵循选项 A；如需要在 MAGE 周期之间暂停，遵循选项 B；筛选，分离重组克隆，遵循选项 C；冻存样品以供后续分析，按照选项 D 操作。

A．回收细胞为随后的 MAGE 循环做准备：

a．在 30 ～ 34℃下孵育培养物，并以 300r/min 的速度振荡培养，直到细胞 OD_{600} 达到 0.4 ～ 0.6。

b．一旦达到适当的密度，从步骤③开始，将恢复的培养物直接移植到另一轮 MAGE 中。对于 EcNR2，在恢复约 2h 后达到适当的细胞密度。

B．在 MAGE 周期之间暂停：

a．在 30 ～ 34℃下孵育细胞，并以 300r/min 的速度振荡培养，直到它们达到稳定阶段（即过夜）。

b．在第二天开始另一轮 MAGE，请从步骤①开始。

C．分离重组克隆用于筛选：

在 30 ～ 34℃下以 300r/min 振荡孵育细胞至少 3h，然后执行步骤⑬，10 倍连续稀释。

D．冻存回收的 MAGE 培养物待日后分析：

a．将 700μL 回收的培养物与 300μL 80%（体积分数）甘油（终浓度 24%）混合在 2mL

具螺旋盖的冷冻管中，无限期储存在 −80℃。如要恢复冷冻样品，请将其在冰上解冻并在大量培养基中培养（例如，1∶100 稀释）。

b. 按照步骤 12A 进行另一轮 MAGE。

分离由 MAGE 产生的突变体时间 2 天至 1 周。

⑬ 对每个 MAGE 样品、阳性和阴性对照进行连续十倍稀释（从未稀释到 10^6 倍稀释）。每一步至少使用 180μL 水、LB 或 PBS 作为稀释剂。在稀释步骤之间更换移液器吸头。

⑭ 将 50μL 的每种稀释液涂在对诱变菌株有选择性的平板上。在 30 ～ 34℃下孵育过夜，直到出现菌落。通常 10^4 ～ 10^6 倍稀释得到单个菌落。

⑮ 使用多通道移液器，将 150μL LB 和适当抗生素的混合物填充到 96 孔平底培养板的孔中。

⑯ 用无菌牙签从每个样本中挑选 48 ～ 96 个菌落，然后将每个菌落分别转移到 96 孔板中。未进行 MAGE 的非寡核苷酸阴性对照样品中至少取一个菌落。

⑰ 在 30 ～ 34℃下以 300r/min 的速度在摇动的培养箱中培养挑选的菌落约 2h，或者直到所有孔中细胞都达到对数中期。

⑱ 为每个分离的菌落设置两个 PCR，一个使用 f_{wt}-r 引物组，另一个使用 f_{mut}-r 引物组。从 96 孔板的每个孔中分别取 1μL 菌液作为模板 DNA 到野生型和突变体反应体系中。

⑲ 根据最佳退火温度运行 MASC-PCR。

⑳ 在 15g/L 琼脂糖凝胶中观察 PCR 产物，以确定每个菌落的基因型。如有必要，筛选更多菌落以找到所需的突变体。

㉑ 冷冻并保存筛选正确的菌落的纯培养物（步骤⑫ D），然后用 Sanger 测序确认基因型。

5.2.3.2 CAGE详细操作步骤

5.2.3.2.1 CAGE基本流程

① 确定基因组组装顺序（时间 15min）。

② 筛选引物和选择性标签的设计（时间 1h）。

③ 扩增和分离选择性标签的 DNA（时间 2 ～ 3h）。

④ 将选择性标签重组到供体和受体菌株的基因组中（时间 3 天）。

⑤ 筛选成功重组的克隆（时间 3h）。

⑥ 将接合质粒（prK24）转移至供体菌株（时间 6 ～ 10h）。

⑦ 菌株接合（时间 6 ～ 10h）。

⑧ 选择所需的嵌合体（时间 2d）。

⑨ 嵌合基因组的遗传筛选（时间 3h）。

5.2.3.2.2 实验材料

卡那霉素（American Bioanalytical, cat. no. AB01100）

羧苄青霉素（American Bioanalytical, cat. no. AB00285）
四环素（American Bioanalytical, cat. no. AB02024）
博来霉素（Life Technologies, cat. no. R25001）
大观霉素（MP Biomedicals, cat. no. 0215206701）
庆大霉素（MP Biomedicals, cat. no. 0219005705）
SDS（American Bioanalytical, cat. no. AB01922）
色氨酸（American Bioanalytical, cat. no. AB02031）
酵母提取物（American Bioanalytical, cat. no. AB01208）
氯化钠（NaCl; American Bioanalytical, cat. no. AB01915）
琼脂（American Bioanalytical, cat. no. AB01185）
氢氧化钠（JT Baker, cat. no. 3722）
2×Kapa 2G fast multiplex readymix (KAPA Biosystems, cat. no. KK2602)
2G HiFi HotStart ReadyMix (high-fidelity PCR mix; Kapa Biosystems, cat. no. KK2602)
2G HotStart ReadyMix with Loading Dye (Kapa Biosystems, cat. no. KK5609)
2G multiplex PCR mix (Kapa Biosystems, cat. no. KK5802)
Dpn Ⅰ (New England BioLabs, cat. no. R0176S)
PCR 产物纯化试剂盒（Qiagen, cat. no. 28104）
TBE 缓冲液 , 10× (American Bioanalytical, cat. no. AB14024）
固定培养箱（Thermo Scientific, cat. no. 4359）
摇床（Thermo Scientific, cat. no. 4359）
振荡水浴锅（Thermo Scientific, cat. no. 4303）
固定水浴锅（Thermo Scientific, cat. no. 18002AQ）
隔热冰桶（Fisher Scientific, cat. no. 1167673）
微型离心机（Eppendorf, cat. no. 5415C）
电转化仪（Bio-Rad, cat. no. 1652662 或 Harvard BTX, cat. no. 45–2006）
甘油（American Bioanalytical, cat. no. AB00751）
溴化乙锭（Invitrogen, cat. no. 15585011），
荧光染色剂 SYBR Gold (Invitrogen, cat. no. S-11494）或 GelGreen (Biotium, cat. no. 41004)
无菌冷冻管（Corning, cat. no. 420917）
牙签（VWR, cat. no. 500029-808）
玻璃珠（Sigma, cat. no. Z265942）
无菌 96 孔平底培养板（Corning, cat. no. 3596）
分光光度计（Biochrom, cat. no. 80-5000-00）
分光光度比色皿（Brand-Tech Scientific, cat. no. 759086D）
1mm 的电转杯（Bio-Rad, cat. no. 165-2089）
V-bottom 96 孔板（Nunc, cat. no. 249662）

V-bottom 96 孔板盖（Nunc, cat. no. 264122）

5.2.3.2.3 操作方法

① 绘制最终嵌合基因组的图谱。

② 将嵌合区一分为二，在完整嵌合的基因组图谱上方画出一对半嵌合的基因组。

③ 重复步骤②，直到嵌合区与现有菌株中的区域匹配。

④ 在每对基因组中，指定一个为供体，另一个为受体。

⑤ 在供体菌株中，在供体片段上游≥ 3000bp 处绘制 oriT-kan，在供体片段末端绘制 P1 标记。

⑥ 在受体菌株中，被供体菌株覆盖区域的起始处绘制 P/N 标记，而该覆盖区域之外的片段仍然保留在受体菌株中。在受体片段的另一侧绘制 P2 标记。

⑦ 为选择标签设计一个插入位点。根据大肠杆菌 MG1655 基因组中安全插入区域选择最适插入位置。

⑧ 在 NCBI 基因组数据库查询并下载大肠杆菌 MG1655 基因组（tax ID: 511145）数据。

⑨从基因组中查询标签插入位点的上游和下游序列，选择约 500bp 序列待用。

⑩ 突出显示序列并将其复制到 ApE 软件中。

⑪ 在即将插入标签位置的序列中插入一个“N”。

⑫ 突出显示“N”上游和下游各 50bp，并将它们标记为“同源臂”。

⑬ 用标签序列替换“N”。

⑭ 在引物之前的 5′ 端引入 50bp 同源臂序列。

⑮ 突出显示通用正向引物及其相邻的同源臂序列，并将其注释为“F primer full”。引物采用脱盐纯化。

⑯ 突出显示通用反向引物及其相邻的同源臂序列，并注释为“R primer full”。引物采用脱盐纯化。

⑰ 在标签上游（5′）＞ 150bp 处，选择退火温度约为 59℃ 的 DNA 序列，突出显示并将其注释为“F screening primer”。引物采用脱盐纯化。

⑱ 在标签下游（3′）＞ 150bp，选择退火温度约为 59℃ 的 DNA 序列，突出显示并将其注释为“R screening primer”。引物采用脱盐纯化。

⑲ 对所有需要整合的标签都重复步骤 ⑦～⑱。

⑳ 准备 200μmol/L 引物储存液，并分别稀释为 20μmol/L 的等分试样作为工作引物待用。以上引物均储存在 −20℃下。

㉑ 为了获得选择性标签的双链 DNA，按如下方法制备 DNA 模板：如果模板是质粒，将其在无菌水中稀释至 1ng/μL ；如果模板是细菌，将 1μL 融合培养物添加至 19μL 无菌水中。

㉒ 在 0.2mL 管中配制以下反应体系（已针对 Kapa 2G HiFi HotStart ReadyMix 进行了优化）：

DNA 模板	1μL
F 引物 (10μmol/L)	1μL
R 引物 (10μmol/L)	1μL
2×PCR mix	25μL
ddH_2O	22μL
总体积	50μL

㉓ PCR 扩增程序为：95℃ 预变性 3min，98℃ 变性 20s，59℃ 退火 15s，72℃延伸（30s/kb），进行 20 个循环后，于 72℃延伸 5min，16℃保存。

㉔ 取出 PCR 管，在反应液中加入 1μL *Dpn* Ⅰ以降解模板 DNA，用移液器轻轻上下吹吸混合均匀。

㉕ 将 PCR 管放回 PCR 仪并运行以下程序：37℃孵育 60min；酶在 80℃灭活 20min；最终维持于 4℃待用。

㉖ 取 4μL PCR 产物通过 1.5% 琼脂糖凝胶电泳进行观察。

㉗ 如果 PCR 产生多个条带，则在含有不会引起 DNA 变异的染色剂的凝胶上将所有 PCR 产物分离，从凝胶中切下所需的条带，并用凝胶提取试剂盒纯化 PCR 产物。如果 PCR 在步骤㉖中仅显示一条清晰的条带，则使用 PCR 纯化试剂盒直接纯化 PCR 产物，最终将 DNA 洗脱到无菌水中备用。

㉘ 将 50mL 无菌水置于冰中预冷待用。

㉙ 使用吸管将 3mL LB 添加到 14mL 无菌培养管中。为每个菌株准备一个培养管用于后续重组。

㉚ 根据菌株当前的培养状态，使用以下方案进行菌株培养和重组。

如果细菌在固体培养基上以菌落形式生长。使用无菌移液器吸头（安装在移液器上）从平板上拾取菌落。将移液器吸头浸入培养管中的 3mL LB 中，上下吹吸，将细胞从吸头中移出。

如果细菌在液体培养基中生长。将 3μL 培养物加入 3mL 新鲜制备的 LB 中来稀释菌液。

㉛ 在 30 ～ 34℃ 的培养箱中以 300r/min 的速度振荡培养，直到 OD 达到对数中期阶段（600nm 处为 0.4 ～ 0.6）。

㉜ 在细菌培养期间，为每个菌株准备以下材料：将两个空的 1.7mL 微量离心管标记为“实验”和“阴性对照”，并将它们置于冰上；将步骤㉗中的 150ng DNA 添加到无菌水中，终体积为 50μL，然后将其置于冰上；另一组离心管中加入 50μL 无菌水作为阴性对照，置于冰上；将两个电穿孔比色皿标记为“实验”和“阴性对照”，并将它们放在冰上；将两个用于细菌回收的 14mL 培养管标记为“实验”和“阴性对照”，分别吸取 1mL LB 于管中，并置于室温下。

㉝ 当菌液达到对数中期时，将培养管转移到 42℃的水浴中以 250r/min 的速度摇动 15min，诱导 *λ*- 蛋白的表达，然后立即将它们转移到冰上。

㉞ 将 1mL 培养物转移到每个预冷的 1.7mL 空管中。

㉟ 在 4℃ 下以 13500*g* 离心 1min。

㊱ 吸除上清液。

㊲ 将细胞重悬于 1mL 冷的无菌水中。

㊳ 重复步骤㉟～㊲一次。

㊴ 重复步骤㉟和㊱，然后将细胞重悬于 50μL 在步骤㉜中制备的预冷 DNA 混合物中，并将它们转移到预冷电穿孔比色皿中。

㊵ 使用以下设置对细胞进行电穿孔：电压为 1800V；电容为 25μF；电阻为 200Ω；比色皿 1mm。

㊶ 立即从每个 14mL 培养管中吸出 1mL LB，并将其转移到比色皿中，稀释细胞后进行回收。

㊷ 将 1mL LB 菌液转移回培养管中。

㊸ 对阴性对照样品重复步骤㉞～㊷，在步骤㊴中重悬于预冷无菌水中。

㊹ 将步骤㊷中恢复的菌液放入 30 ～ 34℃的培养箱中振荡培养 2h。

㊺ 预热并标记包含选择剂的琼脂平板，以选择具有重组标签的菌株。

㊻ 取 50μL“实验”培养管中的菌液置于琼脂平板上。

㊼ 将剩余的回收菌液在 1.7mL 离心管中于室温以 13500*g* 离心 1min。

㊽ 去除上清液直至剩余约 50μL。

㊾ 在剩余的 约 50μL 上清液中重悬细胞，并将它们铺在含有选择抗生素的琼脂平板上。

㊿ 对阴性对照样本重复步骤㊻～㊾。

(51) 在 30 ～ 34℃下孵育所有琼脂板（步骤㊻、㊾和㊿）过夜。

(52) 在无菌条件下，在 96 孔板中每孔添加 150μL 含有抗生素的 LB，将平板上＞ 10 个菌落挑到 96 孔板中。另外从原始平板（步骤㉚）中挑选一个菌落，或将 1μL 原始菌液（步骤㉚）接种到含有不含抗生素的 LB 对照孔中。

(53) 在 30 ～ 34℃ 下将菌液培养至对数晚期或过夜。

(54) 含有 11%（体积分数）甘油的重组菌株可以在 −80℃中长期储存。将 2mL 80%（体积分数）甘油与 5mL LB 混合，并在 96 孔板的每个孔中加入 70μL。接下来，向每个孔中加入 50μL 培养菌液，并用移液器均匀混合，用铝箔膜密封保存。

(55) 将 19μL 无菌水加入 V 形底 96 孔板的每个孔中。

(56) 取步骤(52)孔中的 1μL 培养物添加到 V 形底 96 孔板的相应孔中，以稀释菌液后进行 PCR 筛选。

(57) 准备步骤⑰和⑱中设计的引物，配制 200μmol/L 储存液，同时取部分稀释为 20μmol/L 备用。以上引物可长期储存在 −20℃。

(58) 为每个需要筛选的目标克隆子准备以下 PCR 预混液：

混合物	每份样品所需量	终浓度
F 引物 (20μmol/L)	0.5μL	0.5μmol/L
R 引物 (20μmol/L)	0.5μL	0.5μmol/L
2×2G Fast HotStart ReadyMix with loading dye	10μL	1×
ddH_2O	9μL	NA

⑲ 在 96 孔 PCR 板中加入 19μL 预混液。

⑳ 向 96 孔 PCR 板的每个孔中加入 1μL 稀释的菌液。

㉑ 将密封膜放在 96 孔 PCR 板上，放入 PCR 仪中，然后进行以下程序（该程序适合于 Kapa 2G Fast HotStart ReadyMix）：

95℃ 预变性 3min，95℃ 变性 15s，58℃ 退火 15s，72℃延伸 15s/kb，进行 20 个循环后，于 72℃延伸 5min，16℃保存。

㉒ 取 4μL PCR 产物通过 1.5% 琼脂糖凝胶电泳进行观察。

㉓ 比较来自重组克隆的 PCR 条带和来自原始菌株的 PCR 条带，成功重组的克隆应该显示出与整合标签的大小相等。

㉔ 选择一个成功重组的克隆，在无菌条件下，从 96 孔板（步骤㊷）中吸取 3μL 相应的重组菌稀释到 3mL 新鲜的含有相应选择性抗生素的 LB 中。

㉕ 在 30 ～ 34℃ 下振荡培养至对数后期或过夜。

㉖ 根据以下方法确定选择剂的浓度。

㉗ 准备不含选择剂和含两种选择剂的琼脂平板：一种用于 CAGE 供体菌株，另一种用于 pRK24。

㉘ 按照步骤㉚，开始在单独的 14mL 培养管中（含 2mL 具抗生素的 LB 培养基）培养含有接合质粒 pRK24 的菌株和 CAGE 供体菌株（步骤㉔）。

㉙ 预热不含抗生素的琼脂板，一个板用于菌株接合，一个板仅用于 CAGE 菌株，一个板仅用于 pRK24 菌株。

㉚ 当菌株达到对数晚期（OD_{600} = 1.0）时，将它们转移到 2mL 离心管中。

㉛ 在室温下以 13500*g* 离心 1min。

㉜ 小心去除上清液。

㉝ 将细胞重悬于 2mL 新鲜的无抗生素的 LB 中。

㉞ 重复步骤㉛～㉝一次。

㉟ 重复步骤㉛和㉜一次，将细胞沉淀重悬于 100μL 新鲜无抗生素 LB 中。

㊱ 将 10μL 菌液添加至含 990μL 新鲜培养基的比色皿中，使每种菌株的密度正常化，通过分光光度计测定 OD_{600}。使用以下算式计算要添加的菌量（μL）：$(OD_0 \times V_0)/OD_F - V_0$，其中 OD_0 是当前的 OD_{600} 值，V_0 是细胞悬浮液的当前体积，OD_F 是所需的 OD_{600} 值。

㊲ 将菌株稀释至 OD_{600} 介于 0.15 和 0.25 之间。

㊳ 将 80μL 含有 pRK24 的菌株和 20μL CAGE 供体菌株（比例为 4∶1）混合在离心管中，轻轻移液以混匀。

㊴ 将细胞混合物移至预热的不含抗生素的琼脂板上，一个平板中包含两处 20μL 菌液点和 6 处 10μL 菌液点。

㊵ 将每个剩余菌株分别移到缺乏抗生素的预热琼脂板上作为对照。

㊶ 将所有琼脂板转移到 30 ～ 34℃中孵育 1h。

㊷ 用 750μL 新鲜培养基在板上多次冲洗，直到几乎收集全部细菌。从板中吸出培养基并将其放入微量离心管中。用另外 750μL 新鲜培养基重复上述步骤并将其添加到同一管中。

⑧③ 在室温下以 13500g 离心 1min。

⑧④ 去除上清液并将细胞重悬于 250μL 新鲜培养基中。

⑧⑤ 将 CAGE 供体和 pRK24 接合菌株用 LB 培养基按 1∶10 的比例连续稀释至 10^{-6}，将 10^{-4} 至 10^{-6} 的稀释菌株点在含有抗生素的固体平板上培养。

⑧⑥ 在 30 ～ 34℃ 下将板孵育过夜。

⑧⑦ 从步骤⑧⑤中制备的每个平板中挑出一个菌落，并将其放入 3mL 含有抗生素的 LB 中，以选择 CAGE 供体菌株和 pRK24 接合质粒。将细胞培养至对数晚期或过夜。

⑧⑧ 按照步骤㉚，在单独的 14mL 培养管中开始培养 CAGE 供体和受体菌株，加入 2mL 补充有抗生素的新鲜 LB，以筛选每个菌株，并维持接合质粒（仅在供体菌株中）。

⑧⑨ 准备含有阳性标记 P1 和 P2 选择剂的琼脂板。

⑨⓪ 对 CAGE 供体和受体菌株重复步骤⑥⑨～⑧④，在接合后在 250μL LB 中产生供体 - 受体细胞混合物。如果要从供体转移到受体的基因组数量超过 2.3Mb（大约是大肠杆菌基因组的一半），请将步骤⑧①中的接合时间增加到 2h。

⑨① 通过在 3mL 含有抗生素的新鲜 LB 中稀释来自步骤⑨⓪的 5μL 供体 - 受体混合物来选择含有两种阳性标记的嵌合基因组以选择 P1 和 P2，并在 30 ～ 34℃下于振荡培养箱中培养过夜。

⑨② 通过对步骤 ⑨① 中的大肠菌素 E1 中的过夜培养物进行阴性选择，选择丢失阳性 / 阴性标记的嵌合基因组。

⑨③ 预热含有阳性标记抗生素的琼脂板。

⑨④ 从阴性选择（步骤 ⑨②）中按 1∶10 连续稀释培养物，并将它们铺在含有阳性标记 P1 和 P2 选择剂的琼脂平板上。在 30 ～ 34℃ 下将板孵育过夜。

⑨⑤ 将菌落挑入 96 孔平底板的孔中，每个孔中含有 150μL LB 和抗生素，以选择阳性标记 P1 和 P2。选择祖先供体和受体菌落或将 1μL 祖先供体和受体培养物（步骤⑧⑧）接种到指定的孔中，并使用不含抗生素的 LB 作为对照。

⑨⑥ 在 30 ～ 34℃的平底板中培养培养物至对数晚期或过夜。对于储存接合后菌株，请参阅步骤⑤④中的储存方法。

接合后菌株可在 −80℃下无限期储存在 LB- 甘油中。

⑨⑦ 重复步骤⑤⑤～⑥③以筛选 P1、P2、P/N 和 oriT-kan 标记。正确的嵌合基因组应仅在与其在供体和受体基因组中的位置相同的位点具有 P1 和 P2 标记。

⑨⑧ 验证标记后，可以根据供体和受体片段特有的突变或基因型的性质，使用以下方法之一筛选嵌合基因组的正确基因型。选项 A，通过测序筛选大于 3bp 的插入或缺失；选项 B 对于长度为 3bp 或更短的突变，通过多重等位基因特异性菌落 PCR（MASC-PCR）筛选；选项 C，用于筛选不同类型的多个突变，或筛选最终的嵌合基因组，通过全基因组测序完成。

A．如果突变是序列插入或缺失＞ 3bp 长，则通过测序验证基因型。

a．按照步骤⑱和⑲设计引物以扩增要测序的区域。

b．根据步骤⑤⑤～⑥③扩增用于测序的 DNA 片段。

c．如果 PCR 产生多个条带，则从凝胶中切下所需的条带，并根据制造商的说明使用凝胶提取试剂盒纯化 PCR 产物。如果 PCR 仅显示一条清晰的条带，请根据制造商的说明使用 PCR 纯化试剂盒直接纯化 PCR 产物以提高产量。

d. 将 DNA 洗脱到无菌水中并提交进行测序。

B. 如果突变长度＜3bp，则通过 MASC-PCR 进行筛选。

a. 设计 MASC-PCR 引物。

b. 用无菌水将引物溶解为 200μmol/L 储备液，同时取部分稀释至 20μmol/L 备用。

c. 通过将所有野生型特异性引物与水中的通用引物组合来制备野生型引物混合物，使每个引物的浓度为 1μmol/L。例如，将 50μL 的每种 20μmol/L 引物添加到最终体积为 1mL 的引物混合物中。

d. 通过将所有突变体特异性引物与水中的通用引物结合，创建一个单独的突变引物混合物，使每个引物的浓度为 1μmol/L。例如，将 50μL 的每种 20μmol/L 引物添加到最终体积为 1mL 的引物混合物中。

e. 按照步骤⑤⑤和⑤⑥准备要筛选的克隆。

f. 参照下表（基于 Kapa 2G mutiplex mix 反应体系），配制 PCR 反应体系，以便筛选鉴定野生型和突变克隆。

Primer mix	4μL
2G multiplex mix	10μL
ddH_2O	6μL
总体积	20μL

g. 在 96 孔 PCR 板的每个孔中加入 19μL 预混液。

h. 向 96 孔 PCR 板的每个孔中加入 1μL 稀释的培养物。

i. 将密封膜放在 96 孔 PCR 板上，然后使用以下程序将板放入热循环仪中（最适合带加载染料的 Kapa 2G Fast HotStart ReadyMix）。

PCR 扩增程序为：95℃预变性 3min，95℃变性 15s，55℃退火 30s，72℃延伸 60s，进行 20 个循环后，于 72℃延伸 5min，16℃保存。

j. 取 4μL PCR 产物进行琼脂糖凝胶电泳检测。

⑨⑨ 不同类型的多重突变。

如果有多个区域需要通过测序验证，或者如果这是最终的嵌合基因组，则使用市售的试剂盒协议为全基因组测序准备选定的克隆。为了排除最终菌株中大规模基因组重排的可能性，也可以对选定的克隆进行脉冲场凝胶电泳分析。

5.2.3.3 SCRaMbLE详细操作步骤

5.2.3.3.1 SCRaMbLE基本流程（Luo et al., 2021b）

（1）将 ReSCuES 基因盒整合至人工合成酵母菌的 *HO* 基因座中

（2）诱导酵母中 SCRaMbLE

（3）分析 SCRaMbLE 基因组

5.2.3.3.2 实验材料

（1）关键质粒

ZLP176 (pRS403-ReSCuES)、ZLP016 (prSCW11-Cre-EBD-URA3-NatNT2)、ZLP003 (prSCW11-Cre-EBD-HIS3)、LWP169 (pRS313-Cre-ReSCuES)。

（2）培养基及溶剂

① YPD 培养基：

A．10g 酵母提取物；

B．20g Bacto 细菌蛋白胨；

C．20g 葡萄糖；

D．0.32g 色氨酸；

E．20g 琼脂（为了形成平板）。

② 2×SC-Ura-Trp 储备液：

A．8.5g 酵母氮源培养基；

B．25g 硫酸铵；

C．10g Ura-Trp 氨基酸混合物。

③ SC-Ura 培养基：

A．250mL 2×SC-Ura-Trp 储备液；

B．50mL 20% 葡萄糖；

C．5mL 40mmol/L Trp；

D．200mL 4% 琼脂。

（3）缓冲液

① Breaking 缓冲液：10mmol/L Tris-Cl pH 8.0, 100mmol/L NaCl, 1mmol/L EDTA pH 8.0, 2%（体积分数）Triton X-100, 10g/L SDS。

② 1mmol/L (1000×) β- 雌二醇储备液：加入 3.671mL 100% 乙醇、1mg β- 雌二醇粉，搅拌至完全溶解，倒入棕色管中，−80℃保存。

③ Nuclei isolation 缓冲液：50mmol/L MOPS pH 8.0，150mmol/L 乙酸钾，17% 甘油，2mmol/L MgCl，0.5mmol/L 精胺，0.15mmol/L 亚精胺。

④ TE 缓冲液：10mmol/L Tris-HCl, 1mmol/L EDTA pH 8.0。

⑤ 100% 乙醇。

⑥ 100% 异丙醇。

⑦ 苯酚 / 三氯甲烷 / 异戊醇（体积比 25∶24∶1），pH ＞ 7.8。

⑧ 10% SDS：溶解 10g SDS 在 100mL ddH_2O 中。

⑨ TaKaRa Ex *Taq*, 10×Ex *Taq* 缓冲液 (20mmol/L Mg^{2+} plus), dNTP 混合物 (各 2.5mmol/L)。

⑩ 饱和 NaCl：在 50℃下，溶解 40g NaCl 在 100mL ddH_2O 中，室温储存。

⑪ 3mol/L 乙酸钠：溶解 24.6g 乙酸钠在 70mL ddH_2O 中，加入冰醋酸调节 pH 值至 5.2。

⑫ 20mg/mL 酵母裂解酶 100T：溶解 100mg 酵母裂解酶 100T 粉末在 5mL 1mol/L 山梨醇中，−80℃储存。

5.2.3.3.3 详细步骤

（1）将 ReSCuES 基因盒整合至人工合成酵母菌的 *HO* 基因座中

① 在 PCR 管中，建立 50μL 聚合酶链式反应体系，包括：

10×Ex Taq 缓冲液	5μL
10mmol/L dNTP mix	4μL
pZL176 (10ng/μL)	1μL
HO F 引物 (10μmol/L)	1μL
HO R 引物 (10μmol/L)	1μL
Ex *Taq* (5U/μL)	0.2μL
ddH_2O	37.751μL
总体积	约 50μL

② PCR 扩增程序为：94℃ 预变性 5min (Ma et al., 2022)，94℃ 变性 30s，72℃退火 / 延伸 2.5min，运行 20 个循环，最后于 72℃延伸 5min，16℃保存。扩增的 ReSCuES 基因盒片段长度为 2501bp。

③ 参考文献中标准的醋酸锂转化方法将该 PCR 产物转化至合成酵母菌株中，将酵母菌株接种在 SC-URA 平板上来选择转化子，并在 30℃下生长 48h。

④ 将 8 个 Ura^+ 克隆子接种到 5mLSC-URA 培养基中，在 30℃下培养过夜。按如下方法提取它们的基因组 DNA(gDNA)：

a．845*g* 离心 5min 收集菌体，用 1mL ddH_2O 洗涤 1 次。将细胞悬浮在 100μL 裂解液中。

b．向离心管中加入 200μL 苯酚 / 氯仿 / 异戊醇（体积比 25∶24∶1）和 100μL 0.5mm 玻璃微珠，并使用 Biospec MiniBeadbeater-96 于 2400r/min 下破坏细胞 90s。

c．在离心管中加入 100μL ddH_2O，轻轻搅拌，于 20238*g* 离心 10min。

d．将 180μL 上清液转移到新离心管中，加入 500μL −20℃预冷的 100% 乙醇，13523*g* 离心 5min，使 DNA 沉淀。

e．将离心管置于 45℃下 10min，去除残留的乙醇。用 200μL ddH_2O 溶解 gDNA。

⑤ 验证 Ura^+ 菌落的 ReSCuES 基因盒是否正确整合（图 5-6），使用提取的 gDNA 建立三个 PCR 反应体系。

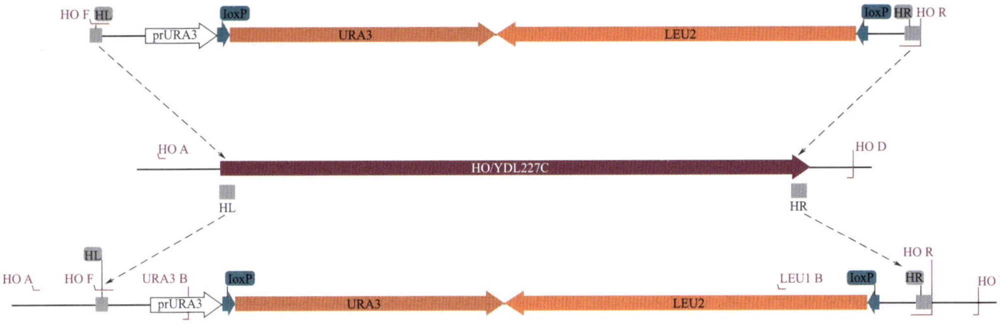

序号	引物	扩增产物大小
1	HO A+URA3 B	463bp
2	LEU2 B+HO D	602bp
3	HO A+HO D	2832bp (成功) 2077bp (失败)

图 5-6　ReSCuES 基因盒的验证（引自 Luo et al., 2021a）

10×Ex *Taq* 缓冲液	1μL
10mmol/L dNTP mix	0.8μL
200ng gDNA	2μL
10μmol/L 引物	0.2μL＋0.2μL
Ex *Taq* (5U/μL)	0.1μL
ddH_2O	5.7μL

⑥ PCR 扩增程序为：94℃ 预变性 5min，94℃ 变性 30s，54℃ 退火 30s。对于引物对 1 和引物对 2，温度为 72℃延伸 45s；对于引物对 3，温度为 72℃延伸 3min。以上程序循环 32 次，最终于 72℃延伸 5min，16℃保存。成功整合的菌株扩增片段大小应与图 5-6 相吻合。

（2）诱导酵母中 SCRaMbLE

⑦ 在 *SCW11* 启动子的控制下，将 Cre-EBD 融合蛋白表达载体 pZL003 转化至合成酵母菌株。将转化菌株涂布于 SC-His 平板上，在 30℃下孵育 48h。

⑧ 将单个菌落接种到 5mL SC-His 培养基中，在 30℃下过夜培养。

⑨ 用 5mL 含 1μmol/L 雌二醇的 SC-His 培养液将菌液稀释至 OD_{600}=0.1，在诱导前（T_0）和诱导 8h 后分别采集样本。

⑩ 将 OD_{600} 为 1 的酵母涂布于 SC-Leu 平板上，在 30℃下培养 72h。

⑪ 将细菌在 YPD 平板上划线，于 30℃下生长 48h 以形成单菌落。将 YPD 平板中克隆子划线至 SC-His 平板上，以筛选丢失 Cre 表达质粒的克隆。

⑫ 制备用于高通量测序的 gDNA：

A. Leu^+ 菌株在 5mL SC-Leu 培养基中于 30℃下过夜培养。

B．离心收集 10 OD_{600} 的酵母细胞，用 1mL 冰水洗涤一次，沉淀悬浮在 300μL 核分离缓冲液中，并转移到 1.5mL 圆底离心管中，该离心管中装有 300μL 0.5mm 经酸漂洗过的玻璃珠。

C．将离心管置于涡旋振荡仪上破坏细胞，涡旋 30s 后置于冰上 30s，共重复以上操作 16 次。

D．加入 110μL 10% SDS，轻轻搅拌，在 65℃下孵育 3.5h。

E．将细胞裂解液转移到 400μL 饱和氯化钠溶液中，以沉淀 SDS、蛋白质和细胞碎片。

F．6010*g* 离心 30min，收集上清液。在上清液中加入等量的 100% 异丙醇沉淀 DNA。

G．将 DNA 溶解在 200μL TE 缓冲液中。

H．加入 100μL 苯酚 / 氯仿 / 异戊醇（体积比 25∶24∶1），并短暂涡旋。20238*g* 离心 10min 后收集上清液，加入 3 倍体积的 100% 乙醇，加入 1/10 体积的 3mol/L 乙酸钠，出现 DNA 沉淀。

I．DNA 溶解在 200μL TE 缓冲液中，在 37℃下用核糖核酸酶处理 1h，加入 100μL 苯酚 / 氯仿 / 异戊醇（体积比 25∶24∶1）并短暂涡旋。20238*g* 离心 10min，收集上清液，加入 3 倍体积的乙醇沉淀 DNA。

J．将 DNA 溶解在 100μL ddH_2O 中，检测 DNA 质量。合格的 gDNA 应具有大于 10kb 的特定条带（图 5-7）。

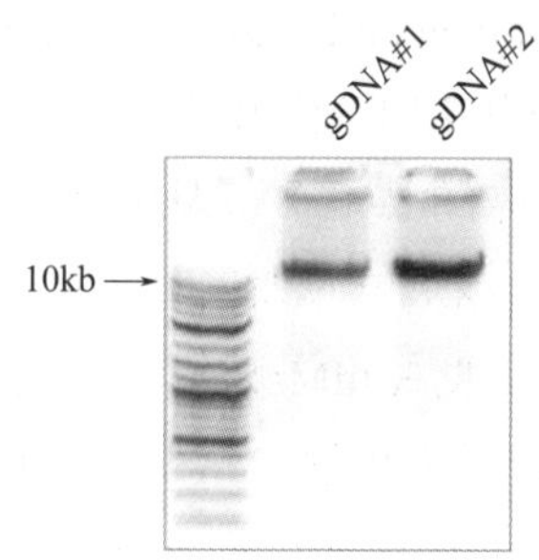

图 5-7　gDNA 凝胶电泳（引自 Luo et al., 2021b）

（3）分析 SCRaMbLE 基因组

⑬ 合格的 gDNA 可以用二代测序法或三代测序法进行测序，利用测序深度和分解读段（reads）来识别基因组中的结构变异。

A．如果片段已被删除，则不应检测到相应的读数。

B．如果片段被复制，则相应的测序深度会多次重复与非 SCRaMbLE 的区域比较。

C．使用图 5-8 中描述的分离阅读的特征来识别可能的重排事件。

⑭ 用回交和 PCRtag PCR 分析重排。

A．将 SCRaMbL 合成菌株和具有相反配型（BY4741 或 BY4742）的野生型菌株混合后涂布在 YPD 平板上，于 30℃下孵化 6h。

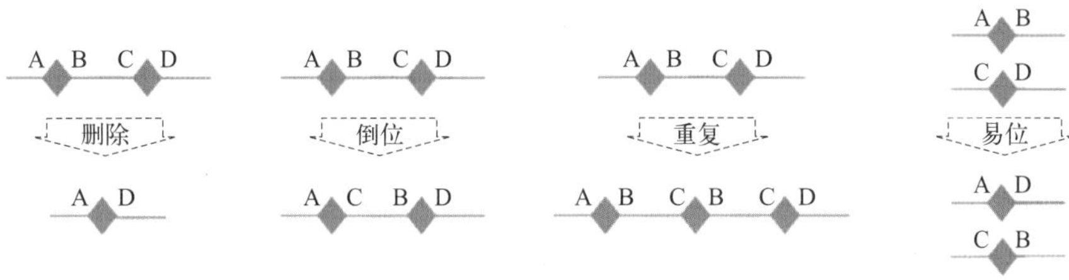

图 5-8　分离读段用于识别可能的重排事件（Luo et al., 2021b）

删除事件后将形成新的 AD 读段，倒置事件将形成新的 AC 读段和 BD 读段，复制事件将形成新的 CB 读段，易位事件将通过扰乱合成酵母的染色体重排形成新 AD 读段和 CB 读段

B．使用解剖显微镜（Zeiss Advanced Yeast Dissection Microscope）从大量杂交的混合物中分离出 shmoo 形状的杂合菌株，并在 YPD 板中于 30℃下孵育 48h。

C．将杂合菌株接种到 YPD 培养液中，在 30℃下过夜培养，离心收集细胞。

D．在 2mL GNA 培养基中加入约 2×10^7 个酵母细胞，在 30℃下培养至密度为 4 ～ 8OD_{600}/mL。

E．通过离心收集细胞，并使用灭菌的 ddH_2O 清洗四次。

F．将适当数量的细胞重新悬浮到 2mL 产孢培养基中，使其密度为 1.0OD_{600}/mL，并在 25℃下培养 3 ～ 10d。

G．收集 1mL 孢子化培养物并离心，获得孢子沉淀。加入 10μL 0.5mg/mL 的 zymolyase 使细胞重新悬浮，在 30℃下孵育 5 ～ 10min，以消化部分孢子囊壁。

H．停止消化反应，将离心管插入冰中，并加入 1mL 灭菌的 ddH_2O。使用解剖显微镜将其分离到 YPD 平板上。

I．在 30℃下生长 48h 后，分析感兴趣的表型。

J．按照前述步骤提取 gDNA。

K．进行 PCRtag PCR 反应，验证菌中所含的合成序列：

10×GenStar *Taq* 缓冲液	1μL
10mmol/L dNTP mix	0.8μL
200ng gDNA	2μL
Each 1μmol/L PCRtag 引物对	2μL
GenStar *Taq* (5U/μL)	0.1μL
ddH_2O	4.1μL

PCR 扩增程序为：94℃预变性 5min，然后 94℃变性 30s，54℃退火 30s，72℃延伸 30min，进行 32 个循环，最终于 72℃延伸 5min，16℃保存。

具有表型的菌株共有的合成片段，在没有表型的菌株中缺失的合成片段是潜在的致病区域（图 5-9）。可能需要几轮回交和 PCRtag 分析来定位复杂表型的致病片段。感兴趣的重排表型可以通过测序来确定，对重排周围基因的分析可能有助于剖析所需表型的分子机制。

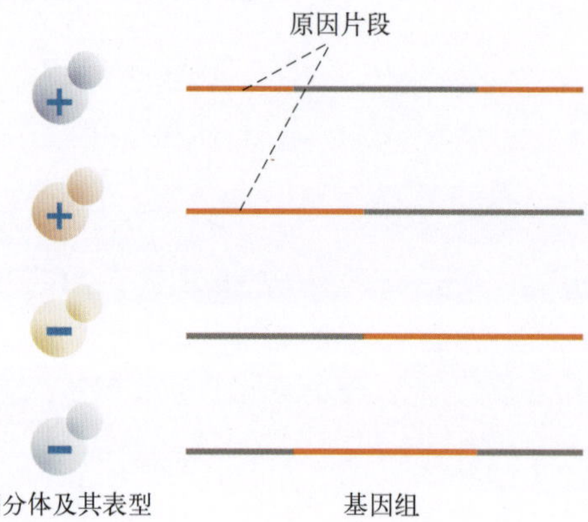

图 5-9　用回交和 PCRtag PCR 反应确定致病片段

+ 表示具有所需的表型；− 表示不具有所需的表型。橙色线条表示合成序列，灰色线条表示野生型序列（Luo et al., 2021b）

5.2.4 常见问题与解决方案

5.2.4.1 MAGE（*E. coli*）

① 在步骤②中确保菌株生长。

a．摇动是必要的，以确保充足的氧气和快速生长。

b．*Red* 基因受温度敏感的阻遏因子控制，因此，应在低温（< 36℃）下孵育，以避免过早诱导重组蛋白的表达。

c．盐浓度高的介质可能会导致低 ARF 或电穿孔失败，并且与某些抗生素（如博来霉素）不相容。

d．不同菌株的生长时间不同。处于对数中期的细菌中含有高比例的活跃复制细胞，因此有利于高频等位基因替换。

② 在步骤④中确保蛋白质表达。

a．更长的诱导时间会导致细胞因 Gam 蛋白的毒性而死亡。

b．必须在水浴中剧烈摇晃，以确保充分氧化、快速传热和完全诱导。

③ 在步骤⑤中确保能够诱导细胞生长。

a．将诱导细胞保持在低温下直到电穿孔可防止重组蛋白分解，以保持高 ARF。

b．在 4℃的冷藏室中执行步骤⑥～⑧。

c．培养物最长可在冰上保存 3h。

④ 在步骤⑧中防止电穿孔时产生电弧。

a．小心去除上清液，否则细胞沉淀可能会丢失。

b．上清液含有LB电解质，必须在每个洗涤步骤中完全去除，以防止电穿孔过程中产生电弧。

⑤ 在步骤⑩中确保电击后细胞存活。

解决方案：电穿孔冲击后，确保松弛时间（时间常数）至少为 4.0ms（根据不同的电穿孔仪器略有差别）。低时间常数意味着高电解质浓度（来自 DNA 盐复合物或不正确洗涤的细胞）并导致致死率增加和 ARF 低。应用浓度适当的脱盐 DNA 和清洗良好的细胞表现出的时间常数非常接近等体积 DI H_2O 的时间常数（在整个协议中使用 Bio-Rad 仪器约为 5.2ms）。

⑥ 在步骤⑫中确保恢复期间没有生长。

解决方案：重新启动培养，之后立即将细胞置于冰中 15min。

⑦ 在步骤⑭中实验板和对照板上都没有菌落。

解决方案：在电转前让细胞长得更久，进行更多的 MAGE 循环，当 OD_{600} 达到 0.4 ～ 0.6 时诱导细胞。

⑧ 在步骤⑳中所有 PCR 条带均为野生型。

解决方案：进行更多的 MAGE 循环，当 OD_{600} 到达 0.4 ～ 0.6 时诱导细胞。

⑨ 在步骤㉑中 MASC-PCR 的非特异性结果：fwt/r 和 fmut/r 都生成清晰的带。

解决方案：最佳 T_m 应采用梯度 PCR 法测定，只选择容易解决的单克隆；确保突变的分离有足够的区分度。

5.2.4.2 CAGE

① 在步骤㉑中如何确保酶不失活。

解决方案：切勿涡旋 PCR 混合物，因为这可能会使聚合酶失活。

② 在步骤㉔中如何消除假阳性。

解决方案：如果不进行 *Dpn* Ⅰ 消化，残留的模板 DNA 可能会导致重组期间出现假阳性。

③ 在步骤㉕㉖ ㉗ 中 DNA 条带大小不正确或有多个条带或在预期的产物尺寸中没有 DNA 条带或者没有正确大小的条带，但在凝胶底部约 100bp 处有一个较大的条带。

解决方案：

a．在 NCBI Primer Blast 上设计引物并确定特异性；如果引物是非特异性的，延长引物的长度以增加特异性；检查引物的熔化温度，提高 PCR 的退火温度。

b．检查引物之间和引物本身的互补性。延长或缩短引物以减少互补性。

c．检查原始设计，确保引物在模板序列中存在，检查只有一个引物是反向互补方向的。

④ 在步骤㉜中如何保证不会损害细胞活力。

解决方案：不要让细胞在 42℃下停留超过 15min，因为 λ-Red 蛋白有毒并且会损害细胞活力。

⑤ 在步骤㉟中如何保证重组效率。

解决方案：如果有任何上清液残留，培养基中的盐分可能会降低电穿孔效率或产生电弧，从而降低重组效率。

⑥ 在步骤㊴中防止电穿孔时产生电弧。

解决方案：从细胞颗粒中除去额外的培养基，或用冷冻的无菌水再次清洗细胞颗粒。

⑦ 在步骤㊸恢复过程中没有细胞生长。

解决方案：重新启动培养，确保它们在 42℃保持最多 15min，最少 10min，用冷冻无菌水再次清洗细胞颗粒。

⑧ 在步骤㊿中阴性对照或实验板上无菌落生长，但阳性对照上有菌落生长。

解决方案：检查同源臂以确保它们是正确的，并使用 NCBI 的引物或用其他引物设计软件设计新引物，如果有必要，重新设计同源臂或结合位点以更好地识别 SIRs（序列整合区域）。

⑨ 在步骤㊸中如何防止样品被污染。

解决方案：如果以后需要这些重组菌液，要将铝箔完全移除。不要刺穿箔纸，因为这会导致冷冻原料受到污染。

⑩ 在步骤62中所有 PCR 条带均为野生型（基因座上没有标志物），但菌株对标志物抗生素耐药。

解决方案：检查同源臂，以确保同源臂序列在基因组中的方向和特异性，如果重组 DNA 的模板是质粒，筛选克隆是否存在质粒。

⑪ 在步骤64中如何长期保存样品。

解决方案：可将 1mL 菌液与 200μL 80%（体积分数）的重组菌株置于 −80℃下长期储存。

⑫ 在步骤77中如何保证接合效率。

解决方案：禁止粗鲁地移液或涡旋，这些操作会降低接合效率。

⑬ 在步骤㊿和85中在所有的平板上都没有菌落。

解决方案：用抗生素配制新的琼脂平板，重新涂板。

⑭ 在步骤85中阴性对照或实验板上无菌落生长，但阳性对照上有菌落生长。

解决方案：重新接合，处理细胞时要更轻柔，以防止 F 菌毛受损。

⑮ 在步骤86中确保菌株生长。

a．接合转移是非常高效的，如果菌株在含有抗生素的平板上生长以选择供体和受体菌株，而仅供体和仅受体的对照不生长，则极有可能是选择的菌落正确接合。不过，为确保这一点，始终在补充有适当抗生素的培养基中保留生长中的接合菌株。

b．含有 pRK24 的 CAGE 供体菌株［1mL 菌液与 200μL 80%（体积分数）无菌甘油混合在 2mL 冷冻管中］可以在 −80℃下长期储存。

⑯ 在步骤90中在液体培养基中选择无细胞生长。

解决方案：确保洗涤步骤为接合菌株做好准备，在不含抗生素的 LB 中进行，检查 oriT-kan 是否朝向正确的方向，并重新进行偶联，更温和地处理细胞将偶联时间增加到 2h，以增加遗传信息传递的可能性和数量，如果偶联反复失败，重新定位标记，使 P1 和 P2 标记之间或 oriT 位点和 P/N 标记之间有更大的区域。

⑰ 在步骤 91 中实验和阴性对照均有生长。

解决方案：用一管新鲜的大肠杆菌素 E1 作另一个阴性选择。每个孔稀释更少的细胞。

5.2.4.3 SCRaMbLE

① 在步骤①中如何合成引物。

解决方案：PCR 标签是 Sc2.0 项目设计的 PCR 引物，可以选择性地扩增合成型或野生型序列。它们是通过在一个开放的阅读框中以相同的方式重新编码编码区域的约 20bp 片段而制成的。

② 在步骤④中使用 SCRaMbLE 优化菌株在特定条件下的生长。

解决方案：可以在很大程度上抑制原始合成菌株生长的条件下培养细胞（通常是 10OD 或更多）。T_0 样本在这里作为阴性对照是必要的。

③ 在步骤④中提高 DNA 的沉淀效率。

解决方案：将 gDNA/ 乙醇混合物在 −20℃下孵育 1h 将提高基因组 DNA 的沉淀效率。

④ 在步骤⑤中提高溶氧量。

解决方案：通常，产孢 3 天就足以达到 50% 以上的效率。氧气对有效的孢子生成很重要。我们在相对较小的产孢培养体积（2mL）中以 220r/min 的速度摇晃培养物，以确保有足够的氧气用于产孢。

⑤ 在步骤⑦中 Cre 重组酶的活性控制。

解决方案：鉴于在合成的酵母基因组中存在大量的 loxPsym 位点，重要的是要严格控制 Cre 重组酶活性避免基因组不稳定。因此，我们选择了 prSCW11-Cre-EBD 结构（pZL003）。它是一个以 HIS3 为中心的质粒选择性标记。*SCW11* 启动子弱且仅在子细胞分裂时表达。EBD 是雌二醇结合域。在没有 β- 雌二醇的情况下，Cre 重组酶被 EBD 隔离在细胞质中。绑定含有 β- 雌二醇的 EBD 改变了蛋白质的结构，允许 Cre-EBD 融合蛋白被运输到细胞核介导 SCRaMbLE。这个结构的低基础活性部分已经在前面展示过。

⑥ 在步骤⑧中最佳诱导时间的确定。

解决方案：由于 loxPsym 位点和必要基因的数量不同，各合成菌株对 Cre 重组酶的敏感性有很大差异。暴露于 Cre 重组酶的时间越长，不仅会导致更多的重排事件，还会导致更多的细胞死亡。8h 诱导有利于 syn Ⅻ菌株获得足够的 SCRaMbLE 菌株。通过在 SC-His 培养基上不同时间点的斑点试验，可测定其致死性。

⑦ 在步骤⑨中对照组的溶剂设置。

解决方案：因为 β- 雌二醇的溶剂是乙醇，所以在对照培养物中加入相同体积的乙醇。在计划使用 SCRaMbLE 来产生具有更高乙醇耐受性的菌株时是十分必要的。

⑧ 在步骤⑩中准确确定菌株的表型。

解决方案：为了防止在具有所需表型的菌株中进一步基因组重排，应消除 Cre 质粒，并在将其储存在 −80℃的 15% 甘油中之前确认表型。

⑨ 在步骤⑩中获得二倍体细胞。

解决方案：如果合成型菌株和野生型菌株具有不同的缺乏营养的标记，例如合成型菌株对尿嘧啶缺乏营养，野生型菌株对亮氨酸缺乏营养，则可以从 SC-Ura-Leu 板上生长的克隆体中获得二倍体细胞。

5.2.5 应用案例与分析

5.2.5.1 MAGE、CAGE（*E. coli*）

大规模编程和细胞进化的多重自动化基因组工程（MAGE）（Wang et al., 2009, Isaacs et

al., 2011, Barbieri et al., 2017）同时针对染色体上的许多位置进行单个细胞或跨细胞群的修饰，从而产生组合基因组多样性。这种方法依赖于在基因组中加入诱变性的短单链 DNA 寡核苷酸（ssODN）。ssODN 被加载到滞后链 DNA 上，以便在复制过程中随后合并，这是由复制叉处的单链退火蛋白（SSAP）促进的。优化参数后的 MAGE 能够高效率（占细胞群的＞30%）和碱基对精确地生成遗传修饰，有助于途径多样化、全基因组编码和蛋白质进化。该方法的优点在于：①短寡核苷酸很便宜，而且很容易从商业渠道获得；②由单链 DNA 寡核苷酸介导的突变避免了双链断裂（DSB）的引入，其积累对细胞是有毒的。这些优点使 MAGE 成为大规模应变工程的一个很好的选择。同时，该技术使得在实验室中也能产生基因组的多样性，并在实际时间尺度上出现新的表型。同时，由于该过程是周期性的和可扩展的，通过构建能够自动匹配 MAGE 技术的原型设备，可以进行快速和连续地生成一系列不同的遗传变化（错配、插入、删除）。研究人员通过 MAGE 技术使用复杂的合成 DNA 库同时修改了 DXP 途径中的 24 个遗传成分，优化了大肠杆菌 1- 脱氧 -D -5- 磷酸（DXP）生物合成途径，每天产生超过 43 亿个组合基因组变体。从中分离出了在 3 天内番茄红素产量增加 5 倍以上的突变菌株，以过量生产工业上重要的番茄红素，是对现有代谢工程技术的重大改进。

在重新设计的基因组研究方面，需要将所需的生物行为与生物复杂性固有的挑战相协调。例如：大肠杆菌遗传密码子包含三个终止密码子（UAG、UAA 和 UGA），其翻译终止由两个释放因子 RF1 和 RF2 介导。RF1 识别终止密码子 UAA 和 UAG, RF2 识别终止密码子 UAA 和 UGA。如果用同义的 TAA 密码子替换所有 TAG 密码子将消除对 RF1 的遗传依赖，并允许新分配的 TAA 密码子被 RF2 识别。这将能通过删除 RF1（DprfA）来测试和利用遗传密码的冗余，提供一个空白的 TAG 密码子，可以干净地重新分配给新功能。为了解决该问题，研究人员在多重自动化基因组工程（MAGE）技术的基础上，为了增强 MAGE 在整个基因组中引入核苷酸级突变的能力，需要一种补充方法来在体内组装修饰过的染色体。研究人员开发了一种分层共轭组装基因组工程（CAGE）方法，并将其与 MAGE 集成，用于重构大肠杆菌的典型遗传密码，试图确定大肠杆菌是否可以通过系统替换 314 个 TAG 密码子来保持活力。使用多重自动化基因组工程（MAGE）在 32 个大肠杆菌菌株中，将所有 314 个 TAG 终止密码子以同义的 TAA 密码子平行替换。通过测量个体重组频率，确认每种修饰的可行性，并确定相关的表型。再利用分层共轭组装基因组工程（CAGE），将这些密码子修饰集合兼并到具有 80 个精确变化的基因组中，这表明这些同义密码子替换可以组合成高阶菌株，而不会产生合成致命效应。该方法将染色体视为可编辑和可进化的模板，允许探索广阔的遗传景观。

然而，由于生长缓慢，DNA 复制和修复的机制更复杂，以及基因组大小的量级差异，将原核生物的方法应用于真核细胞仍然具有挑战性。在出芽酵母中，短寡核苷酸的靶向效率非常低，在 10^{-6} 到 10^{-3} 之间，限制了其应用于单位点修饰。研究人员将大规模编程和细胞进化的多重自动化基因组工程（MAGE）的方法移植到酵母中，命名为真核多重自动化基因组工程（eMAGE），该方法将基因修饰效率显著提高到 40% 以上，且没有意外突变，这对于引入全基因组诱变是可行的。酵母 DNA 复制过程中 ssODN 的退火更多地参与 eMAGE 方法。缺失 *Rad51* 或过表达 SSAP Rad52 在复制叉的起始位点实现了约 30% 的等位基因替换。

对于结合，ssODN 更倾向于退火到滞后链而不是前导链。羟基脲处理通过减缓复制分叉速度使掺入效率翻倍，而分叉失速和 DNA 损伤并没有提高等位基因替换频率。突变效率随着目标距离复制起始点的距离延长而降低，1.5kb 内的约为 40%，20kb 距离的约为 1%。这种方法能够以不同的频率引入不同类型的突变。例如，对于 30bp 的错配和 100bp 的缺失，可以实现约 10% 的效率。但＞ 12bp 的插入频率小于 10%。在一次转化中可以同时合并多达 12 个寡核苷酸。通过多个周期的 eMAGE 处理，可以提高单个克隆的突变效率和突变复杂度。与目前 DNA 合成技术构建的大约 10^2 个变体相比，有了定义明确的 ssODN 库，通过迭代转换可以快速生成大量的基因组多样性（＞ 10^5）。为了说明 eMAGE 的应用，共设计了 74 个 ssODN 库，通过在启动子、开放阅读框（ORF）和终止子中引入精确的突变来设计 *β*- 类胡萝卜素生物合成途径。仅经过一个 eMAGE 周期，就成功生成了大量具有不同表型和基因型的菌株，通过全基因组测序检测不到脱靶突变。

5.2.5.2 SCRaMbLE

在过去几年中，在 DNA 从头合成技术的推动下，整个基因组可以根据任意一套设计原则进行工程和重新合成，以加快未来的操作进程（Luo et al., 2018a）。已经用化学方法合成了几个合成基因组，长度从几千个碱基对到 100 多万个碱基对不等。在一个由国际研究人员和学生组成的小组的共同努力下，建立了第一个真核基因组 Sc2.0，一条染色体臂和六条染色体已经完成。

具有设计和构建新基因组的能力使科学家能够在整个基因组中纳入系统的变化。例如，在人工合成的生殖支原体基因组中的几个位置引入了水印，在 Sc2.0 基因组中使用了 PCRtag，从而快速鉴定了合成 DNA 的存在。7 个密码子被消除，形成了一个“新的”大肠杆菌基因组“*rE. coli57*”。一个名为合成染色体重排和由 loxP 介导的进化修改的系统（SCRaMbLE）已经通过引入数千个对称的 loxP 位点（loxPsym）在 Sc2.0 基因组中建立。从理论上讲，loxPsym 位点之间的重组可以导致大量的基因组重排，如缺失和倒置，并产生具有不同特性的菌株。

这里介绍 Luo 利用 SCRaMbLE 系统在酵母菌株快速进化方面所做的工作。①开发了 ReSCuES 系统，有效地在含有 Syn Ⅻ的菌株中识别 SCRaMbLE 的菌落；②应用 ReSCuES 分离出对多种胁迫（包括乙醇、温度和乙酸）耐受性增强的酵母菌株。

作者通过两个营养缺陷标记（URA3 和 LEU2）的交替开关，设计了 ReSCuES，预计它能够高效地识别 SCRaMbLE 克隆子（图 5-10）。在该系统中，经 Cre 介导的两个 loxP 位点之间的重组会激活 ReSCuES，导致“URA3-LEU2”模块的倒置，从而启动 *LEU2* 基因的表达，同时关闭 *URA3* 的表达。只有激活了 ReSCuES 的菌株才能在缺乏亮氨酸的培养基中生存，可以通过在亮氨酸缺乏的培养基上选择一批 SCRaMbLEd 的新菌株，避免烦琐的克隆筛选（图 5-10）。

（1）验证 ReSCuES 的功能

将 ReSCuES 整合到 BY4741 的 *HO* 基因座上，然后引入 Pscw11-Cre-EBD 质粒（CEN，HIS3）或空载体作为阴性对照。在没有 Cre-EBD 质粒且缺乏亮氨酸的完整培养基（SC-Leu）上没有克隆生长，表明 ReSCuES 本身可以稳定地存在于基因组中。在 Cre 重组酶存在，但没有雌二醇诱导的情况下，经过长时间的孵育（24h），偶尔可以发现一些 Leu^+ 克隆，这表

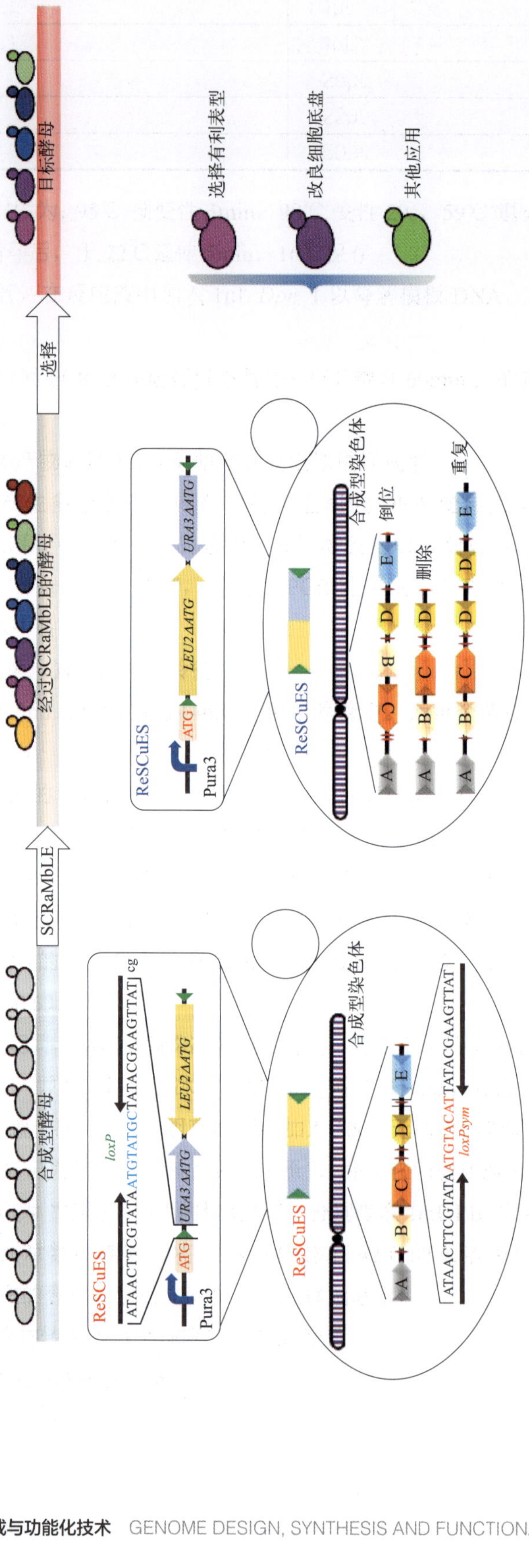

图 5-10 使用 ReSCuES 和 SCRaMbLE 的工作流程（Luo et al., 2018a）

明 Cre-EBD 的表达效率非常低。在未经诱导的群体中 Leu^+ 集落的频率约为 1.29%±1.04%，而在 β- 雌二醇存在的情况下，Leu^+ 集落比例急剧增加，在短短 4h 内达到 15% 左右，增加诱导时间可以获得更高的频率。这些结果表明，ReSCuES 是一种能灵敏地检测细胞内 Cre 重组酶活性的系统，可以作为一种有效的报告基因组分。

此外，在一株 Syn Ⅻ菌株的 *HO* 基因座上整合了 ReSCuES，并激活了 SCRaMbLE。如图 5-11（a）所示，诱导 8h 后可鉴定出许多大小差异较大的 Leu^+ 菌落。小菌落的数量远远超过大菌落，这表明大多数 SCRaMbLE 损害了细胞的适应性。随机分离了 5 个不同大小的菌落，并在 Syn Ⅻ上使用一组引物对进行了 PCR 分析，扩增片段大小的变化可能代表该位置发生了重排。在这 5 个克隆中都发现了至少一个扩增片段大小发生变化的基因座，通过全基因组测序结果进一步证实了 SCRaMbLE 幸存者的状态。

通过对这 5 个克隆基因组的深度测序和 split-reads 分析，发现了所有重排类型，包括倒置、缺失和重复。对 5 个 SCRaMbLEd 菌株的全基因组序列分析证实，在线性合成染色体的菌株中，SCRaMbLE 起到了设计的作用，能产生在合成染色体内具有独特重排的菌株群体。这些菌株具有遗传多样性和表型多样性，可为进一步应用提供有价值的资源。

（2）提高酿酒酵母对乙醇的耐受性

首先测试了 Syn Ⅻ菌株的乙醇耐受性，以确定合适的选择条件。将携带 Pscw11-Cre-EBD 质粒（CEN，URA3）的 Syn Ⅻ菌株连续稀释，接种于含不同量乙醇的培养基上，发现在 30℃下，8% 乙醇中 72h 没有一个菌落生长，这表明这个浓度足够抑制细胞生长。继续测试了在没有 ReSCuES 的情况下，SCRaMbLE 是否可以识别出一个耐乙醇的突变体。诱导 SCRaMbLE 明显产生了新的菌株，具有更高的乙醇耐受性，因为细胞只在诱导后生长，而不是没有 SCRaMbLE 诱导的组。随机分离了 53 个克隆，对补充数据 1 中列出的 91 个不同的基因座进行了 PCR 分析。令人惊讶的是，发现只有 13 个克隆改变了 PCR 图谱，这表明大多数克隆获得了乙醇抗性，但并不是因为 SCRaMbLE。为了进一步证实这一发现，对 40 株没有改变 PCR 反应模式的菌株中的 5 株进行了全基因组测序，结果显示只有一株菌株 JDY491 包含一个小的 224bp 缺失。这些数据表明，一个选择系统是必要的，以识别具有感兴趣的表型的“真正的”SCRaMbLEd 细胞。因此，在 SCRaMbLE 运行期间进行了 ReSCuES。经 β- 雌二醇诱导后，在含 8% 乙醇的 SC-Leu 培养基上只出现了几个菌落，但在没有乙醇的情况下也能鉴定出许多菌落［图 5-12（a）］，这表明大多数 SCRaMbLEd 的菌落不耐乙醇。对在含 8% 乙醇的 SC-Leu 培养基上随机鉴定的三个克隆进行了 PCR 分析和全基因组测序，结果表明这三个菌株都存在染色体重排。因此，作者得出结论，ReSCuES 可用于高效鉴定基因组重排的新菌株。

（3）剖析酿酒酵母对乙醇耐受性的机制

作者利用合成菌株中存在的 PCRtag 来区分合成 DNA 和天然 DNA。将 JDY500 与一株野生型菌株回交，然后进行孢子形成和四分体解剖，发现大多数四分体都能产生四个可存活的孢子，它们在丰富的培养基中生长相似。然而，在含有乙醇的介质中，它们可以分为乙醇耐受组和不耐受组［图 5-13（a）］。用聚合酶链式反应对这两组细胞进行分析，发现了一个

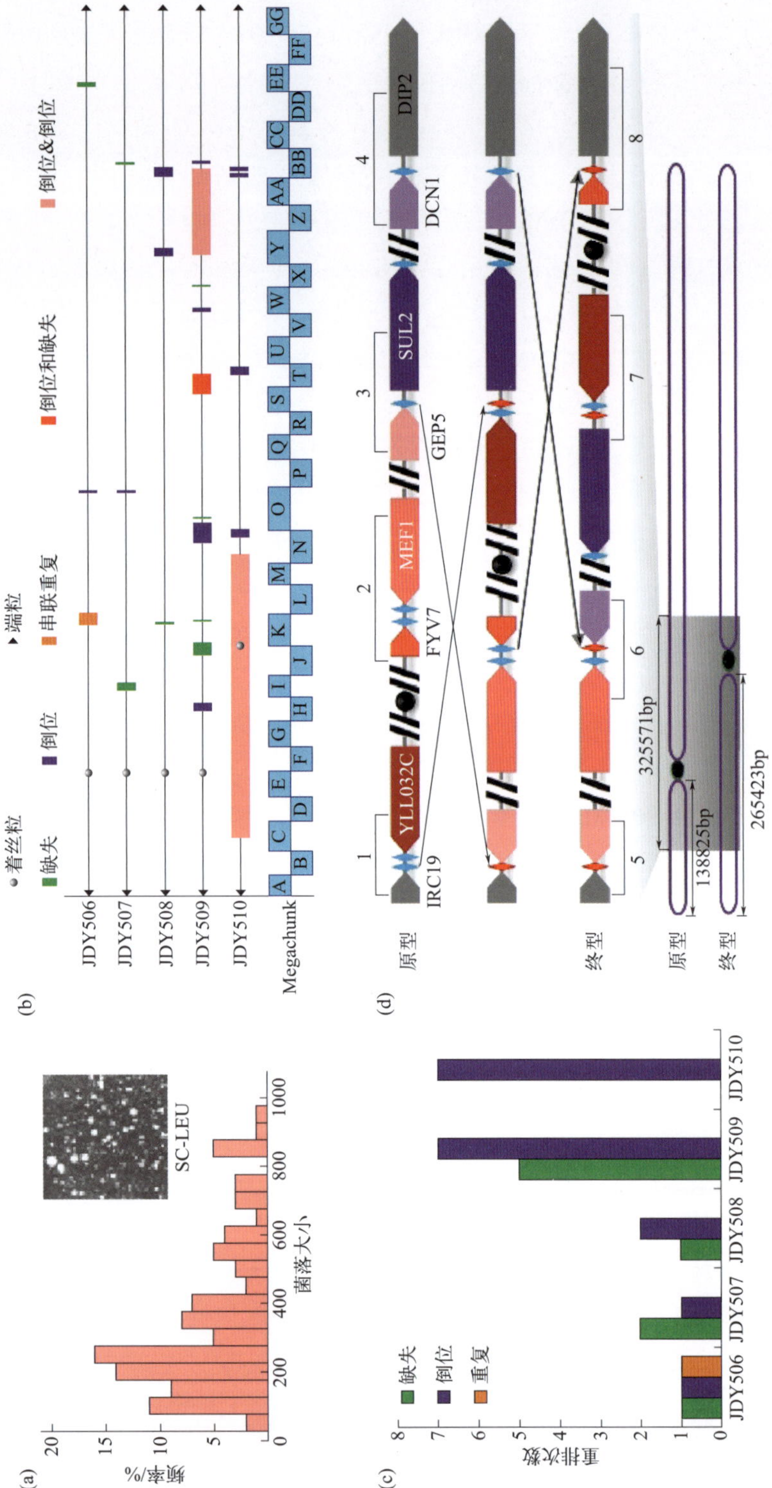

图 5-11　经 ReSCuES 筛选的 SCRaMbLEd 菌株特性（Luo et al., 2018a）

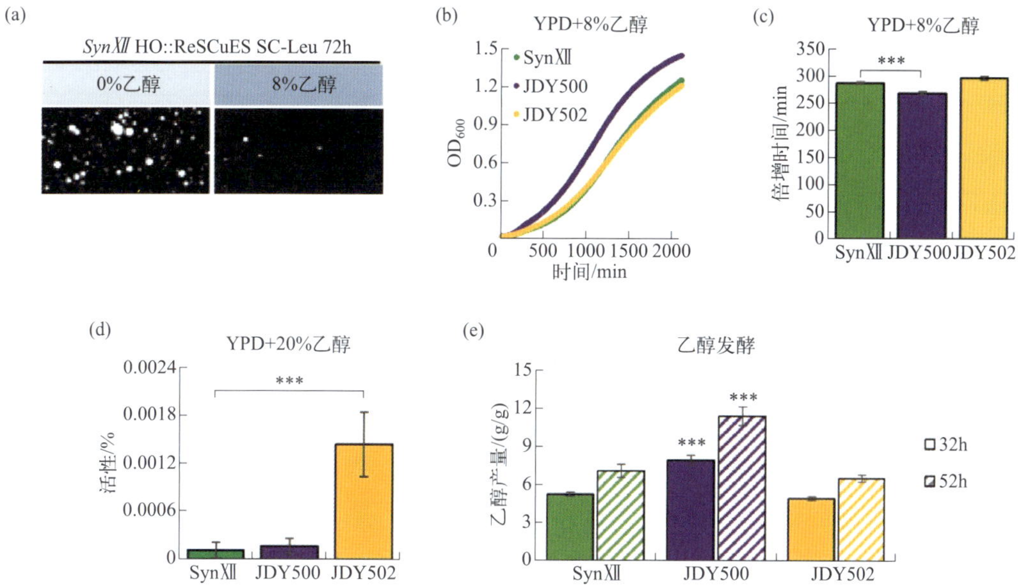

图 5-12　SCRaMbLEd 菌株增加了乙醇耐受性（Luo et al., 2018a）

介于 Megachunk M 和 Megachunk P 之间的区域，这些 PCRtag 只存在于耐受型菌株。这表明该区域可能与乙醇抗性有关。通过对其他几个表型几乎相同的乙醇耐受菌株的基因组测序也发现了类似的相关性，这些表型进一步被映射到插入在 ZRT2 和 ACE2 之间的 loxPsym 位点介导的重排［图 5-13（c）］。该基因与另一个 loxPsym 位点的重组可能导致倒位，可能导致 ZRT2 和 / 或 ACE2 功能丧失。用定量逆转录聚合酶链式反应（RTqPCR）比较两个基因在 Syn Ⅻ和 JDY500 中的转录。与 Syn Ⅻ相比，ZRT2 的信使 RNA 表达在 JDY500 中仅受轻微影响，而 ACE2 的信使 RNA 表达几乎完全丢失［图 5-13（d）］。此外，作者还检测了 *ACE2* 和 *ZRT2* 基因敲除菌株的乙醇耐受性。*ACE2*Δ 和 JDY500 显示出相似的乙醇耐受性水平，但 *ZRT2*Δ 或 ZRT2 过表达没有显示出乙醇耐受性［图 5-13（e）］。这一结果与在二倍体遗传背景 BY4743 中的 *ACE2*Δ 对乙醇耐受性的结果一致。总而言之，这些数据有力地证明，*ACE2* 的缺失会导致乙醇耐受性增加。研究表明删除 *ACE2* 可以极大地增加乙醇产量，作者也检测了这些 SCRaMbLEd 菌的乙醇发酵产量，如图 5-13（c）所示，JDY500 菌株和另外四个混合菌株在发酵 32h 和 52h 后都显示出比原始 Syn Ⅻ菌株更高的乙醇产量。这些结果支持 *ACE2* 的缺失是 JDY500 菌株具有乙醇耐受表型的原因。

（4）提高酿酒酵母对温度和乙酸的耐受性

除了鉴定乙醇耐受性增强的菌株外，作者还应用 ReSCuES 来选择在其他条件下适应性增强的菌株。耐高温和乙酸毒性是生物乙醇发酵过程中需要的两个特性。因此，作者测试了这两种条件下，Syn Ⅻ 菌株 SCRaMbLE 后是否能鉴定出新的菌株。与乙醇选择的结果相似，在 39.5℃的 SC-Leu 平板和 0.15% 乙酸的 SC-Leu 平板上出现了一些大的菌落。对三个随机分离的无性系进行的系列稀释分析表明，与 Syn Ⅻ菌株相比，它们对这些胁迫的抗性更强［图 5-14（a），（d）］。对耐高温菌株的倍增时间和比生长速率进行了测定。如图 5-14（b）和（c）

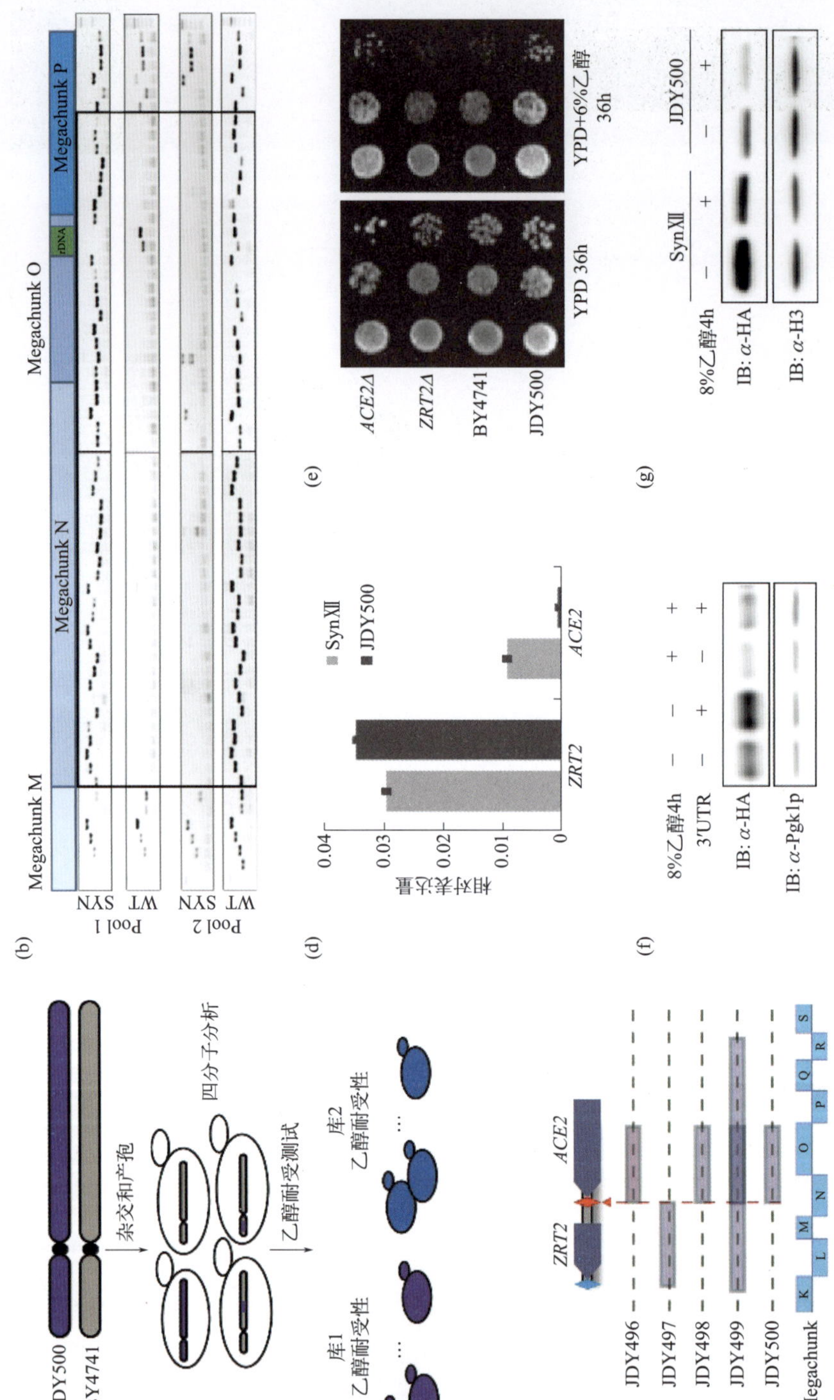

图 5-13 剖析乙醇耐受的机制（Luo et al., 2018a）

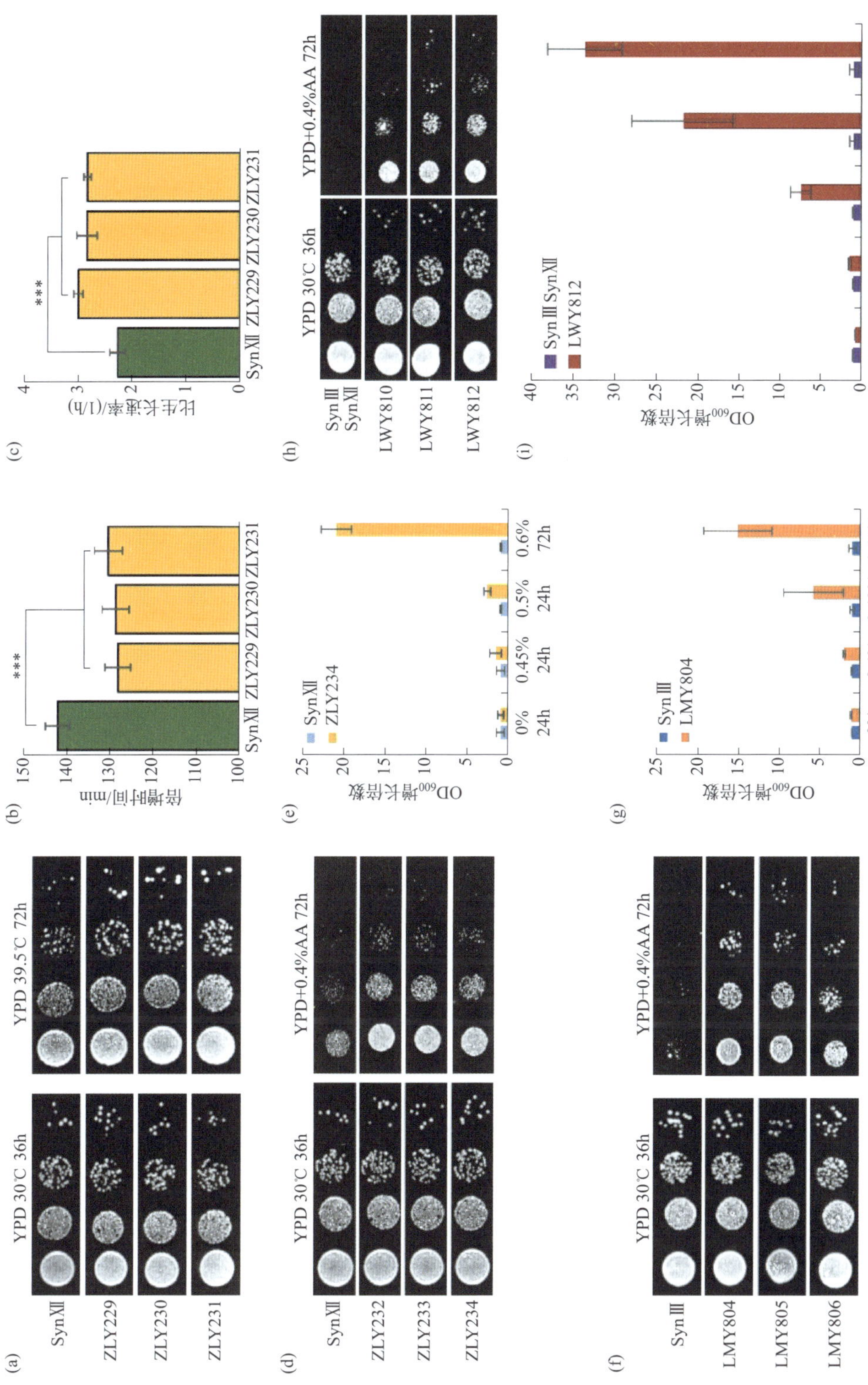

图 5-14 通过 ReSCuES 和 SCRaMbLE 系统快速选育菌株（Luo et al., 2018a）

所示，这些菌株的倍增时间比 Syn Ⅻ菌株缩短约 10min，比生长速度快 1.28±0.03 倍。对于乙酸胁迫，ZLY234 菌株的生长能力比 Syn Ⅻ菌株［图 5-14（e)］提高了近 21 倍。这些结果表明，ReSCuES 和 SCRaMbLE 相结合，可以成为一种强大的工具，在各种条件下快速产生不同的菌株，并提高其适应度。此外，除了 Syn Ⅻ菌株，ReSCuES 还可以与其他合成酵母菌株结合产生表型变异。作者证明了 ReSCuES 可以应用于 Syn Ⅲ品系和 Syn Ⅻ品系来鉴定对乙酸的抗性克隆。在这两种情况下，所有三个随机分离的克隆都比它们的亲本品系表现更好。这些数据表明，作者建立了一个通用平台，用于分离具有不同合成基因组含量的所需优势菌株，并可应用于最终的 Sc2.0 菌株。

在本项工作中，所有随机分离的克隆都包含了合成染色体内的重排，证明了选择的高效。通过使用 ReSCuES，研究说明了 SCRaMbLE 产生菌株的能力，这些菌株对几种胁迫因素的耐受性增加，如乙醇、高温和乙酸。此外，通过对耐药菌株的分析，研究能够确定 ACE2 是一种在胞质分裂后破坏隔膜所需的转录因子，是乙醇耐受性的负调控因子。总而言之，这项工作不仅建立了一个通用平台，通过 SCRaMbLE 快速识别感兴趣的菌株，还提供了分析潜在耐药机制的方法。

5.3 基因组精简技术

5.3.1 技术概念与发展

基因组编码是对生物生存产生至关重要影响的核心功能，也可提高生物对于不同环境的适应性的附属功能，所以它的结构在一定意义上是冗余的。基因组精简，即去除在特定条件下对生物的生存影响不重要的序列。基因组精简的最终目标是获得最小基因组。最小基因组，即只包含维持自由生活自我复制所需的基因的基因组（Vickers, 2016)。这一概念最早可追溯到 20 世纪 80 年代，Harold J. Morowitz 首次提出了用支原体作为活细胞最小基因组构建模型的想法。随着合成基因组学的发展，自下而上构建生命体成为可能，对每个基因功能的研究也愈发深入。设计构建一个最小基因组，将有助于增进我们对生命生存需求的理解，证明构建合成生物的能力，也可能带来生物技术的应用，如为工业生产提供优质的底盘细胞。

对基因组的精简压缩通常通过删减在实验室最佳培养条件下对物种生长非必需的序列来实现。主要有自上而下和自下而上两种构建最小基因组的方法。目前自上而下对基因组进行大规模精简的工作主要在支原体、大肠杆菌和枯草芽孢杆菌等原核生物中进行（Juhas et al., 2014; Sung et al., 2016)。大肠杆菌和枯草芽孢杆菌因其良好的生长和分泌特性，是非常好的工业生产底盘菌株，对它们的基因组精简的研究，有助于为工业生产提供最小的细胞工厂，减少细胞中非必要的物质和能量损耗。试图最小化枯草芽孢杆菌和大肠杆菌的基因组需要解决了两个主要问题：①最小基因集和维持生命所需的基因的基本功能的识别，②对工业相关产品进行严格控制的细胞工厂的合理设计和建造（Nandagopal et al., 2011, Juhas et al., 2012）。2003 年，一项基因组规模的研究描述了在枯草芽孢杆菌中有 271 个开放阅读框（ORF）是必需的（Kobayashi et al., 2003）。在随后的 10 年里，经过多次实验的重新评估，这个数字减少到 261 个（Hunt et al., 2006; Akanuma et al., 2012; Mehne et al., 2013; Tanaka et al., 2013）。目前，枯草芽孢杆菌中被认为是维持其生长的必需基因一共有 253 个，它们在蛋白质合成、质量控制和分泌中发挥作用。2006 年，通过精确的单基因删除系统失活非必需 ORF，研究者在大肠杆菌菌株 K-12 BW25113 中鉴定出 303 个候选必需基因（Baba et al., 2006）。其中最主要的是参与信息存储和处理的基因，特别是翻译、核糖体结构和生物发生（以及在较小程度上的转录、DNA 复制、重组和修复等）相关的基因。许多基因参与细胞分裂和染色体分配、细胞包膜生物发生、翻译后修饰以及脂质和辅酶代谢等生命活动。2007 年，Kato 和 Hashimoto（Kato et al., 2007）在一项菌株 K-12 MG1655 的基因精简研究中，利用大规模的删除对大肠杆菌染色体的重要顺式作用区域进行了功能鉴定，结果显示 2006 年鉴定的 303 个必需基因中有 35 个是非必需基因。这项研究揭示了复制的起点（oriC）是大肠杆菌染色体中唯一必要的顺式作用 DNA 序列，而复制的终点只影响生长，但不是必要的（Kato et al., 2007）。自 2002 年以来，通过各种基因组 DNA 删除技术，如 Cre/loxP 位点特异性重组、DSB（双链断裂）介导的修复和使用 CSM（counter-selection marker，仅选择标记）的同源重组，已对大肠杆菌、枯草芽孢杆菌、谷氨酸棒状杆菌、链霉菌等物种的基因组进行了精简研究，用于构建最小基因组工厂（Fujio, 2007）。图 5-15 总结了目前已报道的在主要细菌菌种中实现的大规模基因组精简的情况。

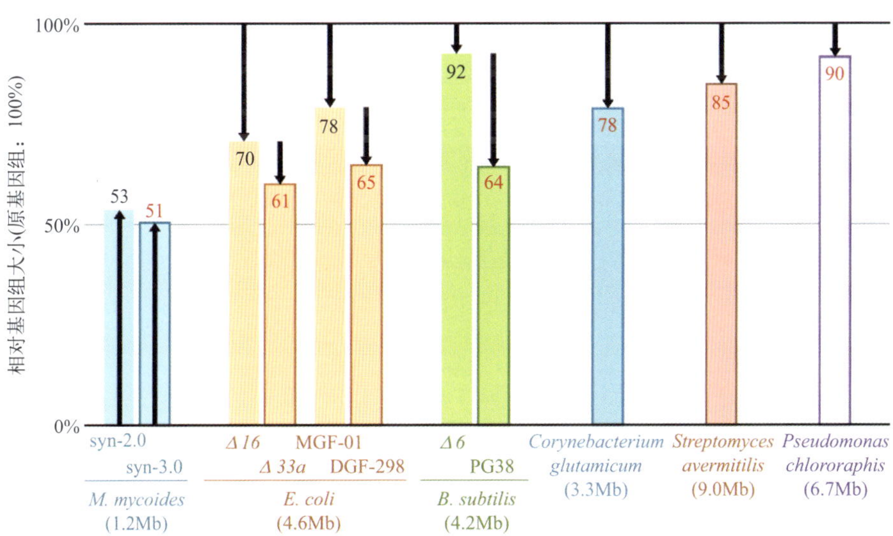

图 5-15　对不同物种基因组精简的情况（Kurasawa et al., 2020）

随着DNA合成和组装技术的日渐成熟，自下而上的基因组精简策略成为可能。利用Gibson组装、Golden Gate组装、DNA组装等技术对枯草芽孢杆菌基因组（Itaya et al., 2008）、生殖支原体（Gibson et al., 2008b）、丝状支原体（Gibson et al., 2010b）、小鼠线粒体基因组（Gibson et al., 2010a）和酵母染色体（Dymond et al., 2011）进行组装，使最小基因组合成和基因组精简实现了自下而上的从零开始。在对支原体基因组的从头组装中，J. Craig Venter等人经过20余年的创造性工作，解决了基因必需性评估和人工基因组合成方面的一系列理论和技术障碍（Hutchison et al., 1999; Lartigue et al., 2007; Gibson et al., 2008a; Gibson et al., 2010b），并最终通过对丝状支原体基因组的全部从头合成，获得了一株具有531kb的原核生物的基因组（473个基因），并将其命名为JCVI-syn3.0。这一个人工合成的基因组，比自然界中任何已知的能够支持独立生长的基因组都更小（Hutchison et al., 2016）。

与原核生物相比，目前研究者们对最小真核生物的基因组知之甚少。酿酒酵母（*Saccharomyces cerevisiae*）是生物学研究中一种常用的真核模式生物，并且在工业发酵领域有着广泛的应用。对真核酿酒酵母基因组的压缩精简具有重要科学和经济价值，但也存在着诸多挑战。在过去的十年里，我国和国外的多个课题组一直致力于合成世界上第一个人工酵母基因组（Sc2.0计划），并已成功构建了9条人工染色体（Dymond et al., 2011; Annaluru et al., 2014; Mitchell et al., 2017; Richardson et al., 2017; Shen et al., 2017; Wu et al., 2017; Xie et al., 2017; Zhang et al., 2017）。合成酵母基因组在设计时，对部分非必需序列进行了删除，此外，研究者们在合成基因组中广泛插入了一种回文型的loxPsym序列，该序列在Cre重组酶表达时（Dymond et al., 2012）能够造成基因组不稳定性，诱导这种不稳定性同时产生丰富的基因组变异的快速进化系统被称作SCRaMbLE。SCRaMbLE对基因组具有删减的能力，一旦整个Sc2.0基因组组装在一个细胞中，它将成为一种有效的用于基因组最小化的工具（Dymond et al., 2012; Luo et al., 2018b）。通过SCRaMbLE，罗周卿等人成功对酿酒酵母第12号染色体的左臂进行了删除，获得一个可支持存活的最小染色体左臂（Luo et al., 2021a）。然而，由于Sc2.0染色体的基因顺序被设计成与野生型相同，每个必需基因都分散在非必需基因中，元英进的研究组证明了位于必需基因附近的非必需基因不会在活细胞中丢失（Wang et al., 2020）。为了最大限度地发挥SCRaMbLE作为基因组最小化方法的潜力，戴俊彪研究组启动了一项合成新的酵母基因组计划，Sc3.0计划（Dai et al., 2020）。在Sc3.0中，一个包含所有必需基因的染色体将在没有任何loxPsym位点整合的情况下合成。将该必需基因染色体引入Sc2.0细胞，Sc2.0染色体上的每一个非必需基因都将有机会通过SCRaMbLE被去除，而不会因丢失一个必需基因而导致生长缺陷。这将潜在地允许去除尽可能多的非必需基因，以实现酵母基因组的最小化。

对于病毒最小基因组的研究，同样可以采用自上而下和自下而上两种手段。目前已通过合成基因组的方法自下而上合成的病毒基因组有脊髓灰质炎病毒cDNA（Cello et al., 2002）、噬菌体（Smith et al., 2003）、1918年西班牙流感病毒（Tumpey et al., 2005）等。2022年，马迎飞课题组报道了一种高通量制备底盘噬菌体的方法，在鉴定噬菌体非必需基因的同时，对噬菌体基因组进行精简，获得底盘噬菌体（Yuan et al., 2022）。

相比之下，人类和高等真核生物细胞的基因组最小化的研究则远远落后（Kurasawa et al., 2020）。第一个瓶颈是区分必需基因和非必需基因，在这一步中，必须全面识别和注释长蛋白、微蛋白和 lncRNA 等必需基因，同时找出调控单个必需基因所需的必要非基因区域。目前我们对高等生物的基因注释还不成熟，对大量非基因区域的重要性认识还不足。第二个挑战则是自下向上的合成方法受到技术和成本的制约，因为人类和高等真核生物的基因组序列太长，当前我们还没有办法通过技术手段对它们全部合成。因此，对于高等真核生物细胞的基因组的精简还有待继续研究。

5.3.2 基因组精简技术的原理

5.3.2.1 自下而上从头合成精简基因组

对于基因组精简的探索，最早通过比较基因组学的方法来进行，通过对基因组功能的比较，获知维持生物生存的必需序列，然后利用已有的基因删除手段，对基因组上的特定序列进行逐个删除，实现基因组的精简。合成基因组学的出现，让人们有了一个新的方法，自下而上对基因组进行合成，基于对基因必需性的理解，自下而上合成的过程也往往伴随了对基因组的精简。

利用合成基因组学构建最小基因组，完成对基因组的精简，通常需要三个步骤：①区分必需基因和非必需基因；②去除尽可能多的非必需基因；③复杂情况或问题的排除（Kurasawa et al., 2020）。J. Craig Venter 实验室通过多年的研究，建立了一套对基因必需性进行评估的系统，并用它对支原体的基因进行了研究。这一方法叫作 Tn5 转座子突变法（Hutchison et al., 2016）。Tn5 转座子可以插入基因组破坏基因，通过破坏的基因是否影响菌株生长鉴定必需、准必需和非必需基因。研究者们以一个转化有 Tn5 载体、只有 30000 个独特插入点的菌株库（80000 个菌落）作为 P0 数据集，经过 40 代的培养，获得一个大概 14000 个插入的 P4 数据集（不包含 P0 数据集中的 30000 个插入），通过对存留基因的测序分析获知各基因的必需性。若对于子代细胞测序数据集中发现一个基因完全没有被插入击中，或只 3′ 端 20% 的末端或 5′ 端前几个碱基被稀疏击中，则这个基因被认为是必需基因；若在 P0 和 P4 数据集中经常被插入击中，则为非必需基因；若主要在 P0 中被插入，而在 P4 中未被击中插入，则为准必需基因，其缺失将导致生长障碍。通过合成基因组的方法，对必需和准必需基因进行合成组装，即可获得所设计的最小基因组（图 5-16）。

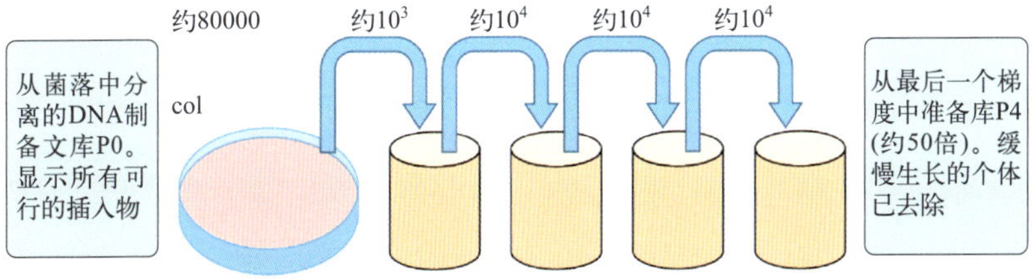

图 5-16　Tn5 转座子突变法流程示意图（Hutchison et al., 2016）

在对基因进行必需性评估的过程中，通常采用的是对单个基因的敲除，研究它缺失后菌株的生长状况，但是在生命体中往往存在基因冗余的情况，比如基因 A 和 B 发挥同样的功能，单独敲除 A 或者 B，均不会导致菌株的生长受到影响，所以对它们的鉴定结果均是非必需基因，但如果合成的基因组里同时不含有这两个基因，则菌株无法正常生长，这一现象叫作合成致死。这一问题在对基因进行单个敲除的研究中是没有办法解决的，Venter 等人的做法是将要合成的最小基因组分成 8 个片段，每个片段都与野生型的 7/8 组合成一株菌株，分别进行 Tn5 转座子的插入，这样，在一些菌株中可能被鉴定为非必需基因的序列在另外一些菌株中可能被鉴定为必需或准必需基因，最后再根据这样的鉴定结果组装基因组。

真核生物精简基因组的合成构建的原理也类似，首先需要确定基因的必需性。始于 1998 年，于 2002 年完成的酵母敲除集合（YKO）即为真核生物的基因组精简提供了这一方面的基础。YKO 菌株库利用酵母同源重组的原理，用 KanMX 删除盒对酵母的基因进行了逐个单基因的敲除，来研究它们对酵母生长的影响，共完成了对 5916 个基因（全部基因的 96.5%）从起始密码子到终止密码子的敲除（Giaever et al., 2002）。由于合成致死现象的存在，在进行 YKO 菌株库的构建过程中，研究者也尝试了对两个、三个基因的同时敲除，来确定它们的必需性（Costanzo et al., 2016; Kuzmin et al., 2018）。目前这一菌株库共包括 21000 个突变株，包括杂合子和纯合子二倍体，以及 MATa 和 MATα 交配类型的单倍体。YKO 菌株库是第一个和唯一一个完整的、系统构建的敲除集合，对酵母基因的必需性进行了全面的评估。酵母基因组自下而上的从头合成项目 Sc2.0 计划在设计时，去除了酵母基因组中的内含子、反转录转座子、亚端粒区重复序列等被认为是非必需的序列，对基因组进行了一定程度上的精简。在 Sc2.0 的基础上，结合 YKO 菌株库对酵母基因必需性的研究，戴俊彪等人提出了 Sc3.0 计划。在 Sc3.0 中，所有必需基因通过人工设计，被自下而上地构建到了一条新的酵母染色体上，使研究者可以通过下一节所叙述的方法，对 Sc2.0 的合成染色体进行精简（Dai et al., 2020）。

5.3.2.2 自上而下人工删除冗余片段

利用合成基因组学进行自上而下的基因组精简工作，主要依赖 SCRaMbLE 系统。在 Sc2.0 项目中嵌入的 SCRaMbLE 系统通过引入删除、重复、易位和倒位等染色体重排机制，为基因型多样性的产生提供了强有力的工具。其中，删除会导致 DNA 片段的丢失，可以用来促进基因组的压缩。然而，以往的报道表明，通过 SCRaMbLE 产生的重组是随机的，并不是所有的 SCRaMbLE 菌株都有基因组删除事件发生（Jia et al., 2018; Luo et al., 2018a; Shen et al., 2018; Wang et al., 2018; Gowers et al., 2020）。因此，罗周卿等人开发一种在菌株 SCRaMbLE 后能够快速识别存在删除事件的方法，将其命名为逐步基因压缩技术（stepwise genome compaction by SCRaMbLE, SGC）（Luo et al., 2021a）。这一技术对高效的基因组压缩的研究产生了巨大的帮助（图 5-17）。

SGC 技术利用了酵母的反筛方法。5- 氟乳清酸（5-FOA）是一种可以被酿酒酵母代谢为有毒物质的化学品，在 Ura- 细胞筛选中具有广泛的应用（Boeke et al., 1987）。*URA3* 报告

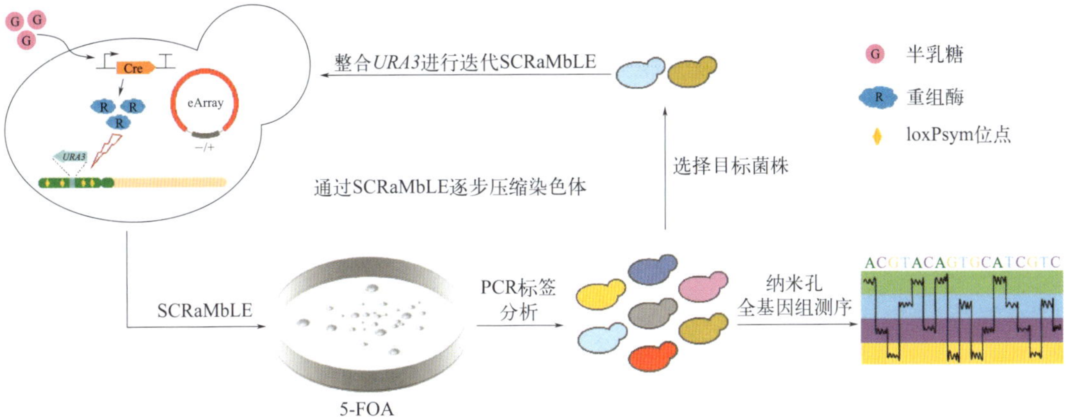

图 5-17　SGC 技术流程示意图（Luo et al., 2021b）

基因被整合到合成染色体上，然后使用含有 5-FOA 的培养基即可筛选在 SCRaMbLE 过程中失去 *URA3* 报告基因所在区域的菌株。由于 SCRaMbLE 原则上只发生在 loxPsym 位点之间（Shen et al., 2016; Luo et al., 2018a; Steensels et al., 2018），为了便于描述，两个相邻 loxPsym 位点中间的序列定义为一个 loxPsym 单元（LU）。如图 5-17 所示，SGC 的第一步是将 *URA3* 报告基因整合到一个非必需的 LU 中。在 SCRaMbLE 后，将细胞涂到 5-FOA 培养基上，从中筛选删除了 *URA3* 报告基因附近片段的菌株。需要说明的是，删除不只会发生在插入 *URA3* 报告基因的 LU 上，在之前的报道中，其他位点也极有可能同时发生重排（Luo et al., 2018a），即 *URA3* 的插入只作为报告基因而存在，筛选出的菌株中包含至少一个 LU 的删除。在获得可以在含 5-FOA 的培养基上生长的菌株后，对筛选菌株进行鉴定，以确定序列变化。鉴定采用 Sc2.0 计划中常用的扩增 PCRtag 的方法（Dymond et al., 2011）。PCRtag 是一些短的编码序列，对每一个野生型或合成型基因都是独特的，紧密排列在基因组上，用于验证合成序列的引入和天然序列的去除。由于合成染色体上设计了区别于野生型染色体的 tag，通过选取删除片段两侧特异的 PCRtag，对片段进行扩增，根据是否出现预期条带即可判断片段是否被删除。进一步的验证通过对菌株进行测序来完成。

利用 SCRaMbLE 系统对酵母基因组进行精简，由于大量的 loxPsym 序列的插入，重排存在过多的可能，难以筛选出所有的重排类型。同时，大量的删除也将导致必需基因的丢失，造成重排后菌株的死亡，所以这一方法往往存在精简效率过低的问题。在罗周卿等人的研究中，他们提出了迭代 SGC 的方法进行精简，即诱导多轮的 SCRaMbLE。首先在一个 LU 中插入用于筛选的 *URA3* 基因，对菌株进行一轮的 SGC 精简，在含有 5-FOA 的平板上筛选丢失 *URA3* 所在 LU 的菌株，进行 PCRtag 扩增验证，证实片段丢失后，在剩余的 LU 中再插入一个 *URA3* 基因，即可再次进行 SGC 精简，利用这一方法，反复迭代精简，最终即可获得删除至最小的基因组。

这一方法的另一个可能存在的问题是对非必需基因的删除不彻底。由于 loxPsym 序列插在每个非必需基因 3′ 末端 3 个碱基处，每个 LU 中均有可能含有必需基因，这些 LU 中的非必需基因也不能通过 SCRaMbLE 系统进行删除。为了解决这个问题，研究者在设计 SGC 时，提出了一个构建 eArray 的方法。eArray 包含所要精简区域的全部必需基因，将其转入待精简的细胞，即可实现对含有必需基因的 LU 的精简。相似的设计原理也被运用到了 Sc3.0 项目中。

5.3.3 基因组精简技术的操作规程

5.3.3.1 人工设计合成最小基因组

人工设计合成最小基因组的核心在于对基因必需性的确定和合成基因组的组装，组装部分的原理和操作规程已在其他章节详细阐述，本小节将主要对基因必需性评估的操作规程进行阐述。方法来源于 J. Craig Venter 课题组 2016 年的工作（Hutchison et al., 2016），采用 Tn5 转座子突变法鉴定非必需基因。

实验材料：丝状支原体细胞，Tn5 转座子 DNA，Tn5 转座酶，酵母 tRNA（Life Technologies），甘油，S/T 缓冲液（Tris 10mmol/L，蔗糖 0.5mol/L, pH 6.5），70% 聚乙二醇（PEG）6000（Sigma），0.1mol/L $CaCl_2$，SP4 培养基，嘌呤霉素（Sigma），0.1mol/L NaCl、20mmol/L Na_2EDTA 溶液（pH 8.0），10% SDS，蛋白酶 K（USB Corporation），苯酚水溶液（Sigma），苯酚 / 氯仿 / 异戊醇（体积比 25∶24∶1）（Sigma），3mol/L 醋酸钠（Sigma），TE 缓冲液（pH 8.0）（Teknova），RiboShredder™ RNase Blend（Epicentre），2×BAL31 核酸酶缓冲液，BAL31 核酸酶（NEB, 1U/μL），乙醇，DNA 连接酶（NEB），Phusion® High Fidelity PCR Master Mix（NEB）。

仪器设备：涡旋混合仪，−20℃冰箱，离心机，超净工作台，通风橱，培养箱，雾化器（Invitrogen™），PCR 仪。

（1）活性转座体制备　图 5-18 显示了 Tn5 嘌呤霉素耐药（Tn5 puro）转座子的序列。根据图中指示，将 Tn5 转座酶与 Tn5 puro DNA 反应，制成活性转座体。具体操作规程如下：

① 将 2μL Tn5 转座子 DNA（0.1μg/μL）、2μL 甘油和 4μL Tn5 转座酶涡旋混合，室温孵育 30min 后置于 −20℃保存。

② 丝状支原体细胞在 SP4 培养基中培养至 pH 为 6.3 ～ 6.8。

③ 取 40mL 培养物置于 50mL 离心管中，以 4700r/min 的速度在 10℃下离心 15min。

④ 弃掉上清液，用 3mL S/T 缓冲液重悬细胞。

⑤ 重悬的细胞在 10℃下，4700r/min 离心 15min。

⑥ 弃掉上清液，加入 250μL 0.1mol/L $CaCl_2$ 中，冰上孵育 30min。

⑦ 加入 2μL 转座体和 1μL 10mg/mL 的酵母 tRNA，与细胞缓慢混合。

⑧ 加入溶解在 S/T 缓冲液中的 2mL70% PEG 6000。

⑨ 将混悬液室温孵育，轻轻混合，然后加入 20mL S/T 缓冲液，混合均匀。

⑩ 细胞在 8℃下以 10000*g* 的转速离心 15min。

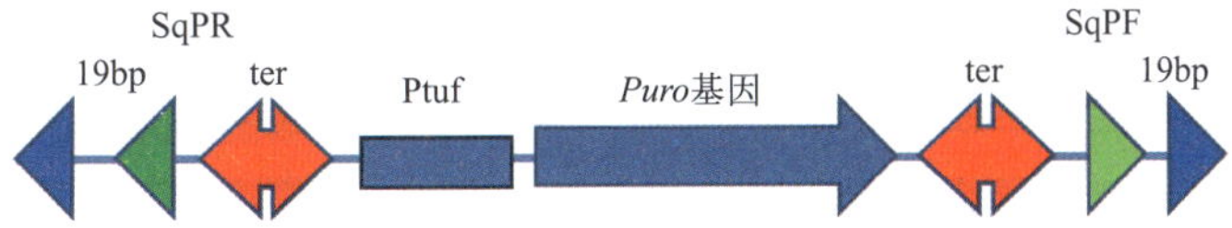

5'AGATGTGTATAAGAGACAG 19bp
5'CTGTCTCTTATACACATCT 19bp
5'GAGCCAATATGCGAGAACACCCGAGAA SqRP
5'GCCAACGACTACGCACTAGCCAAC SqFp
5'TTTAATAATAAAAAATCGGGATTTCCCGATTTTTTTG 双向终止子(ter)
5'CAAAAAAATCGGGAAATCCCGATTTTTTATTATTAAA 双向终止子(ter)

CTGTCTCTTATACACATCTCAACCATCATCGATGAATTTTCTCGGGTGTTCTCG
CATATTGGCTCGAATTCGAGCTCGGTACCC|TTTAATAATAAAAAATCGGGATTT
CCCGATTTTTTTGTATTTTTTGAATTAAGTATTAAATAAGTGTAAAATATATAATAG
TAAAAACGCCCCAAAAGGGGCAGACAAAATAGTAGAAATATATCTATTATTCTTG
ATTTGTTATAGAAATTTTAAGGAGAAAAAAACatgactgatataacctactgttagattagctacta
gagatgatgttcctagagttagacttgtgctgttgattatcctgctactagacatactgttgatcctgatagattgaagag
tatatagttttagagtttgtatttagtgttgctgatgatggtgctgttgtgttatactaagttaggtgttgatggectaaggtga
ttagtggtagtagattagctgctcaacaacaatggagttattagctcctcatagactaaagactgtttttagctactgttg
gtgttagtcctgatcatcaaggaattaggtagctgtgtttacctggtgttgaagctgctgaaagagctggttctgcttta
gaaactagtgctcctagattatcttttatgaaagatagtttactgttactgctgatgttgaagttcctgaaggtcctagaac
ttggtgtatgactagaaacctggtgttaaCAAAAAAATCGGGAAATCCCGATTTTTTATTATTAA
A|GGGGATCCTCTAGAGTCGACCTGCAGGCATGCAAGCTTGCCAACGACTACG
CACTAGCCAACAAGAGCTTCAGGGTTGAGATGTGTATAAGAGACAG

图 5-18 Tn5 嘌呤霉素耐药（Tn5 puro）转座子序列图（Hutchison et al., 2016）

⑪ 弃掉上清液，充分排干 PEG。

⑫ 将细胞重悬于 1mL 温的 SP4 培养基中，37℃孵育 2h。

⑬ 将细胞涂在含有 10μg/mL 嘌呤霉素（Puro）的 SP4 培养基上。

⑭ 在 37℃下培养 3 ～ 4d 后，菌落可见。

（2）Tn5 诱变过程 具体操作规程如下。

⑮ 将菌落（> 40000 个）悬浮于 22mL 含 10μg/mL 嘌呤霉素的 SP4 培养基中，获得 P0 代细胞。

⑯ 将 50μL P0 细胞稀释至 50mL SP4 puro 培养基中，37℃孵育 24h（P1 传代）。

⑰ P1 细胞（3μL）稀释至 50mL 新鲜 SP4 puro 培养基中，培养 24h（P2）。

⑱ 再进行两次连续传代以产生 P3 和 P4 细胞。

⑲ P4 细胞在 4700r/min 下离心 15min，弃掉上清液。

⑳ 沉淀用 300μL 0.1mol/L NaCl、20mmol/L EDTA-Na 溶液（pH 8.0）重悬在 1.5mL 离心管中。

㉑ 加入 30μL 10% SDS 和 5μg 蛋白酶 K，混合均匀，然后在 37℃下孵育过夜。

㉒ 用 330μL 苯酚水溶液提取混合物，然后以 15000r/min 离心 5min。

㉓ 上清液转移到一个新的 1.5mL 管中，用等体积苯酚 / 氯仿 / 异戊醇（25∶24∶1）提取。

㉔ 离心后将上清液转移到一个新的 1.5mL 管中。加入 1/10 体积的 3mol/L 醋酸钠，并用乙醇沉淀 DNA。

㉕ 在 8000*g* 离心 5min 后，将沉淀溶解在 200μL TE 缓冲液（pH 8.0）中。

㉖ 加入 1μL RiboShredder™ RNase 混合 , 37℃孵育 1h。

㉗ 用苯酚 / 氯仿提取 DNA，乙醇沉淀，沉淀溶于 200μL TE 中。

㉘ 转座子和基因组 DNA 的连接处进行接口 PCR 的扩增验证。

㉙ P0 或 P4 DNA（40μL）在 0.5mL TE 中由雾化器（Invitrogen™）以 15lb/in^2（1.03×10^{5}Pa）的速度持续 30s 进行修剪，以获得 1.5 ～ 2kb 的 DNA 片段。

㉚ 乙醇沉淀，然后用 100μL TE 溶解。

㉛ 加入 100μL 2×BAL31 核酸酶缓冲液，1μL BAL31 核酸酶室温消化 5min，得到钝端 DNA。

㉜ 经苯酚提取和乙醇沉淀后，用快速 DNA 连接酶对 DNA 进行环化。

㉝ 连接酶在 65℃灭活 20min。

㉞ 文库采用 2.5μL SqFP 和 SqRP 引物（各 10μmol/L）、20μL 连接产物，25μL Phusion®High Fidelity PCR Master Mix（NEB），进行 PCR 扩增。循环条件为：98℃ 30s 循环一次；98℃ 15s，58℃ 20s，72℃ 3min 循环 29 次；最后在 72℃延伸 5min。

㉟ PCR 产物经苯酚 / 氯仿萃取和乙醇沉淀纯化后，用约 40ng/μL 的 TE 溶液溶解，范围为 0.5 ～ 1kb。

㊱ 文库用于 Miseq 测序。

5.3.3.2 人工诱导染色体片段删除

人工诱导染色体片段删除主要参考戴俊彪课题组提出的 SGC 方法（Luo et al., 2021a），利用半乳糖诱导表达 Cre 酶，对酵母基因组进行 SCRaMbLE，然后通过验证 PCRtag 的方法从中筛选片段丢失的菌株。

实验材料：有 Cre 酶诱导表达元件的质粒（LYS$^+$），含有所删除区域所有必需基因的质粒（HIS$^+$），YPD 培养基，SC 培养基，0.1mol/L CH_3COOLi/TE，酵母转化液（50% PEG 3350 62.4μL，1mol/L CH_3COOLi 8.22μL，DMSO 9.58μL，10mg/mL ssDNA 5μL），2% 棉子糖 / 0.1% 葡萄糖培养基，半乳糖，SC-LYS 平板，SC-LEU 平板，SC-LYS-HIS+5FOA 平板 5mmol/L$CaCl_2$。

仪器设备：离心机，超净工作台，培养箱，水浴锅，PCR 仪。

具体操作规程如下。

（1）Cre 酶表达载体和必需基因阵列质粒的转化

① 接种所需酵母菌株的单个菌落到 5mL YPD 或选择性培养基中，并在 30℃过夜培养。

② 取适量隔夜培养液转接到 5mL YPD/ 选择性培养基中，使菌群密度为 OD_{600}=0.1。

③ 30℃培养，至 OD_{600} 在 0.4 到 0.8 之间，可能需要 4 ～ 6h。

④ 室温离心 3000r/min、5min。

⑤ 用 1mL ddH_2O 清洗细胞，转移到 1.5mL 离心管中。以 3000r/min 的转速将细胞离心 1min，去除上清液。

⑥ 用 1mL 0.1mol/L CH_3COOLi /TE 缓冲液清洗细胞，然后离心。

⑦ 用 100μL 0.1mol/L CH_3COOLi /TE 重悬细胞。

⑧ 每管取 20μL 细胞悬液，加入 1μL 质粒 DNA。

⑨ 加入 80μL 转化液，上下翻转多次摇匀。

⑩ 30℃孵育 30min（时间可延长但不短于 30min）。

⑪ 热激，放置在 42℃水浴 15min。

⑫ 以 3000r/min 离心 1min，弃去上清液。

⑬ 用 100μL 5mmol/L $CaCl_2$ 清洗细胞。离心（3000r/min, 1min），去除上清液。

⑭ 加入 100μL ddH_2O 重悬，将细胞涂到选择性培养基上，30℃培养 48h。

（2）诱导 SCRaMbLE 删除基因片段

⑮ 将目标菌株接种到 3mL 对应的培养基中培养过夜。

⑯ 转接至对应的含有 2% 棉子糖 /0.1% 葡萄糖的 5mL 培养基中（细胞浓度调整为 OD_{600}=0.3），培养 6h。

⑰ 取 500μL 菌液，测定诱导前 OD 值，并留 500μL 菌液至 4℃保存。

⑱ 加入恰当体积的半乳糖（终浓度为 2%），诱导表达 2h。

⑲ 诱导 2h 后的菌液和诱导前的菌液铺板至 SC-LYS-HIS+5FOA 平板上。生长 48h 后拍照，测量菌落大小。

⑳ 挑选 48 个单克隆进行 PCRtag 分析，每个非必需基因选择两对 PCRtag。PCR 选用 rTaq DNA 聚合酶（TaKaRa, R001W），10μL 反应液含 300ng 基因组 DNA，PCR 引物（10μmol/L）各 0.2μL。PCR 程序如下：94℃，5min；94℃ /30s-55℃ /30s-72℃ /30s 30 个循环；72℃ 7min，16℃保存。选取删除最多的进入下一轮，直至诱导可导致全部死亡

5.3.4 常见问题与解决方案

5.3.4.1 人工设计合成最小基因组操作规程常见问题与解决方案

（1）转座子、转座酶、转座体区别

操作规程步骤⑦中提及的加入 2μL 转座体应为步骤①提到的转座子 DNA 和转座酶的混合物。

（2）PEG 的加入与去除

由于 PEG 是黏稠状液体，加入和吸干时应慢吸慢吹，如果不能很好地吸入或吹出，可以尝试用剪刀剪掉吸头前段，增加吸头的口径，步骤⑪中应尽可能去除干净上清液，不可采用直接倾倒的方法。

（3）培养基温度

步骤⑫中所获得的细胞建议加入温的培养基中，培养基可以提前置于 37℃培养箱中预热备用。

（4）悬浮菌落的获得

步骤⑮中的菌落为前一流程中转化所获得的菌落，在对它们进行悬浮时，可以将液体培养液加到平板上，利用涂菌棒或玻璃珠将菌落和培养液充分混合，然后加入预先准备好的 50mL 离心管中，混合过程中可能存在平板上的菌落洗不干净的情况，可以通过多次添加液体培养基来解决。另外，在进行重悬的过程中，切记要无菌操作。

（5）P0 代细胞的保存

步骤⑮中获得 22mL P0 代细胞，步骤⑯中，一次实验只需要使用 50μL P0 代细胞，剩余细胞可以通过制备甘油菌的形式长期保存，以便将来继续使用。

（6）有机溶剂对 DNA 的提取

步骤㉑～㉒中利用苯酚水溶液和苯酚 / 氯仿 / 异戊醇（体积比 25∶24∶1）对 DNA 进行提取时，离心后液体会分层，需要小心吸取上层的液体，避免吸到下层。若因为操作失误不慎晃动离心管，导致液面分层被破坏，可以重复一遍离心过程。

5.3.4.2 人工诱导染色体片段删除操作规程常见问题与解决方案

（1）转化前酵母的培养

一般选择 OD_{600} 为 0.4 ～ 0.8 的酵母做转化，效率会更高，通常 OD_{600} 不会超过 1，若培养过程中，OD_{600} 值超过 1，可以再次对菌液进行转接到 OD_{600} 为 0.1，等它再次生长到 0.4 ～ 0.8 后再开始后续的实验操作。

（2）转化液的配制

转化液中因添加 PEG，是黏稠状液体，不易吸取，需要轻吸轻吹。需要特别说明的一点是，ssDNA 在使用前需要先用 100℃金属浴煮沸 5min，然后在冰上冷却后方可使用。

（3）多个质粒的转化

如前所述，本方案需要使用一个表达 Cre 酶的质粒和一个含有目标删减区域所有必需基因的质粒，在转化过程中，可以分步对其进行转化，也可以同时对两个质粒进行转化，转化后以 SC-LYS-HIS 的双缺培养基进行筛选。

（4）Cre 酶诱导表达不充分

在本套技术流程中，通过使用半乳糖诱导的启动子对 Cre 酶进行诱导表达，这一启动子在培养基中存在葡萄糖时将会受到显著抑制，通常需要将过夜培养的菌液转接至 2% 棉子糖 / 0.1% 葡萄糖的培养基培养一段时间后再进行培养，但在步骤⑯的转接过程中，往往会存在原培养基清除不干净，残留的葡萄糖干扰后续诱导实验的情况，因此，可以在转接过程中，先对转接的菌液用无菌水进行清洗，再转接。另外，可以选用其他诱导启动子来驱动 Cre 的表达，如利用雌二醇诱导 Cre 表达，也可以规避这一问题。

（5）诱导铺板后培养，菌落数量太少

本方法介绍的是 2h 诱导的方法，如果培养后菌落太少，可以尝试使用 24h 诱导的方法，即加入半乳糖 24h 再进行涂板。

5.3.5 应用案例与分析

5.3.5.1 最小基因组支原体的设计与合成

1995 年 J. Craig Venter 的研究小组对生殖支原体的基因组进行了测序，这是一种性传播微生物，是目前已知的自由生物中基因组最小的，共包含 470 个基因。通过一个接一个地对基因进行失活，测试细菌是否仍能正常工作，该小组将这个列表减少到 375 个必需基因。后续的研究中文特尔与他的同事们开始通过将化学合成的 DNA 片段连接在一起来构建一个最小的基因组，使其只包含支持支原体生长的必需基因。2008 年，他们首次报道了利用体外化学合成和酵母体内大片段组装的方法构建出来的含有 582970 个碱基对的生殖支原体基因组，这个合成的基因组被命名为 JCVI-1.0（Gibson et al., 2008a）。这一基因组包括生殖支原体的除 MG408（被抗生素标志物破坏用于筛选）以外的所有基因以及数十个无功能的 DNA“水印”片段。后续的研究中，他们又成功地组装了生长更快的丝状支原体的基因组 JCVI-syn1.0，并将它植入了另一种已经清空了自己基因组的细菌中，产生了具有功能的细胞，成为合成基因组学的里程碑式的事件（Gibson et al., 2010b）。

然而，JCVI-syn1.0 的基因组是通过复制现有的基因而不是通过设计构建的，该基因组并没有经过精简，并不是一个理想中的最小基因组。为了完成设计最小基因组的长期目标，Venter 团队在此基础上，开发了基于 Tn5 转座子的基因必需性评估系统，利用这一方法，他们对之前报道中利用合成基因组方法得到的支原体基因组 syn1.0 中的基因进行了鉴定分类，标记的 901 个蛋白质和 RNA 编码基因中，432 个被归类为非必需基因，240 个被归类为必需基因，229 个被归类为准必需基因。重新设计合成的丝状支原体基因组含有 483000 个碱基、471 个基因。这一基因组中删除了负责生产可由外部提供的营养物质的基因，以及其他零碎的无功能的序列，使得基因组被急剧压缩。但这一设计并没有产生一个可存活的有机体。因此，在进一步的研究中，他们团队开发了一个“设计 - 构建 - 测试”循环。他们将丝状支原体基因组分解为 8 个 DNA 片段，并将这些片段进行混合和匹配，以观察哪些组合产生了活细胞；从每个周期中总结菌株生长情况，决定哪些基因将被包括在下一次设计中。最终，该团队发现了一个支持存活的 531000 个碱基、473 个基因的设计，合成的这个基因组被称为 JCVI-syn3.0（Hutchison et al., 2016）（图 5-19）。这一基因组比自然界中发现的任何自主复制细胞的基因组都要小，几乎所有的营养都需要通过生长介质得到供应。syn3.0 的基本基因主要是参与细胞基本功能的基因，如蛋白质表达、DNA 复制和细胞膜构建等。然而，syn3.0 基因组中尚有 149 个基因的功能是未知的，其中许多基因在包括人类在内的其他生命形式中都有同源基因存在。

在对最小基因组的研究报道中，所获得的菌株往往都具有生长缺陷，JCVI-syn3.0 也不例外。Venter 等人发现，相比于 JCVI-syn1.0，syn3.0 的菌落尺寸较小，表明菌落生长速度较慢，在液体培养基中 syn3.0 的倍增时间达到了 180min，是 syn1.0 的三倍。此外 syn3.0 细胞的生长特性也发生了变化。syn1.0 在静态的液体培养中生长为非黏附的悬浮液，主要是直径约 400nm 的单细胞，而 syn3.0 细胞在相同条件下则形成了缠结的沉淀物，这些细胞在显微镜下呈现了分节的丝状网络结构以及大的泡状体，这些都是在合成 JCVI-syn3.0 基因组之前所没有预料到的。

JCVI-syn3.0 的构建是自下而上探索最小基因组、进行大规模基因组精简的一项里程碑式的工作，也为后续研究生命核心功能和探索全基因组设计提供了一个多功能的平台。但

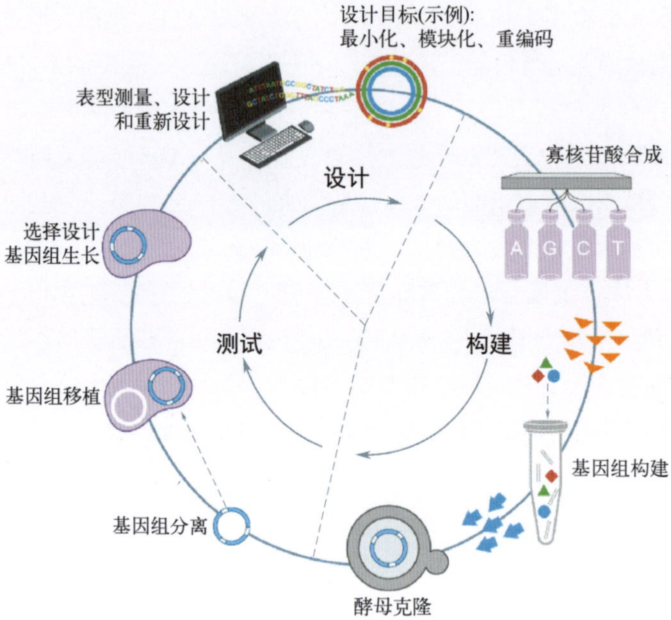

图 5-19　JCVI-syn3.0 的“设计 - 构建 - 测试”循环（Hutchison et al., 2016）

是，正如这一研究中所发现的，已经组装的最小基因组里仍存在大量的我们不知道功能的基因，这种完全通过人工设计去获得的最小基因组是否是真正的最小基因组，可能随着研究的进一步深入答案会不断改变。而从精简的方法上来说，构建完成的基因组缺少进一步精简的能力，只能通过传统基因敲除的手段对新的基因组进行研究，这也让这一技术路线在基因精简过程中具有一定的局限性。

5.3.5.2　利用SGC技术对酿酒酵母chrⅫL的精简

在 Sc2.0 计划中，loxPsym 位点被构建在人工合成染色体的所有非必需基因终止密码子下游 3bp 处，通过诱导 SCRaMbLE，可以对合成染色体的片段进行大规模的删除，实现基因组的精简。基于这一原理，罗周卿等人开发了一项对染色体进行连续精简的 SGC 技术，并用它对 syn Ⅻ L 进行了多轮的删除（Luo et al., 2021a）。

许多含有必需基因的 LU（loxPsym 单元，即两个相邻 loxPsym 位点中间的序列）中都有额外的非必需基因存在，如果删除这些 LU 中的任何必需基因，将导致菌株不可存活（Winzeler et al., 1999; Giaever et al., 2002）。因此，SGC 将没有办法删除 syn Ⅻ L 上 9 个含有必需基因的 LU，这些 LU 中的非必需基因也不能被 SGC 直接删除，这极大地限制了 SGC 对基因组的压缩能力。为解决这一问题，该团队引入一种游离的必需基因阵列并命名为 eArray，使其能从功能上回补菌株自身必需基因缺失造成的生长缺陷，从而使原位的必需基因可以被删除。

为了确定 eArray 中必需基因具有功能，他们利用四分体孢子裂解试验进行了验证。当在单个的二倍体杂合菌株（每一个都缺了 eArray 中的一个必需基因）中引入 eArray 后（Winzeler et al., 1999; Giaever et al., 2002），所有 10 个必需基因都存在的 eArray 可以支持 4 个孢子在 YPD 上存活。这表明 eArray 中所有相应的基因都具有功能性。此外，4 个孢子大小相似，并与野生型菌株具有相似的生长特征，说明在测试条件下必需基因在阵列上的重新排布对细胞适应性的影响很小。

在初始进行了 SGC 实验的 10 株菌株中，在没有 eArray 存在的情况下，菌株 ZLY298 发生了最大程度的染色体减少（约 45kb/170kb, 26% 的 syn Ⅻ L 序列被删除），在 ZLY298 的基础上进一步压缩，结果表明，ZLY348 中又有 9 个 LU 发生了删除，导致 syn Ⅻ L 中 41%（约 71kb/170kb）的序列被删除。ZLY348 的合成序列总长度为 99kb，包含原来 46 个 LU 中的 25 个，10 个含有必需基因的 LU 被全部保留了下来（图 5-20，红色部分为包含必需基因的 LU）。

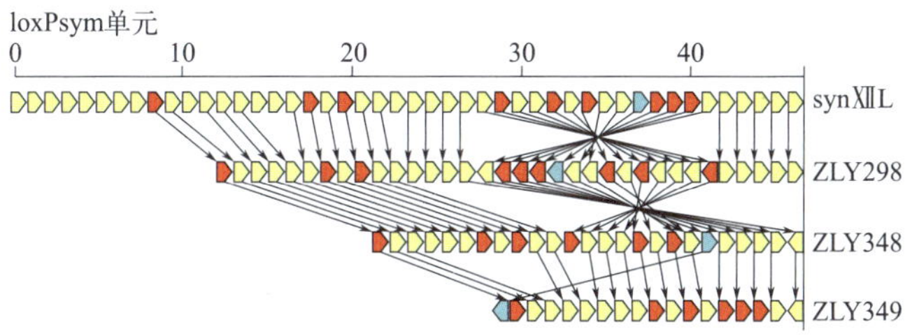

图 5-20 迭代 SGC 菌株的基因组重排（Luo et al., 2021b）

接下来，将 eArray 转化到 ZLY348 中，经 SGC 诱导后，对筛选出的 10 个菌株进行 PCRtag 分析。结果表明，ZLY349 为新增删除 LU 最多的候选菌株，新删除了 7 个额外的 LU，其中包括 3 个包含必需基因的 LU，产生了一个 58% syn Ⅻ L 序列（约 100kb/170kb）被删除的菌株。继续对菌株进行删除，会导致菌株死亡，或出现明显的生长障碍，所以菌株 ZLY349 成为目前获得的具有最小的 syn Ⅻ L 基因组的菌株，所有的 46 个 LU 中，该菌株仅保留了 18 个。虽然染色体翻转也存在于这些变异中，但在迭代 SGC 的过程中，可以看到合成序列总长度是逐步减小的。因此，迭代 SGC 可以作为一种有效的合成基因组精简的方法，用于更彻底的酵母基因组的压缩。

通过对合成染色体的大规模重排，删除非必需片段，可以在没有人为干扰的情况下极大程度地删除酵母的基因组，筛选具有最小基因组的个体，但这一基因组精简技术也存在着一定的局限性。首先，这一方法非常依赖人工染色体的合成，目前 Sc2.0 项目并没有结束，利用已有的合成染色体难以做到全基因组尺度的精简。其次，由于 loxPsym 的插入是在每个非必需基因的末端，所以删除都是以基因为单位的，删除后的最小基因组不是碱基数量意义上的最小基因组，只是基因意义上的最小基因组。最后，利用迭代 SGC 方式的精简，往往会由于初始几代精简过程中丢失的片段不同，精简走向完全不同的方向，最终保留完全不同的基因集合，形成完全不同的最小基因组，这对我们理解“何为最小基因组”提出了挑战。

5.4 人工生命防逃逸系统

5.4.1 技术概念与发展

合成生物学的主要目标是设计并构建可于生物医学、工业和环境中应用的且具有新功能、新生物行为的遗传修饰生物体（genetically modified organisms，GMOs）（Auslander et al., 2017）。除了在技术应用中的潜在用途外，GMOs 还可作为研究生物过程和原理的强大工具，并已在许多科学和工程领域盛行起来。然而，自 20 世纪 70 年代应用 DNA 重组技术修改细胞的遗传信息，以达到科学研究和经济目的以来，科学家和公众已对 GMOs 可能对环境的负面影响表示担忧（Curtiss, 1978; Miller et al., 2007; Cohen, 2013）。近年来，随着合成生物学设计和部署的迅速发展，工程生物由低等转向高等，由简单转向复杂，由实验室转向工厂和室外环境，因此对生态系统和人类健康的影响也急剧增加（Dana et al., 2012; Moe-Behrens et al., 2013）。例如，在环境与农业应用中，GMOs 可通过释放遗传回路或工程 DNA 以及它们可能被转移到自然生态系统而影响周围的物种（Lee et al., 2018b）。在医疗应用中，工程微生物可以有效地定植于器官和组织，用于细菌治疗。然而，这也引发了人们对药理控制的担忧以及将基因工程材料转移到人类微生物组的风险（Mimee et al., 2016）。尽管到目前为止还没有关于转基因生物造成生物危害的报告，但许多研究表明，使用工程生物可能导致转基因侵入自然环境（Stanley-Horn et al., 2001; Snow, 2002; Giovannetti, 2003; Hills et al., 2007）。最令人震惊的一个例子是遗传改造生物中常用到的抗生素抗性基因的传播。一份报告显示，在被农田粪便污染的水中发现了抗性基因，并且这些抗性基因可以通过噬菌体转移到天然细菌物种中（Colomer-Lluch et al., 2011）。这种转基因泄漏可以通过增加病原体的抗药性直接影响人类健康。为解决这些问题，人们需要不断努力设计一些控制自我复制、阻断水平基因转移的防逃逸系统，即由自我复制、基因回路驱动的自杀系统以及中心法则遗传正交系统，从而防止工程生物逃逸（Wright et al., 2013; Schmidt et al., 2016）。

5.4.1.1 有效防逃逸系统的标准

有效的人工生命防逃逸系统必须满足两个关键的保障要求——既不能在自然环境中富集和增殖，同时也不能进行水平基因转移，以防止转基因生物在自然环境中的释放和扩散以及随之而来的与生态系统的互动。GMOs 是可以生长和自我复制的生命实体，因此，任何嵌入式的防逃逸系统都必须非常坚固，以防止释放哪怕是一小部分可能成长为主导生态系统的生物体。美国国家卫生研究院提出了一个准则，指出转基因生物的逃逸率低于 10^{-8}（10^{8} 个细胞中的 1 个）被认为是可以接受的安全（Wilson, 1993），一些现有的防逃逸系统已经达到了这个目标。然而，随着遗传改造生物部署规模的不断扩大，这些系统的遏制和 / 或杀灭效率可能不足以防止转基因生物在环境中的积聚。因此，需要不断改进系统的稳定性和效率，以确保生物安全。

此外，长期的系统稳定性是有效保障的另一个关键标准，因为遗传改造生物的设计和预期的复制通常要经过许多代和不同的生长阶段。为了保持鲁棒性和稳定性，防逃逸系统必须考虑基因沉默机制的潜在破坏性影响，如 DNA 重组和突变。此外，防逃逸系统本身往往会给工程宿主带来代谢负担或导致背景毒性，这可能会限制所需的细胞性能并增加宿主选择压力进而破坏防逃逸系统。为了解决这个问题，当 GMOs 处于被允许的条件下时，防逃逸系统必须受到严格的控制。最后，由于工程细胞可能需要在不同的环境中为不同的应用发挥作用，快速定制是一个有益的特征。为了满足这些标准，目前已经开发了各种有前景的防逃逸系统。

5.4.1.2 防逃逸系统的发展

最早的防逃逸系统通过阻止遗传改造生物的自我复制来控制生长。在 20 世纪 90 年代末开发的遗传使用限制技术（genetic use restriction technology，GURT）就是其中的一个例子。它通过破坏工程植物的复制能力来限制其意外扩散和传播（Oliver et al., 1999）。一般来说，这种方法是将种子发育基因置于化学诱导启动子的控制之下，当工程作物在开放环境中生长时，缺乏诱导化合物会导致形成的种子不孕。遗传分离则是病毒工程中普遍采用的复制控制策略（Ju et al., 2021; Ricardo-Lax et al., 2021; Zhang et al., 2021）。在此策略中，参与病毒颗粒合成的关键基因分布在多个载体中，而只有含有关键基因的载体被包装到所产生的复制无效的病毒颗粒中。例如，将 SARS-CoV-2 病毒基因组拆分成 3 部分并组装至多个载体（Ma et al., 2022）。此外，Cheung 等通过在细胞中强制表达 SARS-CoV-2 的蛛丝蛋白（S 蛋白）与衣壳蛋白（N 蛋白），对删除 S 蛋白与 N 蛋白后所产生的 ΔS 或 ΔN 病毒进行转译，最后产生一种活的但无复制能力的病毒（Cheung et al., 2022）。尽管这种工程不育和单轮复制在植物和病毒中是有效的保障方法，但它们不适用于通过独立自我复制进行繁殖的微生物。

防逃逸系统的另一个主要策略是控制遗传改造生物的生存。而营养缺陷型系统——通过删除负责关键代谢物如核苷酸、氨基酸合成的关键基因而产生，是最简单的系统。营养缺陷型系统无法合成一种或多种生存或复制所必需的化合物，因此，遗传改造生物的生存依赖于外部提供缺少的成分。1977 年，Curtiss 及其同事首次开发了营养缺陷型大肠杆菌菌株 χ1776[需要二氨基嘧啶（DAP）和胸腺嘧啶或胸苷才能生长]，并应用于生物安全防范（Curtiss Ⅲ et al., 1977）。此后，营养缺陷系统不断发展。比如，在营养缺陷的大肠杆菌菌株 M15 中以质粒形式表达 glyA 来防止基因丢失（Vidal et al., 2008）；利用异亮氨酸缺陷的 Lemna 菌株系统表达禽流感疫苗抗原（Nguyen et al., 2012）等。除核苷酸与氨基酸之外，其他化合物如烟酰胺腺嘌呤二核苷酸（NAD）（Dong et al., 2010）、亚磷酸盐（Hirota et al., 2017）等也被开发成营养缺陷系统的依赖物。在此基础上，多重营养缺陷系统如配体依赖的关键基因营养缺陷的合成大肠杆菌（SLiDE）（Lopez et al., 2015）也逐步被构建。在 SLiDE 系统中，补充配体苯并噻唑可诱导关键蛋白的芳香族氨基酸残基突变成甘氨酸，进而促使蛋白发挥功能并维持菌株生存。含有单个 SLiDE 等位基因的菌株的逃逸率在 8×10^{-4} 和 3×10^{-9} 之间，但加入两个等位基因可使逃逸率降低到 5×10^{-10}，而加入三个 SLiDE 等位基因可使逃逸率低于 3×10^{-11}（Deckert et al., 2012）。然而，这种营养缺陷并非万无一失，因为生物体仍然可能通过获得其他生物体产生的基本代谢物而在自然环境中生存。此外，转基因生物可能通过水平基因转移重新获得被删除的基本基因，这就使营养缺陷型系统失去了效能。因此，不在自然环境中出现的化合物被视为营养缺陷系统的补充。最近开发的依赖非编码氨基酸（noncoding amino acids，ncAA）生存的菌株进一步优化了基于营养缺陷的防逃逸系统的优势。在这些菌株中，所有自然发生的琥珀终止密码子位点（UAG）都被一个赭石终止密码子（UAA）取代。随后在菌株中表达一个异源 tRNA 和氨基酸 tRNA 合成酶对，从而将 ncAA 引入位于关键基因编码序列中的琥珀密码子处。因此，维持关键的细胞活动需要有 ncAA 的存在，而 ncAA 只在指定的环境中提供（Mandell et al., 2015; Rovner et al., 2015）。此外，为进一步提高防逃逸系统的安全性，营养缺陷系统与其他系统相结合的多层复杂安全系统如 SafeGuard（Gallagher et al., 2015）和 GeneGuard（Wright et al., 2015）也不断涌现。

遗传回路系统也是控制遗传生物生存的最主要的防逃逸策略之一。与营养缺陷系统相同的是，遗传回路系统的控制也依赖于环境或者外源添加的信号分子（如色氨酸、IPTG 等）；不同的是，在遗传回路系统中信号分子不直接用于生长，而是通过激活或者抑制变构调控转录因子来调节基因的表达，并最终控制细胞生存（Callura et al., 2010）。在一些遗传回路设计中，需要补充外源性的特定分子来诱导对细胞生存至关重要的基因的转录（Cai et al., 2015; Gallagher et al., 2015; Agmon et al., 2017）。在其他设计中，则由内源性信号分子支持生存。例如，利用群体效应分子酰基高丝氨酸内酯（AHL）在高细胞密度条件下诱导关键基因的表达；在非适宜环境中 AHL 的水平较低，逃逸细胞则无法生存（Huang et al., 2016）。还有一些遗传回路系统使用双层基因表达调控结构，其中第一层控制第二层调控器的表达，第二层调控器则负责抑制触发细胞死亡的毒性输出（Contreras et al., 1991; Molina et al., 1998; Chan et al., 2016）。遗传回路系统的一个重要好处是能够调整机制并采用不同的小分子传感器来控制每个特定应用的隔离条件。2016 年，Collins 研究组设计了一个双层控制的密码开关。他们利用三个信号分子与嵌合转录因子的相互作用实现遗传回路输入与输出之间的连接，使工程细胞只有在包含两个小分子信号但缺乏第三个信号的环境中才可以生存（Chan et al., 2016）。2015 年，Cai 等在酵母中利用诱导型启动子控制组蛋白基因的表达并结合重组酶体系建立了多层防逃逸系统（Cai et al., 2015）。然而，以上系统虽然可以杀死细胞，但核酸仍然存在，依然存在通过水平基因转移（HGT）进行传播和扩散的风险。因而需要进一步对遗传信息进行自我销毁。根据所用系统的序列特异性，核酸销毁系统可分为三类：①基于核酸酶的特异性系统，在具有序列特异性的限制性位点水解核酸；②核酸酶非特异性系统水解 DNA，不具有序列特异性；③序列特异性和非特异性系统的结合。例如，利用序列特异性的 CRISPR

引导 Cas 核酸酶靶向关键或者非关键基因，以防止在意外释放的情况下发生 HGT（Marraffini et al., 2008; Gomaa et al., 2014; Caliando et al., 2015）。在此基础上，Jia 及其同事开发了由激活回路和降解回路组成的正交核糖体回路系统。在激活回路中，正交核糖体响应特定的环境信号激活一个加密的途径；在降解回路中，编码正交核糖体的基因响应环境信号输入而被降解（Jia et al., 2017）。

鉴于地球上所有已知的生命都是由蛋白质、糖类、脂类和核酸等构成的。共同的遗传密码允许不同物种之间通过 HGT 交换遗传信息。就生物安全而言，生物遗传中心法则正交化是防止水平基因转移的重要策略。根据组分的不同，可以分为碱基、骨架、游离基团、密码子以及氨基酸等不同的类型。XDNA 是指非经典的 DNA 或者对 DNA 天然结构进行大量修饰如替代配对核苷、糖或者骨架修饰的产物（Pinheiro et al., 2012）。XNA（异源核酸）被认为是一道基因防火墙，可以掩盖天然的编码信息（Schmidt, 2010）。设计 XNA 的主要方法是取代或扩展 DNA 中四个天然核苷酸组成的标准遗传密码。第一个是在大肠杆菌中用 5- 氯尿嘧啶取代胸腺嘧啶，在 25 周的时间内扩展了四个核苷酸字母（Dunn et al., 1957; Marlière et al., 2011）。其他遗传字母拓展方法包括引入两个人工碱基 dP 和 dZ（Yang et al., 2010）。以上例子都依赖于非经典核苷酸的补充。这种补充是一种有效的生物安全机制，它不仅可以防止工程细胞在环境中的失控生长，还可以保护编码信息通过 HGT 传播。除引入非经典碱基，还可以通过整合替换脱氧核糖和核糖进行 DNA 骨架改造，如己醇核酸（HNA）（Hendrix et al., 1997）、三糖核酸（TNA）（Schöning et al., 2000; Ichida et al., 2005）、甘油核酸（GNA）（Zhang et al., 2005）、环己烯（CeNA）（Nauwelaerts et al., 2005）等。遗传密码中有三个终止密码子：赭石（UAA）、蛋白石（UGA）和琥珀（UAG）。在大肠杆菌中，琥珀密码子是最不常见的，仅有 300 多次出现（取决于所用的大肠杆菌菌株）。因此，许多研究团队通过将 UAG 删除并替换成有义密码子，然后通过正交翻译系统将非天然氨基酸插入关键基因中，从而获得非天然氨基酸依赖的营养缺陷系统（Rovner et al., 2015）。Church 实验室通过将大肠杆菌的 314 个 UAG 终止密码子全部替换成 UAA 终止密码子，并删除识别 UAG 和 UAA 的释放因子 1（由 *prfA* 编码），获得可以重新编码琥珀终止密码子的遗传改造菌株（Isaacs et al., 2011; Lajoie et al., 2013）。整合新的氨基酰 tRNA 合成酶（aaRS）和相应的 tRNA 获得正交化的翻译机器，才能利用无琥珀密码子的菌株（Liu et al., 2010）。随后，Mandell 等人通过在大肠杆菌菌株 C321.ΔA 的 UAG 终止密码子处整合非经典氨基酸（ncAA）L-4,4- 联苯丙氨酸（BPA），最终获得依赖 ncAA 的营养缺陷系统（Mandell et al., 2015）。其他如精氨酸密码子 AGG（Mukai et al., 2015）、甲硫氨酸密码子 AUG（De Simone et al., 2016），以及丝氨酸密码子 TCG 与 TCA 均已实现重编码和重分配（Wang et al., 2016; Fredens et al., 2019）。此外，Jason Chin 团队在其 UAG 等 3 个密码子重编码菌株 Syn61 的基础上，进一步删除了大肠杆菌 tRNA 编码基因 *serT*、*serU*，以及 *prfA* 并获得菌株 Syn61Δ3（Robertson et al., 2021a）。利用此遗传密码重构的大肠杆菌，进一步验证重编码系统可限制合成的遗传信息逃逸到自然界中（Zürcher et al., 2022）。此外，这一策略也用于在体外构建非天然氨基酸依赖型的 HIV-1 病毒（Wang et al., 2014）以及复制受限的流感疫苗病毒（Si et al., 2016），从而大大提高病毒疫苗的安全性。另一方面，转移编码可利用四联体密码子和正交核糖体翻译对天然产物进行编码。近年来，翻译四联体密码子的正交核糖体的进化为分配 256 个空白密码子提供了惊人的机会。Neumann 等通过在大肠杆菌中测试由四联密码子 AGGA 和琥珀密码子 UAG 组合编码的两种非经典氨基酸，即对叠氮 -L- 苯丙氨酸（AzPhe）和 N^6-[(2- 丙氧基) 羰基]-L- 赖氨酸（CAK）的嵌合，证明只有当两个非经典氨基酸在 DNA 中被编码时，蛋白才被完全合成（Wang et al., 2007; Neumann et al., 2010）。这种普遍的遗传密码的修改构成了一个强大的生物安全系统（Kubyshkin et al., 2017）。虽然没有首先阻止遗传物质的转移，但重新编码的 DNA 在天然生物体内发生 HGT 事件后不能被表达。此外，编码 aaRS 和相应的 tRNA 的序列在天然的、非重新编码的生物体中要么是致命的，要么是非常有害的，因为它们将导致含有琥珀密码子的基因的错误翻译。

防止工程生物逃逸的另一个方法是使用无细胞系统（cell-free protein system，CFPS）使生物操作与活细胞完全脱钩，该系统可以产生生物分子和化合物，同时保持先天的非生物性和无菌性。Adamala 等人将无细胞的转录和翻译系统封装到小的脂质囊中，以实现遗传回路和级联的分隔，从而提高遗传回路的模块化和可控性（Adamala et al., 2017）。无细胞系统能够与异种生物学方法联合使用，以避免天然生物体吸收转基因功能的潜在风险。此外，研究人员一直在使用无细胞系统作为测试平台，通过密码子重分配将 ncAA 嵌入目标蛋白（Hong et al., 2014; Malyshev et al., 2014; Soye et al., 2015）。2017 年，Lethbridge 团队为 CFPS 建立一个标准化、模块化的系统。该系统的设计是基于转录和翻译所需的所有蛋白质、核糖体以及必要的 tRNA 的标准化表达和纯化。通过在大肠杆菌 BL21-Gold（DE3）中过量表达转录和翻译所需的所有 38 种基本蛋白，该团队成功地过表达和纯化了 CFPS 所需的关键蛋白，并成功地纯化了 $tRNA^{Phe}$。此外，该团队提出使用修改后的密码子表作为 CFPS 的防逃逸策略。

5.4.2 人工生命防逃逸系统的原理

目前，基于合成基因组技术的人工生命防逃逸系统主要有两类，一是病毒基因组合成的遗传隔离系统（Zhang et al., 2021）；二是基于重编码基因组建立的正交遗传系统（Wang et al., 2016; Fredens et al., 2019; Robertson et al., 2021a; Zürcher et al., 2022）。遗传隔离系统通常将病毒基因组拆分成不同的部分，并置于不同的控制系统之下。以 SARS-CoV-2 的反向互补系统为例：缺失 *ORF3* 和 *E* 基因的 SARS-CoV-2 病毒 RNA（ΔORF3-E）与报告基因 *mNeonGreen*（*mNG*）在一个系统，而 ORF3 和 E 蛋白则需在 Vero E6 细胞系中由多西环素诱导表达（Vero ORF3-E）。只有将 ΔORF3-E RNA 通过电穿孔导入 Vero-ORF3-E 细胞中并加入多西环素后，才能够产生持续感染并在 Vero ORF3-E 细胞中扩增的病毒；由于包装的 RNA 基因组中缺乏 *ORF3* 和 *E* 基因，这些病毒只能感染正常细胞一轮（图 5-21）。基于重编码基因组建立的正交遗传系统，通过设计异源嵌合 tRNA，可将重编码菌株 Syn61Δ3 中待分配的 TCG 或 TCA 密码子分配给天然氨基酸如丙氨酸、组氨酸、亮氨酸或脯氨酸，从而创建 16 个

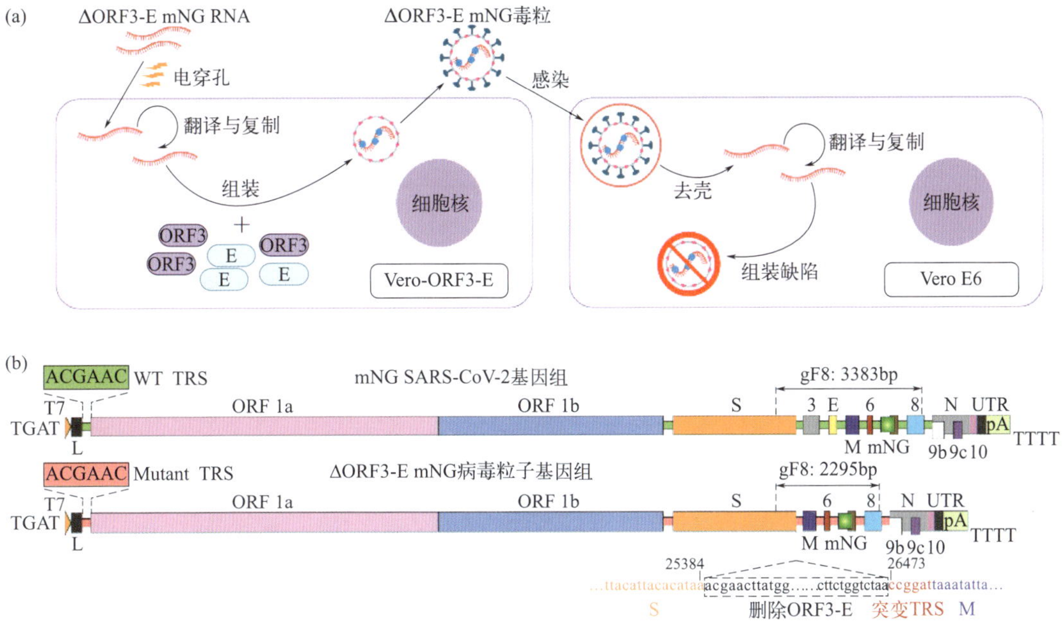

图 5-21 SARS-CoV-2 的反向互补系统（Zhang et al., 2021）

（a）SARS-CoV-2 的反向互补系统。Vero-ORF3-E 细胞用 DORF3-E mNG RNA 电穿孔。反式互补产生 ΔORF3-E mNG 病毒（左图），它只能感染幼稚的 Vero E6 细胞（右图）。（b）ΔORF3-E mNG 病毒基因组。全长的 SARS-CoV-2 基因组（上图）和 ΔORF3-E mNG 病毒基因组（下图）都被标注出来。反转录 PCR（RT-PCR）分析的基因组片段 8（gF8）在两个基因组上方都有标示。ORF3-E 的缺失节点被标出。WT（绿框）和突变体（红框）的转录调控序列（TRS）也被标示出来。突变的 TRS（红色）也被设计在每个下游 ORF 的 5′ 端

新的遗传密码。使用经典遗传密码编写的基因（其中 TCG 和 TCA 密码子编码丝氨酸），将在读取这些密码子为丝氨酸的天然细胞中产生正确的蛋白质产物。然而，在将 TCG 和 TCA 密码子解码成丝氨酸以外的氨基酸的细胞中，这些基因将产生不正确的、可能没有功能的蛋白产物。同样的，合成的基因（使用 *Syn61* 重新编码方案压缩遗传密码，并用 TCG 和 TCA 密码子取代特定天然氨基酸的密码子）在解码 TCG 和 TCA 密码子以嵌入正确氨基酸的细胞中，将产生正确的蛋白产物。然而，这些合成基因在读取经典遗传密码的细胞中会产生不正确的、可能没有功能的蛋白产物（图 5-22）。

5.4.3 人工生命防逃逸系统的操作规程

5.4.3.1 生物学材料

大肠杆菌 syn61 WT 即 Syn61（ev2），syn61Δ3 即 Syn61Δ3（ev4）。

5.4.3.2 质粒

pSC101-Kan 与 pSC101-Hyg 质粒用于构建嵌合 tRNA。

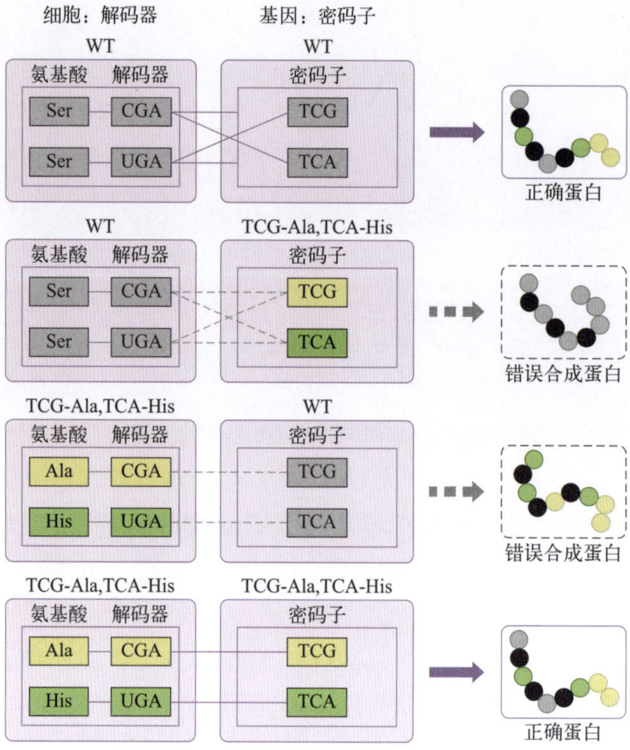

图 5-22 遗传密码正交系统（Zürcher et al., 2022）

基因中 TCG 和 TCA 密码子之间的关系；在 Syn61Δ3 中，具有经典（WT）解码和由 $tRNA_{CGA}^{Ala}$、$tRNA_{UGA}^{His}$ 解码的细胞中对应密码子的解码器；以及合成的相应蛋白质序列。读取 TCG 或 TCA 密码子的 tRNA 反密码子被表示出来（解码器）。tRNA 使用的氨基酸（aa）被标出。灰色的密码子表示其解码为丝氨酸将产生正确的蛋白质序列。黄色的密码子表示其解码为丙氨酸将产生正确的蛋白质序列。绿色的密码子表示其解码为组氨酸将产生正确的蛋白质序列

5.4.3.3 试剂

Milli-Q 水

PrimeSTAR HS 高保真聚合酶（Takara, cat no. R010A）

PrimeSTAR GXL 聚合酶（Takara，cat. no. R050A）

One*Taq* 2×PCR Master Mix with Loading Buffer（New England BioLabs, cat. no. M0482S）

6× 凝胶加载染料（New England BioLabs, B7024S）。

琼脂糖 Hi-Pure Low EEO（BioGene, cat. no. 300-200）

SYBR Safe DNA 染色剂（Life Technologies, cat. no. S33102）。

2×NEBuilder HiFi 组装混合物（New England BioLabs, cat. no. E2621S）

L(+)- 阿拉伯糖（ACROS Organics, cat. no. 15289285）

氨苄西林钠盐（Sigma-Aldrich, cat. no. A9518-5G）。

硫酸卡那霉素（Sigma-Aldrich, cat. no. K1377）

阿泊拉霉素

蔗糖（Fisher Scientific, cat. no. S/8560/63）

氯霉素（MP Biomedicals, cat. no. 0219032190）

潮霉素 B (50mg/mL) (Thermo Fisher Scientific, cat. no. 10687010)

TE 缓冲液 10×（G-Biosciences, cat. no. 786-033）

甘油（Sigma-Aldrich, cat. no. G9012-1L）

葡萄糖（Gibco, cat. no. 15023021）

4mol/L（4N）的 NaOH 水溶液（VWR Chemicals, cat. no. 191373MP）。

EDTA（乙二胺四乙酸）（Sigma-Aldrich， cat. no. EDS）。

Na_3PO_4 (Sigma-Aldrich, cat. no. 342483）

NaCl (Sigma-Aldrich, cat. No. S9888)

$CaCl_2$ (Sigma-Aldrich, cat. no. C1016)

$(NH_4)_2SO_4$ (Sigma-Aldrich, cat. no A4915)

Tris-HCl (Trizma hydrochloride) (Sigma-Aldrich, cat. no. T5941)

Qiagen QIAquick PCR Purification Kit (cat. no. 28104)

Qiagen QIAprep Spin Miniprep Kit (cat. no. 27106)

Qiagen MinElute Gel Extraction Kit (cat. no. 28604)

Qiagen DNeasy Blood & Tissue Kit (cat. no. 69504)

Nextera XT DNA 文库制备试剂盒 (Illumina, cat. no. FC-131-1204)

MiSeq Reagent Kit v3, 150-cycle 或 600-cycle (Illumina, cat. no. MS-102-3001 或 MS-102-3003)

5.4.3.4 仪器

Mupid-One Advance 凝胶电泳系统（Mupid, VWR cat. no. 102407-972）

金属刀片（Azpack, cat. no. 11904325）

热循环仪（Biometra, cat. no. 846-x-070-720）

Eppendorf F1.5 恒温混匀仪（Eppendorf, cat. no. 5384000039）

Eppendorf 电穿孔仪（Eppendorf, cat. no. 4309000035）

2mm 间隙的电穿孔比色皿（Flowgen, cat. no. FBR-202）

1.5mL 微量离心管（Sarstedt, cat. no. 72.690.001）

离心机（Eppendorf, cat. no. 5811000827）

台式微量离心机（Eppendorf, cat. no. 5424）

24.5cm×24.5cm 培养板（Nunc 无菌生物测定培养皿）（Sigma-Aldrich, cat. no. D4803）

培养皿（Sarstedt, cat. no. 82.1473.001）

50mL Falcon 管（Sarstedt, cat. no. 62.547.254）

250mL PP 离心管（Corning; cat. no. 430776）

2L 玻璃锥形瓶（Fisher Scientific, cat. no. 15459103）

纳米微量分光光度计（ThermoFisher, cat. no. ND-2000）

PCR 管（Axygen, cat. no. PCR-0208-C）

振荡培养箱（ThermoFisher, cat. no. SHKE6000）

Sanyo MIR-154 培养箱（ThermoFisher, cat. no. 12856746）

细胞培养分光光度计（Eppendorf, cat. no. 6133000028）

分光光度计比色皿（BrandTech Scientific, cat. no. 759086D）

Molecular Imager Gel Doc XR+ 系统配备 Image Lab 软件（Bio-Rad, cat. no. 1708195）

MiSeq 测序系统（Illumina, cat. no. SY-410-1003）

5.4.3.5 软件

SnapGene (GraphPad Software)

Integrative Genomics Viewer (IGV)

iSeq package

5.4.3.6 实验步骤

（1）在 Syn61Δ3 中构建用于解码 TCG 和 TCA 密码子的 tRNA 质粒

① 在设计异源嵌合 tRNA 时，将相关异源 tRNA 基因的反密码子分别用 CGA 和 UGA 替换，从而使解码 TCG 和 TCA 密码子时能加入丝氨酸以外的氨基酸。

② 为插入响应 TCG 和 TCA 密码子的氨基酸，将相应 tRNA 基因克隆到 pSC101-Kan 和 pSC101-Hyg 质粒（分别赋予卡那霉素和透明霉素抗性）上。

③ 在 pSC101-Hyg 质粒骨架包括一个在 *EM7* 启动子下表达的 pheS-HygR 双选择盒，tRNA 在 *lpp* 启动子下表达；pSC101-Kan 质粒骨架包括一个在 *T3* 启动子下表达的 kan^R 抗性基因，tRNA 基因利用大肠杆菌内源启动子 *serT* 表达。

④ 在一个质粒表达两个 tRNA 的情况下，将大肠杆菌基因组中 *alaX* 和 *alaW* tRNA 基因之间的区域作为一个操作子表达。

⑤ tRNA 和 tRNA 操作子以引物（Merck）或 gBlock（IDT）形式订购，而骨架片段通过 PCR 产生。

⑥ 将获得的 PCR 产物与 tRNA 片段通过 HiFi 组装。

⑦ 向反应物中加入 5μL Milli-Q 水，通过上下吹打进行混合。

⑧ 将 1μL 稀释后的反应物与 50μL 大肠杆菌 Syn61Δ3 电转感受态细胞混合（如步骤⑲～㉗所准备）。轻轻地上下混合，然后转移到一个 2mm 间隙的电穿孔比色皿中。

⑨ 在 Eppendorf 电穿孔仪或同等设备中进行电穿孔，施加 2500V 的电压。

⑩ 立即向比色皿中加入 1mL SOB，轻轻地上下混合，并将混合物转移到一个干净的 1.5mL 微量离心管中。

⑪ 将该管放入恒温混匀仪中，在 37℃下孵育 1h，以 1000r/min 摇动。

⑫ 在室温下以 4000*g* 旋转细胞 1min，弃去上清液，将细胞沉淀重悬于 200μL Milli-Q 水中。在 200μL 中再准备两个 10 倍的连续稀释液，将每个细胞悬液铺在补充有 50μg/mL 卡那霉素或者 200ng /μL 潮霉素的 LB 琼脂平板上。

⑬ 将平板在室温下打开晾干，直到表面看不到水分。

⑭ 将平板在 37℃下孵育过夜。

⑮ 第二天，挑选总共 4 到 8 个菌落，将每个菌落接种到含有 10mL 补充有 50μg/mL 卡那霉素或者 200ng/μL 潮霉素的 LB 50mL Falcon 管中。在 37℃下培养过夜，以 220r/min 摇动。

⑯ 第二天，用 QIAprep Miniprep 试剂盒从所有培养物中提取质粒。

⑰ 确认 pSC101 质粒的正确组装，将每个 miniprep 的样品送到合适的供应商处进行 Sanger 测序。

⑱ 使用 SnapGene 或其他 DNA 操作软件生成质粒的虚拟图谱，使用 SnapGene 或另一种比对软件将 Sanger 测序结果与图谱进行比对。保留含有正确序列的质粒的 miniprep 样品，并在 −20℃下保存 1 年，丢弃不正确的样品。

（2）*E. coli* 电转感受态制备　接下来的几个步骤描述了本操作规程中用于制备 *E. coli* 电转感受态的一般规程。

⑲ 开始对目标大肠杆菌菌株进行过夜培养。将单菌落或甘油菌接种到含有 10mL 2×YT 的 50mL Falcon 管中，在 37℃下培养过夜，以 220r/min 摇动。

⑳ 第二天，将 10mL 过夜培养物倒入一个 2L 锥形瓶中，其中含有 500mL 2×YT（稀释后的 OD_{600} 应该在 0.05 左右）。注意：500mL 的培养液将产生足够的感受态细胞，可进行 10 次以上的转化。感受态细胞可以在液氮中快速冷冻，并在 −80℃下储存数月。

㉑ 在接下来的 1 ～ 2h 内定期检查 OD_{600}，一旦细胞达到 OD_{600} 约 0.5，就收集细胞。将 500mL 的培养液倒入 2×250mL 的锥形离心管中，在 4℃下以 4000*g* 的转速离心 10min 即可。注意：离心后的细胞应始终保持在冰上。

㉒ 丢弃两管离心后的上清液。将 50mL 无菌冰冻的 Milli-Q 水倒入其中一个试管中，用 10mL 吸管上下移液，重新悬浮细胞。

㉓ 将细胞悬液倒入另一个锥形管中，并按上一步的方法重悬。

㉔ 将所有重悬液转移到 50mL Falcon 管中，在 4℃下以 4000*g* 离心 10min。

㉕ 弃去上清液，加入 40mL 冰冷的 Milli-Q 水，用 10mL 吸管重悬，在 4℃下以 4000*g* 离心 10min。

㉖ 弃去上清液，加入 40mL 冰冷的 20%（体积分数）甘油，用 10mL 吸管重悬，在 4℃下以 4000*g* 离心 10min。

㉗ 弃去上清液，将沉淀重悬于 1mL 冰冷的 20%（体积分数）甘油中。立即使用电转感受态细胞或按 100 ～ 150μL 分装后保存在 −80℃。

（3）sfGFP 蛋白表达测定　在含有编码 tRNA 或 tRNA 操作子质粒的 Syn61Δ3 细胞中表达了在第 3 位带有单个 TCG 或 TCA 密码子的 *sfGFP-His6* 基因。

㉘ 冷冻的电转感受态细胞在冰上解冻或者按照步骤⑲ - ㉗制备电转感受态。

㉙ 在 Syn61Δ3 电转感受态细胞中加入 100ng 报告质粒 pBAD_sfGFP，吹打混匀，然后转移到一个 2mm 间隙的电穿孔比色皿中。

㉚ 在 Eppendorf 电穿孔仪或同等设备中进行电穿孔，施加 2500V 的电压，电穿孔 50μL。

㉛ 立即向比色皿中加入 1mL SOB，轻轻地上下混合，并将混合物转移到一个干净的 1.5mL 微量离心管中。

㉜ 将该管放入 ThermoMixer 中，在 37℃下孵育 90min，以 1050r/min 摇动。

㉝ 随后，将回收的培养物（1mL）接种到 5mL 含有 50μg/mL 阿泊拉霉素的预热 2×YT 培养基中，并在 37℃下培养细胞过夜，同时在 220r/min 下摇动。

㉞ 然后按照步骤⑲～㉗制备电转感受态细胞。

㉟ 将 100ng 基于 pSC101 的 tRNA 质粒与 50μL 带有 pBAD_sfGFP 的 Syn61Δ3 电转感受态细胞混合（按照步骤⑲～㉗制备）。

㊱ 按步骤㉚进行电穿孔。

㊲ 细胞在深孔 96 孔板中在 500μL SOB 中孵育 90min。

㊳ 将十分之一的复苏培养物（50μL）接种到 450μL 预热的 2×YT 培养基中，其中补充有 200μg/mL 潮霉素和 50μg/mL 阿泊拉霉素。

㊴ 37℃、750r/min，孵育 36h 后，开始在 96 孔微孔板中诱导 sfGFP 表达。

㊵ 将培养物按 1∶50 接种到 500μL 预热的含有潮霉素（200ng /μL）、阿泊拉霉素（50ng/μL）和 L- 阿拉伯糖（0.2%）的 2×YT 中。

㊶ 在 37℃下，以 750r/min 的速度摇动培养 16h。

㊷ 板块在 3200*g* 下离心 10min。

㊸ 细胞重悬于 150μL 的 PBS 后，取其中 100μL 转移到 Costar 透明的 96 孔平底板中。

㊹ 在 PHERAstar FS 平板阅读器（BMG LABTECH）上记录了 OD_{600} 和 GFP 荧光（λ_{ex}：485nm；λ_{em}：520nm）的测量值（增益设置为 0，焦点调整为 00mm）。

（4）蛋白纯化

㊺ 使携带 tRNA 质粒和 pBAD_sfGFP（或 Ubiquitin）质粒的 Syn61Δ3 细胞在含有 200μg/mL 潮霉素、50μg/mL 阿泊拉霉素和 0.2 % L- 阿拉伯糖的 5mL（Ubiquitin 为 20mL）2×TY 培养基中生长 16h，37℃、220r/min 摇动。

㊻ 将细胞离心，重新悬浮在 1mL 裂解缓冲液 [1×Bugbuster 蛋白提取试剂（Novagen），1×PBS，50μg/mL DNase Ⅰ，20mmol/L 咪唑和 100μg/mL 溶菌酶] 中，并在 4℃下孵育 1h。

㊼ 所得裂解液在 4℃下离心（16000*g*）30min。

㊽ 迅速将上清液转移到含有 50μL Ni^{2+}-NTA（Qiagen）的 1.5mL 微量离心管中，在 4℃下孵育 1h，同时翻滚。

㊾ 通过重力过滤将 Ni^{2+}-NTA 珠子收集在亲和色谱柱上，并在 500μL 洗涤缓冲液（1×PBS，40mmol/L 咪唑）中洗涤三次。

㊿ 最后，用 100μL 洗脱缓冲液（1×PBS，300mmol/L 咪唑，pH8）洗脱蛋白质。

(51) 洗脱液离心（100*g*，4℃，1min）后，收集在一个新的微量离心管中。

(52) 纯化后的蛋白质浓度由纳米滴定仪测定（洗脱 1：0.77mg/mL；洗脱 2：0.09mg/mL；洗脱 3：约 0.0mg/mL）。测量的量加起来就是 5mL 培养物中提取的 0.086mg 蛋白质，这相当于蛋白质产量为约 17mg /L 的培养物。

（5）遗传正交系统的水平基因转移

㊸ 基因重编码。

对于在 Syn61Δ3 衍生菌株实验中使用的所有基因和质粒，有必要根据 Syn61 的重新编码规则来压缩遗传密码（TCG 和 TCA 密码子分别用 AGC 和 AGT 代替，TAG 终止密码子用 TAA 代替）。按照 Syn61（Fredens et al., 2019）的描述对开放阅读框全部进行重新编码，并从公司合成。

㊹ 构建重新编码的抗生素质粒用于评估遗传密码正交性。为了验证不同遗传密码编码的抗生素基因的功能，首先以 gBlocks（IDT）订购重新编码的潮霉素（hygromycin）和大观霉素（spectinomycin）抗性基因；随后将密码压缩的潮霉素或大观霉素抗性基因克隆至 pMB1 质粒。

㊺ 重编码移动遗传元件的构建。中间质粒 F（ΔTCG, TCA, TAG）由合成 DNA（TWIST Bioscience）通过酵母组装（Robertson et al., 2021b）构建而成。F（ΔTCG, TCA, TAG）是通过重编码 RK2 接合质粒中所有已注释的开放阅读框设计而成。通过 λ-red 重组对 *trfA* 进行重新编码以产生 O-F1（TCG-Ala，TCA-His）和 O-F2（TCG-His，TCA-Ala）。*trfA* 的重新编码版本被合成为 gBlocks（IDT）。所有的修饰都在大肠杆菌 DH10B 中进行。为使缺乏 *trfA* 基因或以 DH10B 无法解码的遗传密码编码 *trfA* 的 F 质粒得以复制，利用一个基于 pMB1 的辅助质粒（该质粒含有一个在 *ampR* 启动子下表达的 *ampR* 基因，并通过 HiFi 组装从 PCR 产生的片段而成），在 RK2 接合质粒的内源环境中表达 WT trfA。

㊻ 接合转移。用于接合转移的供体和受体细胞在 5mL 2×YT 中，在适当的抗生素（受体为 50μg/mL 卡那霉素；供体为 20μg/mL 氯霉素）条件下于 37℃振荡（200r/min）生长过夜。测定培养物的 OD_{600}，并将培养物规范化为 OD_{600}=2.0。然后将 400μL 的培养物转移到 2mL 的微量离心管中，用 2×YT 洗涤两次。洗涤后的细胞沉淀被重新悬浮在 200μL 的最终体积中。将 100μL 供体和 100μL 受体混合并在 TYE 板上滴入 5μL，接合转移。然后将平板在 37℃下孵育 2h。随后，用 2mL 2×YT 将细胞从平板上洗掉，并转移到一个新的 2mL 微量离心管中。通过离心（1min，3000*g*）将细胞收集，重悬于 1mL MPW 中，并进行系列稀释（1∶10）。将稀释液滴在含有 50μg/mL 卡那霉素和 20μg/mL 氯霉素的 2×YT 琼脂平板上（3μL/ 滴）。培养板在 37℃下培养 24 至 36h，人工计数确定成功的接合转移菌落。在抗生素基因遗传密码重编实验中，将适当的抗生素（200μg/mL 潮霉素或 75μg/mL 大观霉素）加到 2×YT 琼脂板中。

（6）噬菌体侵染

㊼ 从环境样品中富集噬菌体。从康河（英国剑桥）边的不同地点收集水样。通过 0.22μm 的过滤器过滤后，将 4mL 的水样与 4mL 的 2×LB 和 200μL 的大肠杆菌过夜培养物混合，然后在 37℃旋转培养 48h。将培养物在 4500*g* 下离心 15min，过滤后的上清液作为噬菌体富集物保存。

㊽ 菌斑纯化和噬菌体裂解液制备。为了纯化噬菌体斑块，将噬菌体富集物在 LB 中连续稀释（10 倍），并将每个稀释液的 10μL 加入带有 200μL 过夜培养的细菌宿主的培养瓶中

进行评估。然后加入 4mL 熔融的顶部琼脂（0.35% 琼脂糖），混合后倒在含有适当抗生素的 LB 琼脂平板上作为覆盖物。将得到的平板在 37℃下孵化过夜。用无菌牙签挑出单个噬菌体斑块，并将其重新悬浮在 100μL LB 中。混合物被旋转下来，上清液被稀释并用于上述的进一步纯化。这个过程重复三次以确保噬菌体的纯度。

利用纯化的噬菌体分离物感染细菌后，从几乎完全裂解的细菌菌落上收集噬菌体裂解物。将顶部琼脂刮入含有 3mL LB 的玻璃瓶中，用无菌吸管将其均匀化。然后对悬浮液进行离心分离（4500*g*，4℃，20min）。得到的上清液用 0.22μm 的过滤器过滤，并储存在双耳瓶中（4℃）。最后，通过计算从噬菌体裂解液稀释后形成的噬菌斑数量来估计噬菌体的滴度。

5.4.4 常见问题与解决方案

① 在步骤⑨中，进行电穿孔时可能出现电弧现象。

可能的原因：混合物中的盐浓度过高

解决办法：用 Milli-Q 水进一步稀释 HiFi 组装反应液，重复电穿孔。

② 在步骤⑰中，组装的 pSC101 质粒验证无正确克隆。

可能的原因：a．骨架 PCR 产物与插入的 tRNA 片段比例不合适；b．PCR 引物设计时，与插入片段的同源序列较短。

解决办法：a．根据 HiFi 组装试剂的使用说明书，重新调整各片段比例，并建议同时进行多个不同比例的组装；b．重新设计骨架片段的 PCR 引物，将同源序列延长至 20bp。

③ 在步骤52中，纯化后的蛋白浓度较低。

可能的原因：a．细胞裂解不完全；b．所表达的蛋白均为沉淀；c．蛋白被缓冲液洗脱；d．离心时间太短，浓缩不够。

解决办法：a．在步骤46中，可通过超声或者高压均质仪进一步破碎细胞，从而完全释放蛋白；b．在步骤45中，降低诱导蛋白表达的温度以及诱导浓度等；c．在步骤49中，降低缓冲液中的咪唑浓度；d．在步骤51中，将离心时间延长。

④ 在步骤56中，接合转移后无克隆生长。

可能的原因：接合转移失败。

解决办法：a．重做接合转移，实验操作更轻柔；b．确保洗涤步骤中的 2×YT 没有抗生素；c．根据实验设计，确认是否因正交遗传系统导致接合转移失败。

5.4.5 应用案例与分析

2013 年，Lajoie 等利用 MAGE 方法将大肠杆菌的 TAG 密码子全部替换成 TAA，并通过删除释放因子 prfA 获得菌株 C321.ΔA（Lajoie et al., 2013）。由于重编码的菌株可以抵抗噬菌体的入侵，此后研究人员以重编码菌株 C321.ΔA 进行了一系列的研究。2015 年，Rovner

等将 *Methanocaldococcus jannaschii* 来源的 tRNA: 氨酸 -tRNA 合成酶对引入 C321.ΔA 的染色体中，赋予 C321.ΔA 正交的翻译组件，从而将 TAG 转化为合成苯丙氨酸衍生氨基酸的专用有义密码子。随后利用 MAGE 方法，将 TAG 密码子引入 22 个关键基因，使它们的表达与合成苯丙氨酸衍生氨基酸并将其插入蛋白质中联系起来，从而构建依赖于非天然氨基酸的人工生命防逃逸系统（Rovner et al., 2015）。与此同时，Mandell 将 bipA 氨酰 tRNA 合成酶（bipARS）/$tRNA_{bipA}$ 系统导入 C321.ΔA，使 TAG 密码子作为非天然氨基酸 L-4,4′- 联苯丙氨酸（bipA）系统的专属有义密码子。然后通过计算机设计在非天然氨基酸中插入 6 个关键基因，从而创建依赖于非天然氨基酸 bipA 的防逃逸系统（Mandell et al., 2015）。这种允许细胞将编码的几种不同的非经典氨基酸（通常响应密码子 TAG，细胞中三个终止密码子之一）嵌入蛋白质的遗传改造称为遗传密码扩展。

与以上通过进化获得密码子替换菌株不同的是，Jason Chin 团队通过定义同义密码子压缩，即两个有义密码子（丝氨酸密码子 TCG 和 TCA）和一个终止密码子（TAG）均被同义密码子取代，实现了全基因组重编码菌株 syn61 的合成（Wang et al., 2016, Fredens et al., 2019）。在此基础上，删除了 TCG、TCA 和 TAG 等密码子的反义密码子 tRNA 和释放因子，获得的 Syn61Δ3 菌株与 C321.ΔA 一样也能抵抗噬菌体入侵。更重要的是，Syn61Δ3 菌株含有 3 个待分配的密码子，不仅可以实现同一蛋白中的多个非天然氨基酸的插入，还可以合成非天然氨基酸聚合物（Robertson et al., 2021a）。此外，与 C321.ΔA 同时引入正交的 aaRS/$tRNA_{CUA}$ 对不同的是，Jason Chin 团队通过设计丙氨酸（$tRNA_{CGA}{}^{Ala}$，$tRNA_{UGA}{}^{Ala}$）、组氨酸（$tRNA_{CGA}{}^{His}$，$tRNA_{UGA}{}^{His}$）、亮氨酸（$tRNA_{CGA}{}^{Leu}$，$tRNA_{UGA}{}^{Leu}$）和脯氨酸（$tRNA_{CGA}{}^{Pro}$，$tRNA_{UGA}{}^{Pro}$）的母体异源嵌合 tRNA，将 Syn61Δ3 的 3 个待分配的密码子重新分配成编码天然氨基酸（如丙氨酸、组氨酸）的密码子，而不需要外源的氨酰 -tRNA 合成酶。这样不仅进一步拓展了原有氨基酸的密码子数量，提高了密码子的分配效率，也改变了遗传密码的结构，从而建立正交遗传系统（Zürcher et al., 2022）。因此，从防逃逸策略的本质上看，依赖于非天然氨基酸的 C321.ΔA 属于控制细胞生存的营养缺陷型系统，而 Syn61Δ3 遗传正交系统则属于遗传密码重编程。

保护合成生物体不受环境遗传元件的影响，对于工业规模的生物技术应用可能很有价值，因为包括病毒在内的移动遗传元件的污染会造成经济损失并破坏重要的供应链。合成生物体——具有正交编码与解码器，并将同源正交密码锁定在生物体的关键基因上，对以正交密码编写的移动遗传元素具有抵抗力，并将这种抵抗力延伸到携带 tRNA 基因的移动遗传元素。因此，Syn61Δ3 遗传正交系统是主动抵抗外来密码入侵的生物体的范例。

重塑遗传密码可限制遗传信息从合成生物体向自然生物体的转移，并构成遗传防火墙的基础，将合成遗传系统与环境隔离。这种基于遗传正交的防逃逸策略，是控制合成生物体生存和生长策略的重要发展和补充。在考虑工程生物体在实验室外的应用时，这一点尤其重要。由于经典的遗传密码几乎是普遍保守的，Syn61Δ3 遗传正交系统普遍适用于添加到合成生物体的任何基因或遗传系统。

参考文献

Adamala K P, Martin-Alarcon D A, Guthrie-Honea K R, et al, 2017. Engineering genetic circuit interactions within and between synthetic minimal cells[J]. Nat Chem, 9(5): 431-439.

Agmon N, Tang Z, Yang K, et al, 2017. Low escape-rate genome safeguards with minimal molecular perturbation of *Saccharomyces cerevisiae*[J]. Proc Natl Acad Sci U S A, 114(8): E1470-E1479.

Akanuma G, Nanamiya H, Natori Y, et al, 2012. Inactivation of ribosomal protein genes in *Bacillus subtilis* reveals importance of each ribosomal protein for cell proliferation and cell differentiation[J]. J Bacteriol, 194(22): 6282-6291.

Annaluru N, Muller H, Mitchell L A, et al, 2014. Total synthesis of a functional designer eukaryotic chromosome[J]. Science, 344(6179): 55-58.

Auslander S, Auslander D, Fussenegger M, 2017. synthetic biology-the synthesis of biology[J]. Angew Chem Int Ed Engl, 56(23): 6396-6419.

Baba T, Ara T, Hasegawa M, et al, 2006. Construction of *Escherichia coli* K-12 in-frame, single-gene knockout mutants: the Keio collection[J]. Mol Syst Biol, 2: 2006.0008.

Baichoo E, Boardman L A, 2014. Toward a molecular classification of colorectal cancer: the role of telomere length[J]. Front Oncol, 4: 158.

Barbieri E M, Muir P, Akhuetie-Oni B O, et al, 2017. Precise editing at DNA replication forks enables multiplex genome engineering in eukaryotes[J]. Cell, 171(6): 1453-1467.

Benn C S, Fisker A B, Rieckmann A, et al, 2020. Vaccinology: time to change the paradigm[J]. Lancet Infect Dis, 20(10): e274-e283.

Blount B A, Gowers G F, Ho J C H, et al, 2018. Rapid host strain improvement by in vivo rearrangement of a synthetic yeast chromosome[J]. Nat Commun, 9(1): 1932.

Boeke J D, Trueheart J, Natsoulis G, et al, 1987. 5-Fluoroorotic acid as a selective agent in yeast molecular genetics[J]. Methods Enzymol, 154: 164-175.

Breaker R R, Banerji A, Joyce G F, 1994. Continuous in vitro evolution of bacteriophage RNA polymerase promoters[J]. Biochemistry, 33(39): 11980-11986.

Burgard A P, Pharkya P, Maranas C D, 2003. Optknock: a bilevel programming framework for identifying gene knockout strategies for microbial strain optimization[J]. Biotechnol Bioeng, 84(6): 647-657.

Cai Y, Agmon N, Choi W J, et al, 2015. Intrinsic biocontainment: multiplex genome safeguards combine transcriptional and recombinational control of essential yeast genes[J]. Proc Natl Acad Sci U S A, 112(6): 1803-1808.

Caliando B J, Voigt C A, 2015. Targeted DNA degradation using a CRISPR device stably carried in the host genome[J]. Nat Commun, 6: 6989.

Callura J M, Dwyer D J, Isaacs F J, et al, 2010. Tracking, tuning, and terminating microbial physiology using synthetic riboregulators[J]. Proc Natl Acad Sci U S A, 107(36): 15898-15903.

Cello J, Paul A V, Wimmer E, 2002. Chemical synthesis of poliovirus cDNA: generation of infectious virus in the absence of natural template[J]. Science, 297(5583): 1016-1018.

Chan C T, Lee J W, Cameron D E, et al, 2016. 'Deadman' and 'Passcode' microbial kill switches for bacterial containment[J]. Nat Chem Biol, 12(2): 82-86.

Cheung P H, Ye Z W, Lui W Y, et al, 2022. Production of single-cycle infectious SARS-CoV-2 through a trans-complemented replicon[J]. J Med Virol, 94(12): 6078-6090.

Cohen S N, 2013. DNA cloning: a personal view after 40 years[J]. Proc Natl Acad Sci U S A, 110(39): 15521-15529.

Colomer-Lluch M, Imamovic L, Jofre J, et al, 2011. Bacteriophages carrying antibiotic resistance genes in fecal waste from cattle, pigs, and poultry[J]. Antimicrob Agents Chemother, 55(10): 4908-4911.

Conforti A, Marra E, Palombo F, et al, 2022. COVID-eVax, an electroporated DNA vaccine candidate encoding the SARS-CoV-2 RBD, elicits protective responses in animal models[J]. Mol Ther, 30(1): 311-326.

Contreras A, Molin S, Ramos J L, 1991. Conditional-suicide containment system for bacteria which mineralize aromatics[J]. Appl Environ Microbiol, 57(5): 1504-1508.

Costanzo M, VanderSluis B, Koch E N, et al, 2016. A global genetic interaction network maps a wiring diagram of cellular function[J]. Science, 353(6306): aaf1420.

Curtiss III R, Inoue M, Pereira D, et al, 1977. Construction and use of safer bacterial host strains for recombinant DNA research[J]. Molecular cloning of recombinant DNA: 99-114.

Curtiss 3rd R, 1978. Biological containment and cloning vector transmissibility[J]. J Infect Dis, 137(5): 668-675.

Dai J, Boeke J D, Luo Z, et al, 2020. Sc3.0: revamping and minimizing the yeast genome[J]. Genome Biol, 21(1): 205.

Dana G V, Kuiken T, Rejeski D, et al, 2012. Synthetic biology: Four steps to avoid a synthetic-biology disaster[J]. Nature, 483(7387): 29.

De Simone A, Acevedo-Rocha C G, Hoesl M G, et al, 2016. Towards reassignment of the methionine codon AUG to two different noncanonical amino acids in bacterial translation[J]. Croatica Chemica Acta, 89(2): 243-253.

Deckert K, Budiardjo S J, Brunner L C, et al, 2012. Designing allosteric control into enzymes by chemical rescue of structure[J]. J Am Chem Soc, 134(24): 10055-10060.

Degnen G E, Cox E C, 1974. Conditional mutator gene in *Escherichia coli*: isolation, mapping, and effector studies[J]. Journal of Bacteriology, 117(2): 477-487.

Dong W R, Xiang L X, Shao J Z, 2010. Novel antibiotic-free plasmid selection system based on complementation of host auxotrophy in the NAD de novo synthesis pathway[J]. Appl Environ Microbiol, 76(7): 2295-2303.

Dunn D B, Smith J D, 1957. Effects of 5-halogenated uracils on the growth of *Escherichia coli* and their incorporation into deoxyribonucleic acids[J]. Biochem J, 67(3): 494-506.

Dymond J, Boeke J, 2012. The *Saccharomyces cerevisiae* SCRaMbLE system and genome minimization[J]. Bioeng Bugs, 3(3): 168-171.

Dymond J S, Richardson S M, Coombes C E, et al, 2011. Synthetic chromosome arms function in yeast and generate phenotypic diversity by design[J]. Nature, 477(7365): 471-476.

Elkashif A, Alhashimi M, Sayedahmed E E, et al, 2021. Adenoviral vector-based platforms for developing effective vaccines to combat respiratory viral infections[J]. Clin Transl Immunology, 10(10): e1345.

Endo A, Sasaki M, Maruyama A, et al, 2006. Temperature adaptation of *Bacillus subtilis* by chromosomal groEL replacement[J]. Biosci Biotechnol Biochem, 70(10): 2357-2362.

Fredens J, Wang K, de la Torre D, et al, 2019. Total synthesis of *Escherichia coli* with a recoded genome[J]. Nature, 569(7757): 514-518.

Frietze K M, Peabody D S, Chackerian B, 2016. Engineering virus-like particles as vaccine platforms[J]. Curr Opin Virol, 18: 44-49.

Fujio T, 2007. Minimum genome factory: innovation in bioprocesses through genome science[J]. Biotechnol Appl Biochem, 46(Pt 3): 145-146.

Gallagher R R, Li Z, Lewis A O, et al, 2014. Rapid editing and evolution of bacterial genomes using libraries of synthetic DNA[J]. Nat Protoc, 9(10): 2301-2316.

Gallagher R R, Patel J R, Interiano A L, et al, 2015. Multilayered genetic safeguards limit growth of microorganisms to defined environments[J]. Nucleic Acids Res, 43(3): 1945-1954.

Giaever, G, Chu, A. M, Ni, L, et al., 2002. Functional profiling of the *Saccharomyces cerevisiae* genome[J]. Nature, 418(6896): 387-391.

Gibson D G, Benders G A, Andrews-Pfannkoch C, et al, 2008a. Complete chemical synthesis, assembly, and cloning of a *Mycoplasma genitalium* genome[J]. Science, 319(5867): 1215-1220.

Gibson D G, Benders G A, Axelrod K C, et al, 2008b. One-step assembly in yeast of 25 overlapping DNA fragments to form a complete synthetic *Mycoplasma genitalium* genome[J]. Proc Natl Acad Sci U S A, 105(51): 20404-20409.

Gibson D G, Glass J I, Lartigue C, et al, 2010b. Creation of a bacterial cell controlled by a chemically synthesized genome[J]. Science, 329(5987): 52-56.

Gibson D G, Smith H O, Hutchison C A, et al, 2010a. Chemical synthesis of the mouse mitochondrial genome[J]. Nat Methods, 7(11): 901-903.

Giovannetti M, 2003. The ecological risks of transgenic plants[J]. Riv Biol, 96(2): 207-223.

Gomaa A A, Klumpe H E, Luo M L, et al, 2014. Programmable removal of bacterial strains by use of genome-targeting CRISPR-Cas systems[J]. mBio, 5(1): e00928-00913.

Gowers G F, Chee S M, Bell D, et al, 2020. Improved betulinic acid biosynthesis using synthetic yeast chromosome recombination and semi-automated rapid LC-MS screening[J]. Nat Commun, 11(1): 868.

Hassan A O, Kafai N M, Dmitriev I P, et al, 2020. A single-dose intranasal chAd vaccine protects upper and lower respiratory tracts against SARS-CoV-2[J]. Cell, 183(1): 169-184.

Hendrix C, Rosemeyer H, De Bouvere B, et al, 1997. 1′, 5′ - Anhydrohexitol oligonucleotides: hybridisation and strand displacement with oligoribonucleotides, interaction with RNase H and HIV reverse transcriptase[J]. Chemistry–A European Journal, 3(9): 1513-1520.

Hills M J, Hall L, Arnison P G, et al, 2007. Genetic use restriction technologies (GURTs): strategies to impede transgene movement[J]. Trends Plant Sci, 12(4): 177-183.

Hirota R, Abe K, Katsuura Z I, et al, 2017. A novel biocontainment strategy makes bacterial growth and survival dependent on phosphite[J]. Sci Rep, 7: 44748.

Hong S H, Ntai I, Haimovich A D, et al, 2014. Cell-free protein synthesis from a release factor 1 deficient *Escherichia coli* activates efficient and multiple site-specific nonstandard amino acid incorporation[J]. ACS Synth Biol, 3(6): 398-409.

Huang S, Lee A J, Tsoi R, et al, 2016. Coupling spatial segregation with synthetic circuits to control bacterial survival[J]. Mol Syst Biol, 12(2): 859.

Hunt A, Rawlins J P, Thomaides H B, et al, 2006. Functional analysis of 11 putative essential genes in *Bacillus subtilis*[J]. Microbiology (Reading), 152(Pt 10): 2895-2907.

Hutchison C A, Chuang R Y, Noskov V N, et al, 2016. Design and synthesis of a minimal bacterial genome[J]. Science, 351(6280): aad6253.

Hutchison C A, Peterson S N, Gill S R, et al, 1999. Global transposon mutagenesis and a minimal *Mycoplasma* genome[J]. Science, 286(5447): 2165-2169.

Ichida J K, Horhota A, Zou K, et al, 2005. High fidelity TNA synthesis by therminator polymerase[J]. Nucleic Acids Res, 33(16): 5219-5225.

Isaacs F J, Carr P A, Wang H H, et al, 2011. Precise manipulation of chromosomes in vivo enables genome-wide codon replacement[J]. Science, 333(6040): 348-353.

Itaya M, Fujita K, Kuroki A, et al, 2008. Bottom-up genome assembly using the *Bacillus subtilis* genome vector[J]. Nat Methods, 5(1): 41-43.

Jia B, Qi H, Li B Z, et al, 2017. Orthogonal ribosome biofirewall[J]. ACS Synth Biol, 6(11): 2108-2117.

Jia B, Wu Y, Li B Z, et al, 2018. Precise control of SCRaMbLE in synthetic haploid and diploid yeast[J]. Nat Commun, 9(1): 1933.

Jiang S, Si T, Dai J, 2019. Whole - genome regulation for yeast metabolic engineering[J]. Small Methods, 4(2): 1900640.

Ju X, Zhu Y, Wang Y, et al, 2021. A novel cell culture system modeling the SARS-CoV-2 life cycle[J]. PLoS Pathog, 17(3): e1009439.

Juhas M, Reuss D R, Zhu B, et al, 2014. *Bacillus subtilis* and *Escherichia coli* essential genes and minimal cell factories after one decade of genome engineering[J]. Microbiology (Reading), 160(Pt 11): 2341-2351.

Juhas M, Stark M, von Mering C, et al, 2012. High confidence prediction of essential genes in *Burkholderia cenocepacia*[J]. PLoS One, 7(6): e40064.

Karam M, Daoud G, 2022. mRNA vaccines: Past, present, future[J]. Asian J Pharm Sci, 17(4): 491-522.

Kato J, Hashimoto M, 2007. Construction of consecutive deletions of the *Escherichia coli* chromosome[J]. Mol Syst Biol, 3: 132.

Kobayashi K, Ehrlich S D, Albertini A, et al, 2003. Essential *Bacillus subtilis* genes[J]. Proc Natl Acad Sci U S A, 100(8): 4678-4683.

Kubyshkin V, Budisa N, 2017. Synthetic alienation of microbial organisms by using genetic code engineering: Why and how[J]. Biotechnol J, 12(8): 1600097.

Kurasawa H, Ohno T, Arai R, et al, 2020. A guideline and challenges toward the minimization of bacterial and eukaryotic genomes[J]. Current Opinion in Systems Biology, 24: 127-134.

Kuzmin E, VanderSluis B, Wang W, et al, 2018. Systematic analysis of complex genetic interactions[J]. Science, 360(6386): eaao1729.

Lajoie M J, Rovner A J, Goodman D B, et al, 2013. Genomically recoded organisms expand biological functions[J]. Science, 342(6156): 357-360.

Lartigue C, Glass J I, Alperovich N, et al, 2007. Genome transplantation in bacteria: changing one species to another[J]. Science, 317(5838): 632-638.

Le Nouen C, Brock L G, Luongo C, et al, 2014. Attenuation of human respiratory syncytial virus by genome-scale codon-pair deoptimization[J]. Proc Natl Acad Sci U S A, 111(36): 13169-13174.

Le Nouen C, Collins P L, Buchholz U J, 2019. Attenuation of human respiratory viruses by synonymous genome recoding[J]. Front Immunol, 10: 1250.

Lee J, Arun Kumar S, Jhan Y Y, et al, 2018a. Engineering DNA vaccines against infectious diseases[J]. Acta Biomater, 80: 31-47.

Lee J W, Chan C T Y, Slomovic S, et al, 2018b. Next-generation biocontainment systems for engineered organisms[J]. Nat Chem Biol, 14(6): 530-537.

Liu C C, Schultz P G, 2010. Adding new chemistries to the genetic code[J]. Annu Rev Biochem, 79: 413-444.

Liu W, Luo Z, Wang Y, et al, 2018. Rapid pathway prototyping and engineering using in vitro and in vivo synthetic genome SCRaMbLE-in methods[J]. Nature Communications, 9(1): 1936.

Lopez G, Anderson J C, 2015. Synthetic auxotrophs with ligand-dependent essential genes for a BL21(DE3) biosafety strain[J]. ACS Synth Biol, 4(12): 1279-1286.

Lopez-Camacho C, Abbink P, Larocca R A, et al, 2018. Rational Zika vaccine design via the modulation of antigen membrane anchors in chimpanzee adenoviral vectors[J]. Nat Commun，9(1): 2441.

Luan G, Cai Z, Li Y, et al, 2013. Genome replication engineering assisted continuous evolution (GREACE) to improve microbial tolerance for biofuels production[J]. Biotechnology for biofuels, 6(1): 1-11.

Luo Z, Jiang S, Dai J, 2021b. Chromosomal rearrangements of synthetic yeast by SCRaMbLE[J]. Methods Mol Biol, 2196: 153-165.

Luo Z, Wang L, Wang Y, et al, 2018a. Identifying and characterizing SCRaMbLEd synthetic yeast using ReSCuES[J]. Nat Commun, 9(1): 1930.

Luo Z, Yang Q, Geng B, et al, 2018b. Whole genome engineering by synthesis[J]. Sci China Life Sci, 61(12): 1515-1527.

Luo Z, Yu K, Xie S, et al, 2021a. Compacting a synthetic yeast chromosome arm[J]. Genome Biol, 22(1): 5.

Ma Y, Mao G, Yang W, et al, 2022. Studying bona fide SARS-CoV-2 biology in a BSL-2 biosafety environment using a split-virus-genome system[J]. Sci China Life Sci, 65(9): 1894-1897.

Malyshev D A, Dhami K, Lavergne T, et al, 2014. A semi-synthetic organism with an expanded genetic alphabet[J]. Nature, 509(7500): 385-388.

Mandell D J, Lajoie M J, Mee M T, et al, 2015. Biocontainment of genetically modified organisms by synthetic protein design[J]. Nature, 518(7537): 55-60.

Marlière P, Patrouix J, Döring V, et al, 2011. Chemical evolution of a bacterium's genome[J]. Angew Chem Int Ed Engl, 50(31): 7109-7114.

Marraffini L A, Sontheimer E J, 2008. CRISPR interference limits horizontal gene transfer in staphylococci by targeting DNA[J]. Science, 322(5909): 1843-1845.

McCann N, O'Connor D, Lambe T, et al, 2022. Viral vector vaccines[J]. Curr Opin Immunol , 77: 102210.

Mehne F M, Gunka K, Eilers H, et al, 2013. Cyclic di-AMP homeostasis in *Bacillus subtilis*: both lack and high level accumulation of the nucleotide are detrimental for cell growth[J]. J Biol Chem, 288(3): 2004-2017.

Miller S, Selgelid M J, 2007. Ethical and philosophical consideration of the dual-use dilemma in the biological sciences[J]. Sci Eng Ethics, 13(4): 523-580.

Mills D R, Peterson R, Spiegelman S, 1967. An extracellular Darwinian experiment with a self-duplicating nucleic acid molecule[J]. Proceedings of the National Academy of Sciences, 58(1): 217-224.

Mimee M, Citorik R J, Lu T K, 2016. Microbiome therapeutics - Advances and challenges[J]. Adv Drug Deliv Rev, 105(Pt A): 44-54.

Mitchell L A, Wang A, Stracquadanio G, et al, 2017. Synthesis, debugging, and effects of synthetic chromosome consolidation: synVI and beyond[J]. Science, 355(6329): eaaf4381.

Moe-Behrens G H, Davis R, Haynes K A, 2013. Preparing synthetic biology for the world[J]. Front Microbiol, 4: 5.

Molina L, Ramos C, Ronchel M C, et al, 1998. Construction of an efficient biologically contained pseudomonas putida strain and its survival in outdoor assays[J]. Appl Environ Microbiol, 64(6): 2072-2078.

Mueller S, Coleman J R, Papamichail D, et al, 2010. Live attenuated influenza virus vaccines by computer-aided rational design[J]. Nat Biotechnol, 28(7): 723-726.

Mukai T, Yamaguchi A, Ohtake K, et al, 2015. Reassignment of a rare sense codon to a non-canonical amino acid in *Escherichia coli*[J]. Nucleic Acids Res, 43(16): 8111-8122.

Murphy K C, 1991. Lambda Gam protein inhibits the helicase and chi-stimulated recombination activities of *Escherichia coli* RecBCD enzyme[J]. Journal of Bacteriology, 173(18): 5808-5821.

Nandagopal N, Elowitz M B, 2011. Synthetic biology: integrated gene circuits[J]. Science, 333(6047): 1244-1248.

Nauwelaerts K, Lescrinier E, Sclep G, et al, 2005. Cyclohexenyl nucleic acids: conformationally flexible oligonucleotides[J]. Nucleic Acids Res, 33(8): 2452-2463.

Neumann H, Wang K, Davis L, et al, 2010. Encoding multiple unnatural amino acids via evolution of a quadruplet-decoding ribosome[J]. Nature, 464(7287): 441-444.

Nguyen L V, Cox K M, Ke J S, et al, 2012. Genetic engineering of a Lemna isoleucine auxotroph[J]. Transgenic Res, 21(5): 1071-1083.

Oliver M J, Quisenberry J E, Trolinder N L G, et al, 1999. Control of plant gene expression[P]. US005925808A[p]. 1999-07-20.

Orth J D, Thiele I, Palsson B O, 2010. What is flux balance analysis[J]. Nat Biotechnol, 28(3): 245-248.

Pardi N, Hogan M J, Pelc R S, et al, 2017. Zika virus protection by a single low-dose nucleoside-modified mRNA vaccination[J]. Nature, 543(7644): 248-251.

Pinheiro V B, Holliger P, 2012. The XNA world: progress towards replication and evolution of synthetic genetic polymers[J]. Curr Opin Chem

Biol, 16(3-4): 245-252.
Ricardo-Lax I, Luna J M, Thao T T N, et al, 2021. Replication and single-cycle delivery of SARS-CoV-2 replicons[J]. Science, 374(6571): 1099-1106.
Richardson S M, Mitchell L A, Stracquadanio G, et al, 2017. Design of a synthetic yeast genome[J]. Science, 355(6329): 1040-1044.
Robertson W E, Funke L F H, de la Torre D, et al, 2021a. Sense codon reassignment enables viral resistance and encoded polymer synthesis[J]. Science, 372(6546): 1057-1062.
Robertson W E, Funke L F H, de la Torre D, et al, 2021b. Creating custom synthetic genomes in *Escherichia coli* with REXER and GENESIS[J]. Nat Protoc, 16(5): 2345-2380.
Rovner A J, Haimovich A D, Katz S R, et al, 2015. Recoded organisms engineered to depend on synthetic amino acids[J]. Nature, 518(7537): 89-93.
Schmidt M, 2010. Xenobiology: a new form of life as the ultimate biosafety tool[J]. Bioessays, 32(4): 322-331.
Schmidt M, de Lorenzo V, 2016. Synthetic bugs on the loose: containment options for deeply engineered (micro)organisms[J]. Curr Opin Biotechnol, 38: 90-96.
Schöning K, Scholz P, Guntha S, et al, 2000. Chemical etiology of nucleic acid structure: the alpha-threofuranosyl-(3′ → 2′) oligonucleotide system[J]. Science，290(5495): 1347-1351.
Selifonova O, Valle F, Schellenberger V, 2001. Rapid evolution of novel traits in microorganisms[J]. Appl Environ Microbiol, 67(8): 3645-3649.
Shen M J, Wu Y, Yang K, et al, 2018. Heterozygous diploid and interspecies SCRaMbLEing[J]. Nat Commun, 9(1): 1934.
Shen Y, Stracquadanio G, Wang Y, et al, 2016. SCRaMbLE generates designed combinatorial stochastic diversity in synthetic chromosomes[J]. Genome Res, 26(1): 36-49.
Shen Y, Wang Y, Chen T, et al, 2017. Deep functional analysis of syn Ⅱ, a 770-kilobase synthetic yeast chromosome[J]. Science, 355(6329): eaaf4791.
Shimoda C, Itadani A, Sugino A, et al, 2006. Isolation of thermotolerant mutants by using proofreading-deficient DNA polymeraseδas an effective mutator in *Saccharomyces cerevisiae*[J]. Genes & genetic systems, 81(6): 391-397.
Si L, Xu H, Zhou X, et al, 2016. Generation of influenza A viruses as live but replication-incompetent virus vaccines[J]. Science, 354(6316): 1170-1173.
Silveira M M, Moreira G, Mendonca M, 2021. DNA vaccines against COVID-19: Perspectives and challenges[J]. Life Sci, 267: 118919.
Simon M, Giot L, Faye G, 1991. The 3' to 5' exonuclease activity located in the DNA polymerase delta subunit of *Saccharomyces cerevisiae* is required for accurate replication[J]. EMBO J, 10(8): 2165-2170.
Smith H O, Hutchison C A, Pfannkoch C, et al, 2003. Generating a synthetic genome by whole genome assembly: phiX174 bacteriophage from synthetic oligonucleotides[J]. Proc Natl Acad Sci U S A, 100(26): 15440-15445.
Smith T R F, Patel A, Ramos S, et al, 2020. Immunogenicity of a DNA vaccine candidate for COVID-19[J]. Nat Commun, 11(1): 2601.
Snow A A, 2002. Transgenic crops why gene flow matters[J]. Nat Biotechnol, 20(6): 542.
Soye B J D, Patel J R, Isaacs F J, et al, 2015. Repurposing the translation apparatus for synthetic biology[J]. Curr Opin Chem Biol, 28: 83-90.
Stanley-Horn D E, Dively G P, Hellmich R L, et al, 2001. Assessing the impact of Cry1Ab-expressing corn pollen on monarch butterfly larvae in field studies[J]. Proc Natl Acad Sci U S A, 98(21): 11931-11936.
Steensels J, Gorkovskiy A, Verstrepen K. J, 2018. SCRaMbLEing to understand and exploit structural variation in genomes[J]. Nat Commun, 9(1): 1937.
Sung B H, Choe D, Kim S C, et al, 2016. Construction of a minimal genome as a chassis for synthetic biology[J]. Essays Biochem, 60(4): 337-346.
Takano K, Nakabeppu Y, Maki H, et al, 1986. Structure and function of dnaQ and mutD mutators of *Escherichia coli*[J]. Molecular and General Genetics MGG, 205: 9-13.
Tan X, Letendre J H, Collins J J, et al, 2021. Synthetic biology in the clinic: engineering vaccines, diagnostics, and therapeutics[J]. Cell, 184(4): 881-898.
Tanabe K, Kondo T, Onodera Y, et al, 1999. A conspicuous adaptability to antibiotics in the *Escherichia coli* mutator strain, dnaQ49[J]. FEMS microbiology letters, 176(1): 191-196.
Tanaka K, Henry C S, Zinner J F, et al, 2013. Building the repertoire of dispensable chromosome regions in *Bacillus subtilis* entails major refinement of cognate large-scale metabolic model[J]. Nucleic Acids Res, 41(1): 687-699.
Tariq H, Batool S, Asif S, et al, 2021. Virus-like particles: revolutionary platforms for developing vaccines against emerging infectious diseases[J]. Front Microbiol, 12: 790121.
Travieso T, Li J, Mahesh S, et al, 2022. The use of viral vectors in vaccine development[J]. NPJ Vaccines, 7(1): 75.
Tulloch F, Atkinson N J, Evans D J, et al, 2014. RNA virus attenuation by codon pair deoptimisation is an artefact of increases in CpG/UpA dinucleotide frequencies[J]. Elife, 3: e04531.
Tumpey T M, Basler C F, Aguilar P V, et al, 2005. Characterization of the reconstructed 1918 Spanish influenza pandemic virus[J]. Science, 310(5745): 77-80.
Vickers C E, 2016. The minimal genome comes of age[J]. Nat Biotechnol, 34(6): 623-624.
Vidal L, Pinsach J, Striedner G, et al, 2008. Development of an antibiotic-free plasmid selection system based on glycine auxotrophy for recombinant protein overproduction in *Escherichia coli*[J]. J Biotechnol, 134(1-2): 127-136.
Vogel A B, Lambert L, Kinnear E, et al, 2018. Self-amplifying RNA vaccines give equivalent protection against influenza to mRNA vaccines but at much lower doses[J]. Mol Ther, 26(2): 446-455.
Voytek S B, Joyce G F, 2007. Emergence of a fast-reacting ribozyme that is capable of undergoing continuous evolution[J]. Proc Natl Acad Sci U S A, 104(39): 15288-15293.
Wang H H, Isaacs F J, Carr P A, et al, 2009. Programming cells by multiplex genome engineering and accelerated evolution[J]. Nature,

460(7257): 894-898.
Wang J, Xie Z X, Ma Y, et al, 2018. Ring synthetic chromosome V SCRaMbLE[J]. Nat Commun, 9(1): 3783.
Wang K, Fredens J, Brunner S F, et al, 2016. Defining synonymous codon compression schemes by genome recoding[J]. Nature, 539(7627): 59-64.
Wang K, Neumann H, Peak-Chew S Y, et al, 2007. Evolved orthogonal ribosomes enhance the efficiency of synthetic genetic code expansion[J]. Nat Biotechnol, 25(7): 770-777.
Wang N, Li Y, Niu W, et al, 2014. Construction of a live-attenuated HIV-1 vaccine through genetic code expansion[J]. Angew Chem Int Ed Engl, 53(19): 4867-4871.
Wang P, Xu H, Li H, et al, 2020. SCRaMbLEing of a synthetic yeast chromosome with clustered essential genes reveals synthetic lethal interactions[J]. ACS Synth Biol, 9(5): 1181-1189.
Wang Y, Yang C, Song Y, et al, 2021. Scalable live-attenuated SARS-CoV-2 vaccine candidate demonstrates preclinical safety and efficacy[J]. Proc Natl Acad Sci U S A, 118(29): e2102775118.
Way J C, Collins J J, Keasling J D, et al, 2014. Integrating biological redesign: where synthetic biology came from and where it needs to go[J]. Cell, 157(1): 151-161.
Wilson D J, 1993. NIH guidelines for research involving recombinant DNA molecules[J]. Account Res, 3(2-3): 177-185.
Winzeler E A, Shoemaker D D, Astromoff A, et al, 1999. Functional characterization of the *S. cerevisiae* genome by gene deletion and parallel analysis[J]. Science, 285(5429): 901-906.
Wright M C, Joyce G F, 1997. Continuous in vitro evolution of catalytic function[J]. Science, 276(5312): 614-617.
Wright O, Delmans M, Stan G B, et al, 2015. GeneGuard: A modular plasmid system designed for biosafety[J]. ACS Synth Biol, 4(3): 307-316.
Wright O, Stan G B, Ellis T, 2013. Building-in biosafety for synthetic biology[J]. Microbiology (Reading), 159(Pt 7): 1221-1235.
Wu Y, Li B Z, Zhao M, et al, 2017. Bug mapping and fitness testing of chemically synthesized chromosome X[J]. Science, 355(6329): eaaf4706.
Xie Z X, Li B Z, Mitchell L A, et al, 2017. "Perfect" designer chromosome V and behavior of a ring derivative[J]. Science, 355(6329): eaaf4704.
Yang Z, Chen F, Chamberlin S G, et al, 2010. Expanded genetic alphabets in the polymerase chain reaction[J]. Angew Chem Int Ed Engl, 49(1): 177-180.
Yuan S, Shi J, Jiang J, et al, 2022. Genome-scale top-down strategy to generate viable genome-reduced phages[J]. Nucleic Acids Res, 50(22): 13183-13197.
Zhang L, Peritz A, Meggers E, 2005. A simple glycol nucleic acid[J]. J Am Chem Soc, 127(12): 4174-4175.
Zhang N N, Zhang R R, Zhang Y F, et al, 2022. Rapid development of an updated mRNA vaccine against the SARS-CoV-2 Omicron variant[J]. Cell Res, 32(4): 401-403.
Zhang W, Zhao G, Luo Z, et al, 2017. Engineering the ribosomal DNA in a megabase synthetic chromosome[J]. Science, 355(6329): eaaf3981.
Zhang X, Liu Y, Liu J, et al, 2021. A trans-complementation system for SARS-CoV-2 recapitulates authentic viral replication without virulence[J]. Cell, 184(8): 2229-2238.
Zhang X, Wang X, Zhao D, et al, 2011. Design and immunogenicity assessment of HIV-1 virus-like particles as a candidate vaccine[J]. Sci China Life Sci, 54(11): 1042-1047.
Zürcher J F, Robertson W E, Kappes T, et al, 2022. Refactored genetic codes enable bidirectional genetic isolation[J]. Science, 378(6619): 516-523.

第 6 章
基因组设计合成应用实例

生物学正经历着从破译生物物种基因组DNA序列信息的时代到合成基因组时代的快速转变。科学家希望通过基因组的设计合成，即人工修改或从头合成生物体的基因组，以构建具有设计功能的活细胞或生物体，来赋予其设计的生物特征，进而深入了解生物系统。随着合成基因与基因组组装技术的进步，生命基因组的设计合成领域取得了令人瞩目的进步。本章将从病毒、原核生物和真核生物基因组三个方面对基因组设计合成的应用发展进行梳理与总结。

6.1 病毒基因组合成与应用

当前由病毒引发的周期性大流行性传染病仍是人类社会面临的一个严峻威胁，迫切需要加速发展疫苗研发的新技术。病毒基因组合成，即利用合成的病毒全长cDNA创造出病毒。面对宿主未知以及不易培养的病毒，该技术能够通过病毒的序列信息来合成病毒，促进我们对病毒复制、发病机制和疫苗设计开发的研究进程。近些年合成基因组学在开发病毒重组疫苗的研究中发挥了重要的作用。本节将对病毒基因组合成的一些关键性研究进行描述，并展示合成病毒基因组对流行病疫苗设计以及病毒毒力分子机理研究方面的重要作用。

6.1.1 脊髓灰质炎病毒基因组合成

脊髓灰质炎病毒（poliovirus）是一种RNA病毒，其基因组长度约7.5kb。2002年，Eckard Wimmer等人历经2年，在没有天然模板的情况下，采用化学合成的方式从头合成了全长的脊髓灰质炎病毒基因组。研究者首先利用化学合成的长度约69bp的寡核苷酸组装获得长度为1.8～3kb的三个DNA大片段，并克隆到载体质粒中；然后进一步将DNA大片段拼接成完整的poliovirus基因组；最后将得到的合成型病毒基因组在体外通过T7 RNA聚合酶转录出RNA，并在HeLa S3的细胞质提取物中成功表达出病毒蛋白。研究者通过细胞空斑的产生证明首次人工合成了具有细胞侵染性的病毒颗粒（Cello et al., 2002）。

6.1.2 噬菌体 ϕX174 基因组合成

病毒基因组合成的重大进展之一是完成此类DNA合成项目的速度大大加快了。2003年J. Craig Venter等人将259个重叠的纯化寡核苷酸，利用顺序连接和聚合酶循环反应进行组装，在不到2周的时间内合成了5386bp的噬菌体ϕX174 DNA基因组。此方法可快速、稳定地合成包含4～7个基因的DNA长片段。然而，如果没有选择性，这些基因表达盒将包含约2bp/kb的错误突变，此突变源自寡核苷酸池，因此直接使用此方法不适用于染色体或整个物种的基因组合成，需结合基因测序和定点突变合成出准确的基因表达框进而组装成完整的染色体（Smith et al., 2003）。

6.1.3 噬菌体 T7 基因组合成

上述研究展示了小于 10kb 的基因组合成，2005 年 Drew Endy 小组报道了噬菌体 T7 基因组的重构。该研究将 40kb 的 T7 基因组左侧大约四分之一替换成含有单独分配功能元件的合成 DNA 片段，通过噬菌体侵染证实产生了具有活性的嵌合噬菌体，随后的分析进一步证实基因组的不同部分均可进行嵌合改造（Chan et al., 2005）。虽然该 T7 基因组并不是完全合成的，该研究以物理分离方式实现对主要遗传元素的独特操作，将系统的工程原理引入生物学，并将重新设计和重建的概念引入生物系统以支持理性的科学发现。

6.1.4 冠状病毒（CoV）基因组合成

SARS-CoV（SCoV）是 21 世纪首个全球传播的病毒，很可能起源于蝙蝠间传播的毒株（Bat-SCoV）。虽然有几个完整的蝙蝠冠状病毒基因组序列，但尚未在细胞或动物体内成功培养出 Bat-SCoV，这严重限制了对人畜共患冠状病毒跨物种传播决定因素的鉴定，是新型病毒研究的一个主要挑战。2008 年 Mark Denison 和 Ralph Baric 团队，通过合理设计和重组蝙蝠 SARS 样冠状病毒（SCoV），实现了合成和回收不可培养的 Bat-SCoV，将合成全长病毒基因组的能力扩展到约 30kb。该研究首先从可用的 Bat-SCoV 序列中建立了一个假设的 Bat-SCoV 共识序列，但由于 Bat-SCoV 的 5′UTR 序列不完整，因此使用了来自 SARS-CoV-1 已确定的 5′UTR 和转录调控序列。然后，设计了与现有 SARS-CoV-1 反向遗传学系统精确对齐的 cDNA 片段，并将商业化获得的 cDNA 片段组装成全长 cDNA，进一步体外转录产生基因组 RNA，最后转染到宿主细胞中以回收病毒。研究表明，当 Bat-SCoV 受体结合域（RBD）被 SARS-CoV-1 取代时，可成功获得感染性重组病毒（Becker et al., 2008）。这项研究展示了合成基因组学在帮助公共卫生快速应对新型病毒威胁方面的力量。

大型基因组的病毒，如 CoV，由于基因组较大且不稳定，其在大肠杆菌中克隆和操作起来较困难。2010 年 Volker Thiel 和 Joerg Jores 团队利用酿酒酵母作为合成大型基因组平台，合成了基因组大小为 15 ～ 32kb 的包括冠状病毒家族、黄病毒科家族和肺炎病毒家族病毒在内的共 9 种病毒（Thi Nhu Thao et al., 2020）。其中，病毒的亚基因组片段来源于病毒分离物、克隆的病毒 DNA、临床样本或合成的病毒 DNA，首先利用酿酒酵母转化介导的重组克隆技术，将这些片段在酿酒酵母中一次性重组，使病毒基因组以酵母人工染色体的状态在细胞中稳定存在。然后，在体外转录出病毒 RNA，转染细胞后回收完整的病毒。利用此酵母基因组合成平台，该团队在收到病毒合成的 DNA 片段后，一周内即可合成基因组大小约为 30kb 的 SARS-CoV-2 基因组，此冠状病毒导致了 2019 年的冠状病毒疾病（COVID-19）大流行。

6.1.5 流行病疫苗的快速开发

快速、准确的基因组合成对于流行病疫苗的快速研发起到重要作用。为了生产应对未来大流行病的疫苗，J. Craig Venter 团队与合作者开发了合成流感病毒疫苗的快速生产工艺，可以高效地从 DNA 序列数据中生成病毒疫苗。从血凝素（HA）和神经氨酸酶（NA）基因序列开始，研究者将酶促基因组装技术与酶促错误校正相结合，以实现快速、准确的基因合成。基因合成流程为：化学合成寡核苷酸文库；利用酶的等温组装方法和聚合酶链反应（PCR）扩增出长片段基因；利用市售的酶促纠错试剂盒将含有错误的 DNA 去除；另一轮 PCR 扩增之前切除双链 DNA 分子中的碱基错配区域；然后利用酶的等温组装方法将合成的 HA 和 NA 基因片段构建在含有表达调控元件的质粒上，用于后续的细胞表达。随后研究团队通过使用高质量的商业化细胞系及优化含有病毒其他基因（除 HA 和 NA 基因）的病毒表达骨架来提高病毒的回收效率。利用该病毒疫苗合成系统，该团队从寡核苷酸设计开始，在 5 天内获得了具有多个主链的多种 HA 或 NA 变体的种子病毒，生成了包括季节性 H_3N_2 在内的多种流感毒株。这项研究表明了此合成技术比标准质粒诱变方法更快、更易完成回收多个变体，可快速合成流行病疫苗（Dormitzer et al., 2013）。合成基因组疫苗技术可以提供无与伦比的反应速度，以减少大流行或新出现的病毒的影响。

2018 年 David Evans 团队从合成的 DNA 片段中构建了一种传染性马痘病毒疫苗。在这项工作中，该团队将马痘病毒 212633bp 的基因组拆分成 10 个 16 ～ 30kb 的 DNA 片段，每个片段包含约 1kb 的片段之间的同源序列用于后续序列组装，由于基因组测序并未测到马痘病毒的发卡结构基因，该研究采用牛痘病毒的两个发卡结构基因替换马痘病毒的发卡结构基因，构建了一个嵌合的马痘病毒基因组。随后，该团队在纤维瘤病毒侵染的细胞中成功回收了较低浓度的马痘病毒，并且验证了回收病毒的全基因组没有掺杂其他的病毒片段。然而，由于这些序列是由带有倒置末端重复序列的病毒的碎片池产生，因此不能确定它们在基因组分布的方向性。随后的实验结果显示，与牛痘病毒相比该合成的马痘病毒产生较小的细胞斑块，并且没有继发斑块的生成，在小鼠中毒性较弱。在小鼠实验中，该病毒可以对致命的牛痘病毒产生免疫保护，这项研究证明了仅利用基因组序列信息产生几乎任何活病毒的可能性（Noyce et al., 2018）。

总之，合成基因组学已被证明有助于开发下一代疫苗，因为它不仅可以快速设计和构建合成基因，还可以快速设计和构建完整的病毒基因组。这种能力促进了重组、亚单位和核酸病毒疫苗的高通量生产以及病毒反向遗传学系统的发展，促进疫苗或治疗药物的开发。随着核酸合成成本的持续降低以及合成速度和规模的进一步提高，该领域将为更快地应对新出现的传染病和潜在流行病做出重大贡献。

6.1.6 减活病毒疫苗的开发

在合成病毒基因组中进行密码子重编程，可赋予基因组自然界不存在的特异性功能，结合密码子扩展技术可解决利用传统分子生物学难以攻克的难题。减活病毒疫苗相比于传统的灭活病毒疫苗具有很大的优势，然而具备足够的安全性是减活病毒疫苗面临的关键挑战。利用基因密码子扩展技术可以极大地降低减活病毒的逃逸率，提高减活疫苗的安全性。通过在病毒基因组的功能基因中间引入终止密码子，使得病毒在天然细胞内无法复制，需要添加非天然氨基酸时才能进行复制，生产出病毒颗粒，实现人为地控制病毒复制。2016 年 Demin Zhou 团队将非天然氨基酸技术应用于流感病毒减活疫苗的制备，通过在病毒基因组中引入多个终止密码子位点，降低病毒逃逸率，同时保持病毒的较强免疫原性（Si et al., 2016）。该研究为解决减活病毒疫苗潜在的高逃逸率问题提供了有效的方法。

6.2
原核生物基因组合成与应用

6.2.1 生殖支原体基因组合成

Mycoplasma genitalium 中文名为生殖支原体，其基因组大小约为 583kb，是目前已报道自然界中最小的细菌基因组。2008 年 J. Craig Venter 团队历时 10 年，最终利用化学合成的方式成功从头合成及组装了 *M. genitalium* 的完整基因组（Gibson et al., 2008）。除了插入 *M408* 基因内的抗性基因序列以及基因之间的少量筛选标签序列之外，合成基因组的序列与野生型基因组基本一致。在此项研究中，*M. genitalium* 基因组通过以下三步进行合成：①首先利用化学合成的寡核苷酸组装获得含有重叠序列的长度为 5～7kb 的 DNA 片段；②然后将 5～7kb 的 DNA 片段通过 Gibson 体外组装生成长度约为 24kb、72kb 和 144kb 的 DNA 片段，并进一步克隆到大肠杆菌的细菌人工染色体中；③最后将上述片段共转化酵母，通过同源重组的方式组装成完整的基因组。虽然该团队成功获得了序列正确的 *M. genitalium* 合成型基因组，但并没有进一步证实该合成型基因组是否能够单独支持细胞的存活。这项研究首次证明了可以人工合成染色体大小级别的 DNA 片段，掀开了基因组设计合成的新篇章——原核生物基因组合成。

6.2.2 丝状支原体基因组（JCVI-syn1.0）合成

M. mycoides 中文名为丝状支原体，其基因组大小约为 1.08Mb。继 *M. genitalium* 基因组合成后，2010 年 J. Craig Venter 团队报道，通过化学合成的方式成功合成了 *M. mycoides* 基因组（Gibson et al., 2010）。化学合成的基因组与野生型相比具有几处变化，包括 4 个筛选标签序列以及 20 个 SNP，其中 19 个 SNP 是自组装过程中产生的无义突变。在此项研究

中，*M. mycoides* 合成型基因组由1078个重叠的DNA片段分三步组装而成：①首先将融合PCR产生的长度为1.08kb的DNA片段组装生成109个长度约10kb的较大DNA片段；②然后将这些片段进一步组装成11个长度约为100kb的DNA片段；③最后将11个片段组装合成完整的 *M. mycoides* 基因组。以上所有组装都是通过酵母体内同源重组进行的，除了两个在体外酶促拼接在一起的DNA序列。随后，该团队进一步将合成型基因组移植到近亲的 *Mycoplasma capricolum*（山羊支原体）受体细胞中，形成了一个新的支原体细胞，该细胞仅含有合成型基因组。新创建的细胞具有预期的丝状支原体表型特性，并且能够持续自我复制。此外，该研究还表明，必需基因 *dnaA* 中的单个碱基对缺失可能会使合成的丝状支原体基因组失活，而基因组非必需部分的大片段插入和缺失对生存能力并没有造成明显的影响。这项研究是世界上第一次利用基于计算机设计的基因组序列产生的人工生命，为构建具有设计功能的活细胞或生物体提供了原理性验证，是合成基因组学发展进程中的一项里程碑式工作。

6.2.3 丝状支原体最小基因组（JCVI-syn3.0）合成

细菌物种基因组大小存在的巨大差异引出了一个科学问题："所有细菌基因组进化过程中所依赖的最小基因集是什么？"早期基于传统的分子生物学方法，科学家们采用了自上而下的方式，通过基因敲除对细菌的基因组进行逐步地精简。其中，对大肠杆菌实验室菌株MDS42的研究表明，几乎22%的基因组可以被删减而不产生重大的生长缺陷。此外，在其他细菌中也陆续发现了基因组可以被精简的现象（Glass et al., 2006; Posfai et al., 2006）。既然基因组可以被精简，那基因组的精简是否存在极限，寻找这个极限相对应的细菌最小基因组成为了合成生物学专家的一个宏伟目标。

相较于自上而下逐步删除非必需基因，自下而上的从头基因组合成方法，能够在近源的宿主菌株中通过基因组移植来测试不同的删减型基因组，提供了对自然基因组进行大量定向改变的能力，无疑是一种获得细菌最小基因组的高效方式。基于前期的研究结果，J. Craig Venter团队选取了 *M. mycoides*-JCVI-syn1.0 为出发菌，开展了细菌最小基因组的合成研究（Hutchison et al., 2016）。在进行基因组的精简设计时，首先需要明晰基因组中哪些部分可以删除，哪些部分不能删除。为了解决以上问题，该团队创建了一种甄别技术——全域转座子诱变技术（global transposon mutagenesis），即利用转座子在基因组上随机插入来诱导基因突变，进而破坏基因的生物学功能。具体过程为：首先进行 *M. mycoides*-JCVI-syn1.0 菌株的大量扩增，然后对其进行全域的转座子诱变，进而构建出含有不同基因组位置突变的细菌库；在这个细菌库中，必需基因被转座子插入的细菌无法生存，而非必需基因被插入的细菌则能在培养基中存活下来；通过对存活的细菌基因组测序，与JCVI-syn1.0进行比较分析，可以高效地筛选出必需基因和非必需基因。结合已报道的分子生物学数据，研究者可以获得一个非必需基因的清单，然后进行删减型基因组的设计，进而开展基因组的组装、合成与测试。经过DBT循环即design-built-test（设计 - 构建 - 测试）循环的不断测试，2016年研究者最终获得了含有最小细菌基因组 JCVI-syn3.0 的合成细胞。该合成型基因组大小仅为 531kb，由 473 个基因组成，相当于自然基因组被压缩了近 1 倍的大小，比已知的最小的独立复制细菌的自然基因组还要小。基于合成生物学的理念，利用合成基因组的方法，科学家对基因组的极限进行了积极的探索，并成功合成了极其压缩的细菌基因组，这将帮助我们建立一个极简型的细胞模型，有利于我们更好地理解生命的核心功能，解析生命原始的底层架构，是人类在人工生命设计和合成领域迈出的一大步。

6.2.4 大肠杆菌基因组设计与合成

大肠杆菌（*Escherichia coli*）是一种短杆状的革兰氏阴性细菌，其基因组大小约为 4.64Mb，具有遗传背景清楚、培养条件简单和大规模发酵经济等优点，是目前外源基因表达应用最广泛和最成功的宿主细胞。大肠杆菌是生物研究的标准模式生物之一，早期对其基因组的研究多局限于基因的层面上，随着合成基因组时代的到来，科学家逐步具备了对其进行全基因组设计、合成与改造的能力。

2013 年 George Church 和 Farren Isaacs 领导的团队首次成功使用合成生物学技术大规模重新设计大肠杆菌基因组，他们对基因组进行了重新编码以消除所有 TAG 终止密码子（Lajoie et al., 2013）。不同于 Venter 团队通过合成新的基因组来生产 JCVI-syn1.0，该研究采用了多重自动化基因组工程（MAGE）和分层共轭组装基因组工程（CAGE）来重新编码大肠杆菌基因组。其中，MAGE 能够以迭代方式通过寡核苷酸定向等位基因替换引入多位点的碱基突变；而 CAGE 能够以逐步替换的方式将体外设计的基因组模块替换并整合到自然基因组中。大肠杆菌终止密码子（TAG、TAA 和 TGA）的翻译终止由两个释放因子 RF1 和 RF2 介导。RF1 识别终止密码子 TAA 和 TAG，而 RF2 识别 TAA 和 TGA。研究者推断，用同义的 TAA 密码子替换所有 TAG 密码子将消除对 RF1 的遗传依赖，并允许重新分配的 TAA 密码子被 RF2 识别。因此在去除所有的基因组 TAG 密码子后，RF1 的编码基因 *prfA* 同时被敲除。经过上述操作，研究者利用遗传密码的冗余制造出一个可以被赋予新功能的空白 TAG 密码子。通过进一步引入一组与 TAG 正交的氨酰 -tRNA 合酶及 tRNA，研究者在改造的大肠杆菌中将非天然氨基酸整合到其蛋白质中。这项工作通过合成基因组的方式不仅展现了生命体内遗传密码的可塑性，拓展了基因组重设计的边界，同时通过基因组重新编码赋予了生物体新的特性即非天然氨基酸的掺入以增强其对噬菌体感染的抗性，给开发新型的疾病疗法以及生物技术提供了新的方向。

蛋白质编码通用 64 种三联体密码子，除了 3 个终止密码子外还包括编码 20 种标准氨基酸的 61 种密码子，其中 18 个氨基酸存在同义密码子。2019 年 Jason W. Chin 团队报道人工合成与替换了整个大肠杆菌基因组，并将丝氨酸密码子 TCG 和 TCA 替换为同义的 AGC 和 AGT，以及将终止密码子 TAG 替换为 TAA，构建了一株只含有 61 个密码子的合成型大肠杆菌（Fredens et al., 2019）。研究者利用基于 REXER 的基因组迭代重组技术，将约 100kb 的合成基因组片段逐步替换自然基因组，经过 35 个循环后获得了含有合成型基因组的大肠杆菌，详细步骤如下所述：①通过计算机设计三种密码子替换的合成型基因组序列，重设计的基因组被分为约 0.5Mb 的 8 个基因组区域，将每个基因组区域分为 4 ～ 5 个约 100kb 的基因组大片段，进一步将基因组大片段分为 9 ～ 14 个约 10kb 的初始片段；②利用酵母转化同源重组技术，将 10kb 的初始片段组装为 100kb 的基因组大片段并整合到细菌染色体中，片段两侧包含用于片段重组的同源臂及正负筛选的标签序列；③利用 REXER 技术将自然基因组的相应部分替换为合成的基因组大片段，通过多轮迭代重组，将合成型的基因组片段都替换到基因组上形成设计的基因组区域，获得 7 株含有不同基因组区域替换的大肠杆菌；④将替换的基因组区域进行基因组测序，验证同义密码子是否完全被替换，将未替换的部分进行设计优化，进而完成全基因组范围内的全部同义密码子替换；⑤利用细菌结合的方法，将不同的合成基因组区域按照位次组装到同一个菌株中，获得了全部 1.8 万个靶标密码子全部替换的人工合成大肠杆菌。这项工作成功将遗传密码的重设计拓展到整个基因组的同义密码子中，是迄今为止全球最庞大的 DNA 编码替换研究。此外，在未来的研究中这些被释放的密码子将被重新应用于多种非天然氨基酸的引入，在生物催化（提高酶催化活性和增强酶热稳定性）、蛋白质结构和功能探针、药物蛋白（抗原抗体修饰）以及蛋白质交联（疫苗开发、药物传递及功能性水合胶）等方面具有广阔的应用前景（de la Torre et al., 2021）。

6.3 真核生物基因组合成与应用

6.3.1 酿酒酵母基因组合成与应用

合成酵母基因组计划（synthetic yeast genome project，Sc2.0）是由来自全球多个国家的科学家通力合作，围绕酿酒酵母 16 条染色体，设计并构建首个真核生物基因组（Richardson et al., 2017）。Sc2.0 的目标是通过合成完整的定制基因组来建立可以系统性研究真核生物基因组的细胞平台。在 Sc2.0 的设计中，除了需要保证合成基因组能够履行如野生型基因组一样的生长表型，还在基因组设计过程中引入很多人为设计，以此创造出具有高基因组可塑性的人工基因组，并尽量减少在构建过程中或遗传中导致基因组不稳定的元素，如重复序列等。因此，在设计的合成酵母基因组中，主要有以下几个人为设计：PCRTags 的加入、TAG/TAA 替换、loxPsym 位点插入、重复序列，转座子，内含子，tRNA 基因的删除或移位（Richardson et al., 2017）。Sc2.0 基因组中，研究者将 SCRaMbLE 系统引入合成基因组，在每个非必需基因以及一些其他特定位置插入 Cre 重组酶识别重组的位点 loxPsym，这些位点之间的距离小于 300bp，可以在启动系统之后实现菌株的诱导进化和基因组删减。Sc2.0 基因组采用自下而上层级组装的策略，将合成 DNA 序列进行拼接和组装，进一步将体外组装的

30 ～ 60kb 合成片段通过酵母细胞内源性同源重组替换到野生型基因组上。随后对每一步得到的半合成菌株进行适合度评估，以便及时调试，对任何可能出现的错误或缺陷进行纠正和修复。酵母 Sc2.0 计划先前已经报道完成了酵母 16 条染色体中 6.5 条染色体的合成。2022 年 Sc2.0 发布利用内源复制杂交（endoreduplication intercross）的方法将 6.5 条合成的染色体整合到同一个酵母菌株中（Zhao et al., 2023）。

已经完成的酵母 Sc2.0 染色体被用来研究很多酵母和真核细胞染色体结构功能及进化方面的问题（Dymond et al., 2011; Annaluru et al., 2014; Mitchell et al., 2017; Richardson et al., 2017; Shen et al., 2017; Wu et al., 2017; Xie et al., 2017; Zhang et al., 2017），除此之外，合成酵母基因组中 SCRaMbLE 系统的引入也大大提高了基因组的可塑性，为合成染色体优化外源代谢途径产量和工业菌株带来新的动力（Shen et al., 2016；Blount et al., 2018; Hochrein et al., 2018; Jia et al., 2018; Liu et al., 2018; Luo et al., 2018; Shen et al., 2018; Wang et al., 2018; Wu et al., 2018; Gowers et al., 2020）。在随后的合成染色体整合菌株中也发现新的转录调控关系（Zhao et al., 2023）。在未来，酵母 Sc2.0 计划将继续完成由合成型染色体整合形成的完整人工酿酒酵母细胞，完成“建物制知”的使命，为基因组中大量未知功能的区域提供直接的解释证据，同时通过人为设计使合成基因组为人所用。

参考合成酵母基因组计划，大规模的基因组工程在设计时不仅进行了能够保证细胞生存稳定性的设计，还在酵母基因组中加入新的特征序列，比如 SCRaMbLE 的加入，能够通过诱导进化对基因组进行改造，这对更好地了解酵母和其他真核细胞基因组都有促进作用。酵母基因组合成计划也将继续深入，在 Sc3.0 计划部署中研究如何改造和最小化基因组（Dai et al., 2020）。这些在构建大规模酵母合成染色体过程中开发出的方法以及多种工具都将为未来构建其他高等真核生物合成或人工染色体提供重要的理论和实践参考。

6.3.2 动物和植物的人工染色体合成与应用

虽然合成基因组学在合成病毒、原核细胞基因组及酵母细胞基因组中取得了一系列重要的进展，但由于合成成本、方法技术以及对高等真核基因组基础理解的限制，高等真核细胞基因组的设计和合成依然是一个巨大的挑战（Venter et al., 2022）。即便如此，合成基因组学在合成哺乳动物（包括人类）及植物人工染色体上依然有非常重要的影响。通过高等真核生物基因组的设计和合成可以从新的角度理解高等生物基因组，合成哺乳动物染色体可以用于构建复杂疾病模型（O'Doherty et al., 2005; Kazuki et al., 2010; Suzuki et al., 2010; Pinglay et al., 2022）、人源化动物模型（Macdonald et al., 2014; Murphy et al., 2014; Xu et al., 2021）等，植物人工染色体可用于提高粮食产量或通过新的代谢通路的构建提高植物性能等（Birchler et al., 2020; Dawe, 2020; Jakubiec et al., 2021）。因此，合成高等真核生物基因组成为合成基因组学领域的下一个任务和挑战。

高等真核细胞染色体的设计构建与酿酒酵母的基本原则相同，一方面要保证设计构建的染色体具有传代稳定性、承载能力、复制能力、表达能力等，另一方面需要考虑人为设计给基因组加入新的功能（Richardson et al., 2017; Dai et al., 2020）。现在大多数高等真核生物的人工染色体研究都是以自上向下的方法进行的。通过同源重组在天然染色体臂上引入人工端粒或 loxP 位点对天然染色体进行截短，这种人工染色体被称为微染色体（minichromosome），使用细胞天然的着丝粒。用这种方式构建人类的人工染色体（human artificial chromosome，简称 HAC），已经完成了至少 5 个从 0.5kb 至 10Mb 线性微染色体 HAC 的改造（Kouprina et al., 2018; Brown et al., 2020）

从头构建完全由人工设计构建的哺乳动物细胞人工染色体也获得了很大进步。该技术的关键在于构建出具有功能的着丝粒区域。与酵母染色体中序列明确的点着丝粒区域不同，哺乳动物染色体依靠组蛋白 H3 变体 CENP-A 从表观遗传的角度确定着丝粒的位置，且由复杂的高度重复序列构成（Ikeno et al., 1998; Ebersole et al., 2000; Grimes et al., 2002; Mejía et al., 2002; Okada et al., 2007; Ohzeki et al., 2012; Kouprina et al., 2018）。Kouprina 团队在可诱导型着丝粒合成型哺乳动物染色体 alphoidtet-O-HAC 的基础上，将其开发成一个用于将大片段 DNA 向哺乳动物细胞转移的工具（Kim et al., 2011）。宾夕法尼亚大学的 Ben Black 课题组通过不同的方法构建合成 HAC。他们将该方法命名为“CENP-A nucleosome seeding strategy”，利用被称为新型着丝粒（neocentromere）的非重复序列（4q21）代替重复的着丝粒序列，构建的 HAC 能够在有丝分裂中稳定存在，避开了使用自然着丝粒对大片段重复序列的合成组装（Logsdon et al., 2019; Yang et al., 2020）。两种方法都使用构建酵母或细菌人工染色体的方法来构建 HAC。解决人工染色体减数传代的问题或许更加复杂，目前还没有能够真正在减数分裂中跟天然染色体行为一致的哺乳动物染色体被合成出来。研究显示，截短天然的植物染色体后形成的微染色体无法在减数分裂中正常进行同源染色体配对（Han et al., 2007; Birchler et al., 2016），一个可能的解决方法是设计染色体可以通过姐妹染色体之间的同源重组实现合成染色体的嵌入（Dawe, 2020）。

以在酿酒酵母中进行的合成染色体为技术基础，研究报道由酵母 16 条染色体融合可以形成约 12Mb 的染色体（Shao et al., 2018），这也意味着，酵母可以作为容纳从头合成的人工哺乳动物和植物染色体的载体。利用酵母细胞完成 10Mb 以上的高等真核生物人工染色体构建后，需要将人工染色体完整地、稳定地转移到高等真核细胞中。在酵母中组装完成的 DNA 大分子的表观遗传修饰与受体细胞不同可能影响合成型染色体的稳定与功能（Lartigue et al., 2009）。为了减少人工染色体在转移过程中受到外力破坏的概率并提高转移效率，通过膜融合介导的大片段 DNA 转移技术开发有望解决该问题（Doherty et al., 2003; Suzuki et al., 2016）。酿酒酵母 - 哺乳动物细胞融合介导的大片段 DNA 细胞间转移可在酵母中从头合成染色体之后，将其直接转移到受体细胞中（Jakobovits et al., 1993; Li et al., 2010; Li et al., 2013）。目前，利用秋水仙素将细胞周期固定在核膜消失的特定阶段，再通过 PEG（聚乙二醇）介导的酵母原生质体与目标细胞融合可有效提高大片段 DNA 转移到受体细胞核的效率（Brown et al., 2017; Brown et al., 2020）。这种方法的进步使在酵母中构建哺乳动物和植物人工染色体，之后再转移到受体细胞中的策略成为可能。

农业研究也开始关注植物人工染色体的合成，以此来给植物增加更多功能（Gaeta et al.,

2012; Birchler et al., 2020; Dawe, 2020; Jakubiec et al., 2021）。与哺乳动物人工染色体类似，目前研究主要集中在构建半合成人工染色体上，即将外源基因插入被截短的天然微染色体上。其他完全合成人工染色体的研究也集中在叶绿体基因组上（Frangedakis et al., 2021）。植物中人工染色体合成与在哺乳动物细胞中人工染色体合成的方法具有共同性，困难也相似，都在于如何构建合成染色体使它在植物受体细胞中发挥作用，并可以通过减数分裂稳定地遗传给下一代。与哺乳动物细胞人工染色体转移类似，通过酵母细胞构建植物人工染色体再转移到植物细胞中是可能实现的，但植物细胞壁可能会降低大型 DNA 分子的转移效率。

综上所述，在酿酒酵母体系中人工染色体合成的研究将为其他高等真核生物人工染色体的合成提供具有理论依据的平台，在酵母中构建更大的人工染色体之后再转移到高等真核生物宿主细胞中看似是可行的方案。由于我们对染色体有效遗传的必需序列和结构的了解依然有限，设计并合成有功能的着丝粒并使人工染色体通过孟德尔遗传定律遗传依然是一个很大的挑战。此外，如何将一个带有自然染色体序列的裸 DNA 分子转化为功能性染色体，依然还有很多东西需要我们学习。高等真核生物合成基因组学的研究在染色体疾病模型构建、异体器官移植、人源化免疫系统构建等研究领域具有重要的应用，随着对高等真核细胞基因组的了解加深，合成基因组学的研究将会为人类医药健康做出更重要的贡献。

参考文献

Annaluru, N, Muller H, Mitchell L A, et al, 2014. Total synthesis of a functional designer eukaryotic chromosome[J]. Science, 344(6179): 55-58.

Becker M M, Graham R L, Donaldson E F, et al, 2008. Synthetic recombinant bat SARS-like coronavirus is infectious in cultured cells and in mice[J]. Proc Natl Acad Sci U S A, 105(50): 19944-19949.

Birchler J A, Graham N D, Swyers N C, et al, 2016. Plant minichromosomes[J]. Curr Opin Biotechnol, 37: 135-142.

Birchler J A, Swyers N C, 2020. Engineered minichromosomes in plants[J]. Experimental Cell Research 388(2): 111852.

Blount B A, Gowers G F, Ho J C H, et al, 2018. Rapid host strain improvement by in vivo rearrangement of a synthetic yeast chromosome[J]. Nat Commun, 9(1): 1932.

Brown D M, Chan Y A, Desai P J, et al, 2017. Efficient size-independent chromosome delivery from yeast to cultured cell lines[J]. Nucleic Acids Res, 45(7): e50.

Brown D M, Glass J I, 2020. Technology used to build and transfer mammalian chromosomes[J]. Exp Cell Res, 388(2): 111851.

Cello J, Paul A V, Wimmer E, 2002. Chemical synthesis of poliovirus cDNA: generation of infectious virus in the absence of natural template[J]. Science, 297(5583): 1016-1018.

Chan L Y, Kosuri S, Endy D, 2005. Refactoring bacteriophage T7[J]. Mol Syst Biol, 1: 2005.0018.

Dai J, Boeke J D, Luo Z, et al, 2020. Sc3.0: revamping and minimizing the yeast genome[J]. Genome Biology, 21(1): 205.

Dawe R K, 2020. Charting the path to fully synthetic plant chromosomes[J]. Experimental Cell Research, 390(1): 111951.

de la Torre D, Chin J W, 2021. Reprogramming the genetic code[J]. Nat Rev Genet, 22(3): 169-184.

Doherty A M, Fisher E M, 2003. Microcell-mediated chromosome transfer (MMCT): small cells with huge potential[J]. Mamm Genome, 14(9): 583-592.

Dormitzer P R, Suphaphiphat P, Gibson D G, et al, 2013. Synthetic generation of influenza vaccine viruses for rapid response to pandemics[J]. Sci Transl Med, 5(185): 185ra168.

Dymond J S, Richardson S M, Coombes C E, et al, 2011. Synthetic chromosome arms function in yeast and generate phenotypic diversity by design[J]. Nature, 477(7365): 471-476.

Ebersole T A, Ross A, Clark E, et al, 2000. Mammalian artificial chromosome formation from circular alphoid input DNA does not require telomere repeats[J]. Hum Mol Genet, 9(11): 1623-1631.

Frangedakis E, Guzman-Chavez F, Rebmann M, et al, 2021. Construction of DNA tools for hyperexpression in marchantia chloroplasts[J]. ACS Synth Biol, 10(7): 1651-1666.

Fredens J, Wang K, de la Torre D, et al, 2019. Total synthesis of *Escherichia coli* with a recoded genome[J]. Nature, 569(7757): 514-518.

Gaeta R T, Masonbrink R E, Krishnaswamy L, et al, 2012. Synthetic chromosome platforms in plants[J]. Annu Rev Plant Biol, 63: 307-330.

Gibson D G, Benders G A, Andrews-Pfannkoch C, et al, 2008. Complete chemical synthesis, assembly, and cloning of a *Mycoplasma genitalium* genome[J]. Science, 319(5867): 1215-1220.

Gibson D G, Glass J I, Lartigue C, et al, 2010. Creation of a bacterial cell controlled by a chemically synthesized genome[J]. Science, 329(5987): 52-56.

Glass J I, Assad-Garcia N, Alperovich N, et al, 2006. Essential genes of a minimal bacterium[J]. Proc Natl Acad Sci U S A, 103(2): 425-430.

Gowers G F, Chee S M, Bell D, et al, 2020. Improved betulinic acid biosynthesis using synthetic yeast chromosome recombination and semi-automated rapid LC-MS screening[J]. Nat Commun, 11(1): 868.

Grimes B R, Rhoades A A, Willard H F, 2002. Alpha-satellite DNA and vector composition influence rates of human artificial chromosome formation[J]. Mol Ther, 5(6): 798-805.

Han F, Gao Z, Yu W, et al, 2007. Minichromosome analysis of chromosome pairing, disjunction, and sister chromatid cohesion in maize[J]. Plant Cell, 19(12): 3853-3863.

Hochrein L, Mitchell L A, Schulz K, et al, 2018. L-SCRaMbLE as a tool for light-controlled Cre-mediated recombination in yeast[J]. Nat Commun, 9(1): 1931.

Hutchison C A, Chuang R Y, Noskov V N, et al, 2016. Design and synthesis of a minimal bacterial genome[J]. Science, 351(6280): aad6253.

Ikeno M, Grimes B, Okazaki T, et al, 1998. Construction of YAC-based mammalian artificial chromosomes[J]. Nat Biotechnol, 16(5): 431-439.

Jakobovits A, Moore A L, Green L L, et al, 1993. Germ-line transmission and expression of a human-derived yeast artificial chromosome[J]. Nature, 362(6417): 255-258.

Jakubiec A, Sarokina A, Choinard S, et al, 2021. Replicating minichromosomes as a new tool for plastid genome engineering[J]. Nature Plants, 7(7): 932-941.

Jia B, Wu Y, Li B Z, et al, 2018. Precise control of SCRaMbLE in synthetic haploid and diploid yeast[J]. Nat Commun, 9(1): 1933.

Kazuki Y, Hiratsuka M, Takiguchi M, et al, 2010. Complete genetic correction of ips cells from Duchenne muscular dystrophy[J]. Mol Ther, 18(2): 386-393.

Kim J H, Kononenko A, Erliandri I, et al, 2011. Human artificial chromosome (HAC) vector with a conditional centromere for correction of genetic deficiencies in human cells[J]. Proc Natl Acad Sci U S A, 108(50): 20048-20053.

Kouprina N, Petrov N, Molina O, et al, 2018. Human artificial chromosome with regulated centromere: A tool for genome and cancer studies[J]. ACS Synth Biol, 7(9): 1974-1989.

Lajoie M J, Rovner A J, Goodman D B, et al, 2013. Genomically recoded organisms expand biological functions[J]. Science, 342(6156): 357-360.

Lartigue C, Vashee S, Algire M A, et al, 2009. Creating bacterial strains from genomes that have been cloned and engineered in yeast[J]. Science, 325(5948): 1693-1696.

Li L, Blankenstein T, 2013. Generation of transgenic mice with megabase-sized human yeast artificial chromosomes by yeast spheroplast-embryonic stem cell fusion[J]. Nat Protoc, 8(8): 1567-1582.

Li L P, Lampert J C, Chen X, et al, 2010. Transgenic mice with a diverse human T cell antigen receptor repertoire[J]. Nat Med, 16(9): 1029-1034.

Liu W, Luo Z, Wang Y, et al, 2018. Rapid pathway prototyping and engineering using in vitro and in vivo synthetic genome SCRaMbLE-in methods[J]. Nat Commun, 9(1): 1936.

Logsdon G A, Gambogi C W, Liskovykh M A, et al, 2019. Human artificial chromosomes that bypass centromeric DNA[J]. Cell, 178(3): 624-639.

Luo Z, Wang L, Wang Y, et al, 2018. Identifying and characterizing SCRaMbLEd synthetic yeast using ReSCuES[J]. Nat Commun, 9(1): 1930.

Macdonald L E, Karow M, Stevens S, et al, 2014. Precise and in situ genetic humanization of 6 Mb of mouse immunoglobulin genes[J]. Proc Natl Acad Sci U S A, 111(14): 5147-5152.

Mejía J E, Alazami A, Willmott A, et al, 2002. Efficiency of de novo centromere formation in human artificial chromosomes[J]. Genomics, 79(3): 297-304.

Mitchell L A, Wang A, Stracquadanio G, et al, 2017. Synthesis, debugging, and effects of synthetic chromosome consolidation: synVI and beyond[J]. Science, 355(6329): eaaf4831.

Murphy A J, Macdonald L E, Stevens S, et al, 2014. Mice with megabase humanization of their immunoglobulin genes generate antibodies as efficiently as normal mice[J]. Proc Natl Acad Sci U S A, 111(14): 5153-5158.

Noyce R S, Lederman S, Evans D H, 2018. Construction of an infectious horsepox virus vaccine from chemically synthesized DNA fragments[J]. PLoS One, 13(1): e0188453.

O'Doherty A, Ruf S, Mulligan C, et al, 2005. An aneuploid mouse strain carrying human chromosome 21 with Down syndrome phenotypes[J]. Science, 309(5743): 2033-2037.

Ohzeki J, Bergmann J H, Kouprina N, et al, 2012. Breaking the HAC Barrier: histone H3K9 acetyl/methyl balance regulates CENP-A assembly[J]. EMBO J, 31(10): 2391-2402.

Okada T, Ohzeki J, Nakano M, et al, 2007. CENP-B controls centromere formation depending on the chromatin context[J]. Cell, 131(7): 1287-1300.

Pinglay S, Bulajic M, Rahe D P, et al, 2022. Synthetic regulatory reconstitution reveals principles of mammalian Hox cluster regulation[J]. Science, 377(6601): eabk2820.

Posfai G, Plunkett G, Feher T, et al, 2006. Emergent properties of reduced-genome *Escherichia coli*[J]. Science, 312(5776): 1044-1046.

Richardson S M, Mitchell L A, Stracquadanio G, et al, 2017. Design of a synthetic yeast genome[J]. Science, 355(6329): 1040-1044.

Shao Y, Lu N, Wu Z, et al, 2018. Creating a functional single-chromosome yeast[J]. Nature, 560(7718): 331-335.

Shen M J, Wu Y, Yang K, et al, 2018. Heterozygous diploid and interspecies SCRaMbLEing[J]. Nat Commun, 9(1): 1934.

Shen Y, Stracquadanio G, Wang Y, et al, 2016. SCRaMbLE generates designed combinatorial stochastic diversity in synthetic chromosomes[J]. Genome Res, 26(1): 36-49.

Shen Y, Wang Y, Chen T, et al, 2017. Deep functional analysis of synII, a 770-kilobase synthetic yeast chromosome[J]. Science, 355(6329): eaaf4791.

Si L, Xu H, Zhou X, et al, 2016. Generation of influenza A viruses as live but replication-incompetent virus vaccines[J]. Science, 354(6316): 1170-1173.

Smith H O, Hutchison C A, Pfannkoch C, et al, 2003. Generating a synthetic genome by whole genome assembly: phiX174 bacteriophage from synthetic oligonucleotides[J]. Proc Natl Acad Sci U S A, 100(26): 15440-15445.

Suzuki N, Itou T, Hasegawa Y, et al, 2010. Cell to cell transfer of the chromatin-packaged human beta-globin gene cluster[J]. Nucleic Acids Res, 38(5): e33.

Suzuki T, Kazuki Y, Oshimura M, et al, 2016. Highly efficient transfer of chromosomes to a broad range of target cells using chinese hamster ovary cells expressing murine leukemia virus-derived envelope proteins[J]. PLoS One, 11(6): e0157187.

Thi Nhu Thao T, Labroussaa F, Ebert N, et al, 2020. Rapid reconstruction of SARS-CoV-2 using a synthetic genomics platform[J]. Nature, 582(7813): 561-565.

Venter J C, Glass J I, Hutchison C A, et al, 2022. Synthetic chromosomes, genomes, viruses, and cells. Cell[J]. 185(15): 2708-2724.

Wang J, Xie Z X, Ma Y, et al, 2018. Ring synthetic chromosome V SCRaMbLE[J]. Nat Commun, 9(1): 3783.

Wu Y, Li B-Z, Zhao M, et al, 2017. Bug mapping and fitness testing of chemically synthesized chromosome X[J]. Science, 355(6329): eaaf4706.

Wu Y, Zhu R Y, Mitchell L A, et al, 2018. In vitro DNA SCRaMbLE[J]. Nat Commun, 9(1): 1935.

Xie Z-X, Li B-Z, Mitchell L A, et al, 2017. "Perfect" designer chromosome Ⅴ and behavior of a ring derivative[J]. Science, 355(6329): eaaf4704.

Xu J, Xu K, Jung S, et al, 2021. Nanobodies from camelid mice and llamas neutralize SARS-CoV-2 variants[J]. Nature, 595(7866): 278-282.

Yang Y, Lampson M A, Black B E, 2020. Centromere identity and function put to use: construction and transfer of mammalian artificial chromosomes to animal models[J]. Essays Biochem, 64(2): 185-192.

Zhang W, Zhao G, Luo Z, et al, 2017. Engineering the ribosomal DNA in a megabase synthetic chromosome[J]. Science, 355(6329): eaaf3981.

Zhao Y, Coelho C, Hughes A L, et al, 2023. Debugging and consolidating multiple synthetic chromosomes reveals combinatorial genetic interactions[J]. Cell, 186(24): 5220-5236.